SQL
入门经典（第6版）

赖安·斯蒂芬斯（Ryan Stephens）
[美] 阿里 D. 琼斯（Arie D. Jones） 著
罗恩·普劳（Ron Plew）
郝记生 王士喜 译

人民邮电出版社
北京

图书在版编目（CIP）数据

SQL入门经典 : 第6版 / (美) 赖安·斯蒂芬斯
(Ryan Stephens) , (美) 阿里·D.琼斯
(Arie D. Jones) , (美) 罗恩·普劳 (Ron Plew) 著 ;
郝记生, 王士喜译. -- 3版. -- 北京 : 人民邮电出版社,
2020.8（2022.11重印）
ISBN 978-7-115-49631-7

Ⅰ. ①S… Ⅱ. ①赖… ②阿… ③罗… ④郝… ⑤王…
Ⅲ. ①SQL语言 Ⅳ. ①TP311.132.3

中国版本图书馆CIP数据核字(2020)第070115号

版权声明

◆ 著 [美] 赖安·斯蒂芬斯（Ryan Stephens）
[美] 阿里·D.琼斯（Arie D. Jones）
[美] 罗恩·普劳（Ron Plew）
译 郝记生 王士喜
责任编辑 傅道坤
责任印制 王 郁 焦志炜
◆ 人民邮电出版社出版发行 北京市丰台区成寿寺路 11 号
邮编 100164 电子邮件 315@ptpress.com.cn
网址 https://www.ptpress.com.cn
固安县铭成印刷有限公司印刷
◆ 开本：787×1092 1/16
印张：21.5 2020 年 8 月第 3 版
字数：525 千字 2022 年 11 月河北第 7 次印刷
著作权合同登记号 图字：01-2016-2414 号

定价：69.00 元

读者服务热线：(010) 81055410 印装质量热线：(010) 81055316
反盗版热线：(010) 81055315
广告经营许可证：京东市监广登字 20170147 号

内容提要

本书详细介绍了 SQL 语言的基本语法、基本概念，说明了各种 SQL 实现与 ANSI 标准之间的差别。书中包含大量的示例，直观地说明了如何使用 SQL 对数据进行处理。每章后面还有针对性很强的测验与练习，能够帮助读者更好地理解和掌握学习的内容。在最后的附录里还有关于安装 MySQL 的详细介绍、书中用到的关键 SQL 语句、测验和练习的答案。

本书的内容层次清晰，针对性强，非常适合初学者作为入门教材。

关于作者

在本书中，作者研究、应用和记录了 20 多年以来 SQL 标准以及这些标准在关键数据库系统中的应用。本书的作者是数据管理方面的专家，擅长 Oracle、Microsoft 和其他领先的技术。

Ryan Stephens 是 Perpetual Technologies 公司以及 Indy Data Partners 公司（位于印第安纳波利斯）的联合创始人兼 CEO。Ryan 在 IT 领域有 20 多年的研究和咨询经历，擅长数据管理、SQL 和 Oracle，在印第安纳大学-普渡大学印第安纳波利斯联合分校创办并讲授了 5 年的数据库和 SQL 课程，还在印第安纳陆军国民警卫队担任了 12 年的程序分析员（programmer analyst）。Ryan 已经为 Sams Publishing 编写了多本数据库和 SQL 相关的图书。

Arie D. Jones 是 Indy Data Partners（IDP）公司（位于印第安纳波利斯）新兴技术（Emerging Technologies）部门的副总裁，领导着一个专家小组负责数据库环境与应用程序的规划、设计、开发、部署和管理，从而让每个客户都获得最佳的工具与服务的组合。他还是技术活动的定期发言人，并且在数据库方面出版了多本图书，并发表了多篇文章。

Ron Plew 已经从 Perpetual Technologies 公司的联合创始人和副总裁的位置上退休，他在关系数据库技术领域有 20 多年的研究和咨询经验，还为 Sams Publishing 合著了多本图书。Ron 在印第安纳大学-普渡大学印第安纳波利斯联合分校讲授了 5 年的数据库和 SQL 课程，并且曾经担任印第安纳陆军国民警卫队的程序分析员。

献辞

本书献给我的妻子 Jill 以及我的三个孩子：Daniel、Autunn 和 Alivia。

——Ryan

本书献给我的妻子 Jackie，感谢她在本书写作期间对我的理解与支持。

——Arie

致谢

感谢在本书 6 个版本的写作过程中给予我们支持和耐心的所有人，包括但不限于我们的家人、朋友、员工、合作伙伴以及阅读过本书之前版本的所有人。尤其感谢本书的合著者和商业伙伴 Ron Plew，如果没有你的贡献，无论是本书的第 1 版还是我们的公司，都不会存在。感谢 Arie Jones 承担了本书当前版本的大部分写作工作，同时还要负责 Indy Data Partners 公司的领导工作。感谢 Marshall Pyle 和 Jacinda Simmerman 所做的技术编辑工作，以及为提升本书质量而做的工作。还要感谢 Sams Publishing 的所有人员，感谢你们的耐心和对本书细节的把握。与你们共事总是一件令人愉快的事情。

——Ryan

资源与支持

本书由异步社区出品，社区（https://www.epubit.com/）为您提供相关资源和后续服务。

提交勘误

作者和编辑尽最大努力来确保书中内容的准确性，但难免会存在疏漏。欢迎您将发现的问题反馈给我们，帮助我们提升图书的质量。

当您发现错误时，请登录异步社区，按书名搜索，进入本书页面，单击“提交勘误”，输入勘误信息，单击“提交”按钮即可（如下图所示）。本书的作者和编辑会对您提交的勘误进行审核，确认并接受后，您将获赠异步社区的 100 积分。积分可用于在异步社区兑换优惠券、样书或奖品。

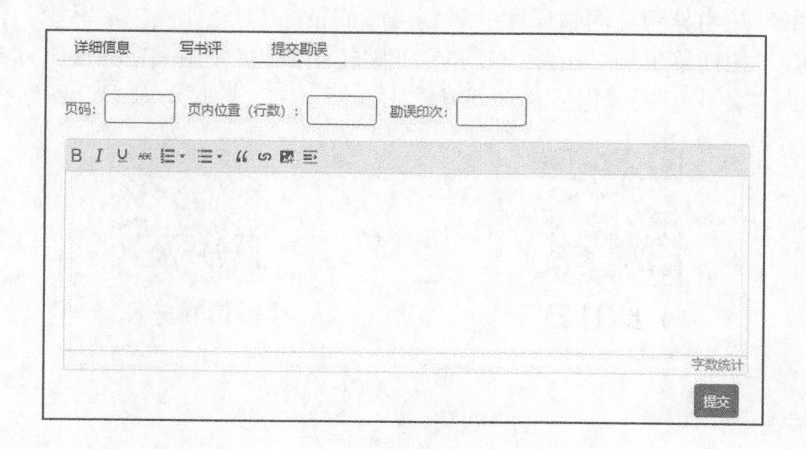

扫码关注本书

扫描下方二维码，您将会在异步社区微信服务号中看到本书信息及相关的服务提示。

与我们联系

我们的联系邮箱是 contact@epubit.com.cn。

如果您对本书有任何疑问或建议，请您发邮件给我们，并请在邮件标题中注明本书书名，以便我们更高效地做出反馈。

如果您有兴趣出版图书、录制教学视频，或者参与图书翻译、技术审校等工作，可以发邮件给我们；有意出版图书的作者也可以到异步社区在线提交投稿（直接访问 www.epubit.com/selfpublish/submission 即可）。

如果您是学校、培训机构或企业，想批量购买本书或异步社区出版的其他图书，也可以发邮件给我们。

如果您在网上发现有针对异步社区出品图书的各种形式的盗版行为，包括对图书全部或部分内容的非授权传播，请您将怀疑有侵权行为的链接发邮件给我们。您的这一举动是对作者权益的保护，也是我们持续为您提供有价值的内容的动力之源。

关于异步社区和异步图书

“异步社区”是人民邮电出版社旗下 IT 专业图书社区，致力于出版精品 IT 技术图书和相关学习产品，为作译者提供优质出版服务。异步社区创办于 2015 年 8 月，提供大量精品 IT 技术图书和电子书，以及高品质技术文章和视频课程。更多详情请访问异步社区官网 https://www.epubit.com。

“异步图书”是由异步社区编辑团队策划出版的精品 IT 专业图书的品牌，依托于人民邮电出版社近 30 年的计算机图书出版积累和专业编辑团队，相关图书在封面上印有异步图书的 LOGO。异步图书的出版领域包括软件开发、大数据、AI、测试、前端、网络技术等。

异步社区

微信服务号

目 录

第1章

欢迎来到 SQL 世界

本章的重点包括：

- SQL 历史；
- 数据库管理系统；
- 一些基本的术语和概念；
- 本书示例和练习中所使用的数据库。

欢迎来到 SQL 的世界，体验当今世界不断发展的庞大的数据库技术。通过阅读本书，我们可以获得很多的知识，而这些是在当今关系型数据库和数据管理领域生存所必需的。由于我们必须首先了解 SQL 的背景知识和一些预备知识，因此本章是一个概述性章节，之后会进入具体的编码章节。这使本章内容稍显枯燥，但这些貌似无趣的内容却是体会本书后续精彩内容的基础。

1.1 SQL 定义及历史

如今每一家企业都涉及数据，人们需要使用某种有组织的方法或机制来管理和检索数据。如果数据被保存在数据库中，这种机制被称为数据库管理系统（DBMS）。数据库管理系统已经存在多年，其中大多数源自于大型计算机上的平面文件系统。如今，随着技术的发展，在不断增长的商业需要、不断增加的企业数据和互联网技术的推动下，数据库管理系统的应用越来越广泛。

信息管理的现代浪潮主要是由关系型数据库管理系统（RDBMS）的应用来驱动的，后者是从传统 DBMS 派生出来的。现代数据库与客户端/服务器和 Web 技术相结合是很常见的模式，现代企业使用这些方式来成功地管理数据，从而在相应的市场保持竞争力。很多企业的趋势是从客户端/服务器模式转移到 Web 模式，从而避免用户在访问重要数据时受到地点的限制。下面几个小节将讨论 SQL 和关系数据库，后者是当今最常见的 DBMS 实现。很好地理解关系数据库，以及如何在当今的信息技术世界应用 SQL 来管理数据，对于理解 SQL 语言是十分重要的。

1.1.1 什么是SQL

结构化查询语言（Structured Query Language，SQL）是与关系数据库进行通信的标准语言，最初是由IBM公司以E.F. Codd博士的论文“A Relational Model of Data for Large Shared Data Banks”为原型开发出来的。在IBM创建出原型之后不久，Relational Software公司（后来更名为Oracle公司）在1979年发布了第一个SQL产品ORACLE，现在它已经成为关系数据库技术的领军者。

当我们去别的国家旅行时，了解其语言会更加方便。举例来说，如果服务员只能使用其本国语言，那我们用母语点菜就可能会有麻烦。如果把数据库看作一个要从中进行信息搜索的国家，那么SQL就是我们向数据库表达需求的语言。如同在别的国家通过菜单点菜一样，我们可以利用SQL进行查询，从数据库中获得特定的信息。

By the Way

注意：与数据库通信

参考我们访问最喜欢的在线商店来订购图书、衣服或其他任何产品时的情况。我们需要通过点击的方式来导览产品目录，输入搜索条件，然后将货物放到购物车中，而这一切都需要在幕后执行SQL代码，以连接数据库，同时告诉数据库我们想要查看什么数据，以及以什么方式来查看。

1.1.2 什么是ANSI SQL

美国国家标准化组织（American National Standards Institute，ANSI）是一个核准多种行业标准的组织。SQL作为关系数据库通信所使用的标准语言，最初是基于IBM的实现于1986年被批准。1987年，国际标准化组织（International Standards Organization，ISO）把ANSI SQL作为国际标准。该标准在1992年进行了修订（SQL-92），1999年再次修订（SQL-99）。目前最新的标准是2011年12月正式采用的SQL-2011。

1.1.3 当前标准：SQL-2011

SQL-211是当前采用的标准，SQL-2008是上一个标准。当前的SQL标准有9个相关文档，将来还可能增加其他文档，以扩展标准来适应新兴技术的需求。9个相关文档如下。

- 第1部分，SQL/框架：指定实现一致性的一般性需求，定义SQL的基本概念。
- 第2部分，SQL/基础：定义SQL的语法和操作。
- 第3部分，SQL/调用级接口：定义程序编程与SQL的接口。
- 第4部分，SQL/持久性存储模块：定义控制结构，进而定义SQL例程。第4部分还定义了包含SQL例程的模块。
- 第9部分，外部数据管理（SQL/MED）：定义SQL的扩展，用于通过使用数据包和数据链类型支持外部数据的管理。

- 第 10 部分，对象语言绑定：定义 SQL 语言的扩展，支持把 SQL 语句内嵌到使用 Java 语言编写的程序中。
- 第 11 部分，信息和定义模式（schema）：定义信息模式和定义模式的规范，提供与 SQL 数据相关的结构信息和安全信息。
- 第 13 部分，使用 Java 编程语言的例程和类型：定义以 SQL 例程形式调用 Java 静态例程和类的功能。
- 第 14 部分，XML 相关规范：定义 SQL 使用 XML 的方式。

相对于之前的标准，SQL-2011 标准的主要优势之一是时态数据库支持（temporal database support）。时态数据库支持是 Oracle 等 SQL 实现提供的一个原生功能，该功能允许基于指定的时间段，在数据库中查询和修改数据（前提是数据在这个时间段中存在）。时态数据库以及其他标准功能有多个级别的合规性，数据库实现需要遵守这些合规性。如果你使用的数据库实现不完全符合任何给定的标准，通常会有一些解决方法，这些方法涉及集成到数据库设计中的业务逻辑。任何标准都有明显的优点和缺点。最重要的是，标准可以指引厂商朝着适当的行业方向发展。就 SQL 来说，标准提供了必要基础的基本框架，最终使不同的实现之间保持一致性，更好地实现可移植性（不仅是对于数据库程序，而且是对于数据库整体和管理数据库的个人而言）。

有人认为标准限制了特定实现的灵活性和功能，然而，遵循标准的大多数厂商都在标准 SQL 中添加了特定于产品的增强功能，从而弥补了这种缺陷。

综合考虑正反两方面的因素，标准还是好的。预期的标准定义了在任何 SQL 完整实现中都应该具备的特性，规划的基本概念不仅使各种相互竞争的 SQL 实现保持一致性，也提高了 SQL 程序员的价值。

所谓 SQL 实现是指特定厂商的 SQL 产品或 RDBMS。需要说明的是，SQL 实现之间的差别很大。虽然有些实现基本上与 ANSI 兼容，但没有任何一种实现能够完全遵循标准。另外，近些年 ANSI 标准中为了保持兼容性而必须遵守的功能列表并没有太大改变，因此，新版本的 RDBMS 也必将保持与 ANSI SQL 的兼容性。

1.1.4 什么是数据库

简单来说，数据库就是数据的集合。我们可以把数据库看成这样一种有组织的机制：它能够存储信息，用户能够通过这种机制以高效的方式检索其中的信息。

事实上，人们每天都在使用数据库，只是没有察觉到。电话簿就是一个数据库，其中的数据包括个人的姓名、地址和电话号码。这些数据是按字母排序或是索引排序的，可以使用户方便地找到特定的本地居民。从根本上说，这些数据保存在计算机上的某个数据库里。毕竟这些电话簿的每一页都不是手写的，而且每年都会发布一个新版本。

数据库必须被维护。由于居民会搬到其他城市或州，电话簿里的条目就需要删除或添加。类似地，当居民更改姓名、地址、电话号码等信息时，相应的条目也需要修改。图 1.1 展示了一个简单的数据库。

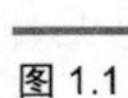

图 1.1

数据库

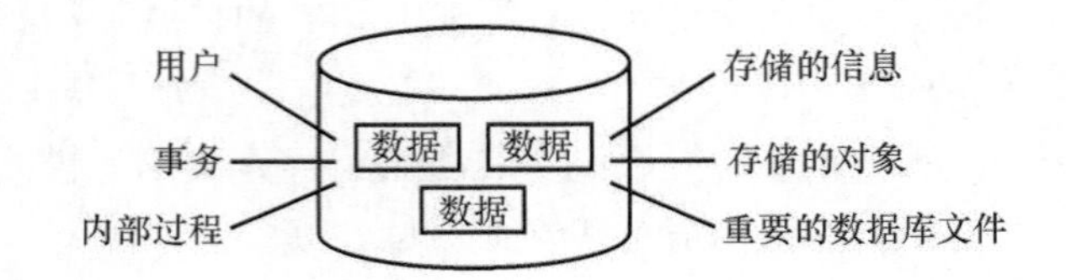

1.1.5 关系数据库

关系数据库由被称为表的逻辑单元组成，这些表在数据库内部彼此关联。关系数据库可以将数据分解为较小的、可管理的逻辑单元，从而更容易根据组织级别进行维护，并提供更优化的数据库性能。如图 1.2 所示，关系数据库中的表之间通过一个公共的关键字（数据值）彼此关联。

图 1.2

关系数据库

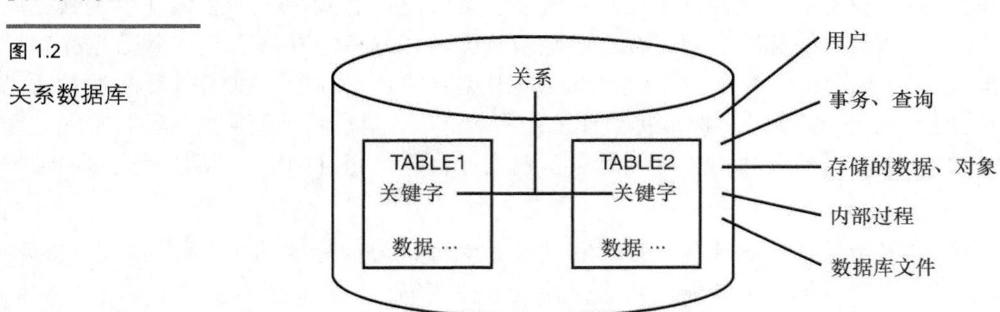

由于关系数据库中的表是相互关联的，因此通过一个查询可以获取足够的数据（虽然需要的数据可能存在于多个表中）。由于关系数据库的多个表中可能包含共同的关键字或字段，所以多个表中的数据可以结合在一起形成一个较大的数据集。本书后续内容会不断展示关系数据库的优越性，包括整体性能和方便的数据访问。

1.1.6 客户端/服务器技术

过去，计算机行业由大型计算机统治，它们是体积庞大、功能强悍的系统，具有大容量存储和高速数据处理能力。用户通过哑终端与大型机通信，所谓哑终端就是没有处理能力的终端，完全依靠大型机的 CPU、存储和内存进行工作。每个终端通过一条数据线连接到大型机。大型机环境能够很好地实现其设计目的，并且仍然在当今很多业务中发挥作用，但另一种更伟大的技术出现了：客户端/服务器模型。

在客户端/服务器系统中，主计算机被称为服务器，可以通过网络进行访问（通常是局域网或广域网）。通常是个人计算机（PC）或其他服务器访问服务器，而不是哑终端。每台个人计算机被称为客户端，它可以连接到网络，从而允许客户端与服务器之间进行通信，这也就是“客户端/服务器”名称的由来。客户端/服务器与大型机环境之间最大的差别在于，客户端/服务器环境中的用户计算机能够“思考”，利用自身的 CPU 和内存运行自己的进程，并且能够轻松地通过网络访问服务器。在大多数情况下，客户端/服务器系统更适用于商业需求，因此获得了青睐。

现代数据库系统运行于多种不同的操作系统之上，而这些操作系统又运行在多种不同的计算机上。最常见的操作系统有基于Windows的系统、Linux和UNIX命令行系统。数据库主要位于客户端/服务器和Web环境中。无法实现数据库系统的主要原因是缺乏培训和经验。然而，随着当今商业中不断增长的（甚至是不合理的）需求以及Internet技术和网络计算的发展，我们应该理解客户端/服务器模型和基于Web的系统。图1.3展示了客户端/服务器技术的概念。

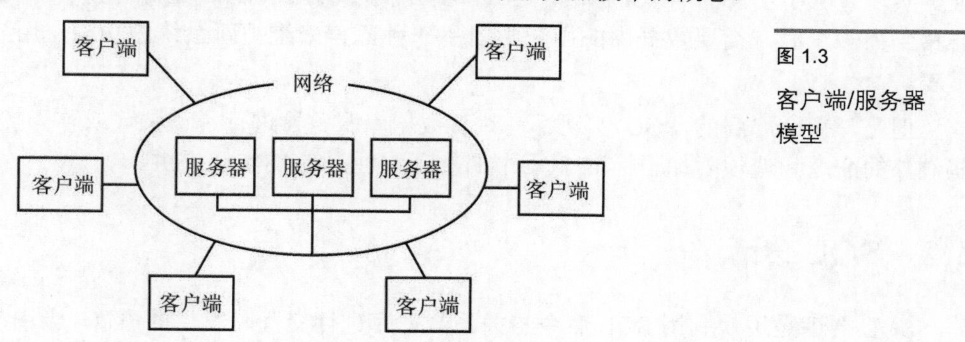

图 1.3
客户端/服务器模型

1.1.7 基于 Web 的数据库系统

商业信息系统已经在 Web 集成方向有了很大发展。现在我们能够通过 Internet 访问数据库，这意味着顾客（数据的用户）使用浏览器（比如 IE、Microsoft Edge 和 Firefox）就能访问公司的信息，能够定购货物、盘点库存、查看订单状态、对账户进行管理变更、转账等。

用户只需打开浏览器，访问公司的站点并登录（如果公司的站点要求这样做），就可以利用内置到公司 Web 页面中的程序访问数据。大多数公司都要求用户注册，并且为用户提供登录名和密码。

当然，通过 Web 浏览器访问数据库时，幕后还会发生许多事情。举例来说，Web 程序可以运行 SQL，从而访问公司的数据库，向 Web 服务器返回数据，然后再将数据返回到顾客的浏览器。

从用户的角度来说，基于 Web 的数据库系统的基本架构类似于客户端/服务器系统（见图 1.3）。每个用户拥有一台客户机，安装了浏览器程序，能够连接到 Internet。图 1.3 所示的网络（对基于 Web 的数据库来说）碰巧是 Internet，而不是本地网络。在大多数情况下，客户机访问服务器是为了获取信息，并不关心服务器是否位于另一个州，甚至是另一个国家。基于 Web 的数据库系统的主要目的在于利用没有物理界限的数据库系统，提高数据可访问性，扩大公司的客户群。

1.1.8 主流数据库厂商

当今一些主流的数据库厂商包括 Oracle、Microsoft、Informix、Sybase 和 IBM。这些厂商以基本许可费用的形式出售各种版本的关系数据库（通常称为闭源版本）。其他一些厂商提供 SQL 数据库（关系数据库）的开源版本，这些厂商包括 MySQL、PostgresSQL 和 SAP。虽然还有其他很多厂商，但这里列出的名称经常会出现在图书、报纸、杂志、股市和万维网上。

每个厂商的SQL实现在功能和性质上都是与众不同的。数据库服务器就是一个产品——像市场上的其他产品一样，由多个不同的厂商生产。为了实现可移植性和易用性，厂商都保证其实现兼容于当前的ANSI标准，这关乎到厂商的利益。比如一家公司从一个数据库服务器迁移到另一个时，需要数据库的用户学习另一种语言来维护新系统的功能，用户的体验会非常差。

但是，每个厂商的SQL实现都针对其数据库服务器进行了增强（或称为扩展），即将一些额外的命令和选项附加于标准SQL软件包上，由特定的实现提供。

1.2 SQL会话

SQL会话是用户利用SQL命令与关系数据库进行交互时发生的事情。当用户与数据库建立连接时，会话就被建立了。在SQL会话范围之内，用户可以输入有效的SQL命令对数据库进行查询，操作数据库中的数据，定义数据库结构（比如表）。会话可以通过直接与数据库建立连接来发起，也可以通过前端程序来发起。无论何种情况，会话通常是由通过网络访问数据库的用户在终端或工作站建立的。

1.2.1 CONNECT

当用户连接到数据库时，SQL会话就被初始化了。命令CONNECT用于建立与数据库的连接，它可以发起连接，也可以修改连接。举例来说，如果目前以USER1的身份连接到数据库，我们还可以用CONNECT命令以USER2的身份连接到数据库；连接成功之后，用于USER1的SQL会话就被隐式断开了。连接数据库通常需要使用以下命令：

```
CONNECT user@database
```

在尝试连接到数据库时，用户会看到一个提示，要求输入与当前用户名对应的密码。用户名用于向数据库验证身份，而密码是允许进行访问的钥匙。

1.2.2 DISCONNECT和EXIT

当用户与数据库断开连接时，SQL会话就结束了。命令DISCONNECT用于断开用户与数据库的连接。当断开与数据库的连接之后，用户使用的软件可能看起来还在与数据库通信，但实际上已经没有连接了。当使用EXIT命令离开数据库时，SQL会话就结束了，而且用于访问数据库的软件通常会关闭。

```
DISCONNECT
```

1.3 SQL命令的类型

下面将讨论执行各种功能的SQL命令的基本分类。这些功能包括绑定数据库对象、操作对象、用数据填充数据库表、更新表中的现有数据、删除数据、执行数据库查询、控制数据库访问和数据库的全面管理。

主要的分类包括：

- 数据定义语言（DDL）；
- 数据操作语言（DML）；
- 数据查询语言（DQL）；
- 数据控制语言（DCL）；
- 数据管理命令；
- 事务控制命令。

1.3.1 定义数据库结构

数据定义语言（DDL）是 SQL 的一部分，允许数据库用户创建和重构数据库对象，比如创建和删除表。

后续章节要讨论的一些最基础的 DDL 命令包括：

- `CREATE TABLE`
- `ALTER TABLE`
- `DROP TABLE`
- `CREATE INDEX`
- `ALTER INDEX`
- `DROP INDEX`
- `CREATE VIEW`
- `DROP VIEW`

这些命令将在第 3 章、第 17 章和第 20 章中详细讨论。

1.3.2 操作数据

数据操作语言（DML）是 SQL 的一部分，用于操作关系数据库对象内部的数据。

3 个基本的 DML 命令是：

- `INSERT`
- `UPDATE`
- `DELETE`

第 5 章将详细讨论这些命令。

1.3.3 选择数据

虽然只具有一个命令，但数据查询语言（DQL）是现代关系数据库用户最关注的部分，这个基本的命令是 SELECT。

这个命令具有很多选项和子句，用于构成对关系数据库的查询。查询是对数据库进行的信息调查，一般通过程序界面或命令行提示符向数据库发出。无论是简单还是复杂的查询，含糊还是明确的查询，都可以轻松地创建。

第7章到第16章将详细介绍SELECT命令。

1.3.4 数据控制语言

SQL中的数据控制命令用于控制对数据库中数据的访问。这些数据控制语言（DCL）命令通常用于创建与用户访问相关的对象，以及控制用户的权限分发。这些控制命令包括：

- ALTER PASSWORD
- GRANT
- REVOKE
- CREATE SYNONYM

这些命令通常与其他命令组合在一起，在本书多个章节中都有介绍。

1.3.5 数据管理命令

数据管理命令用于对数据库中的操作进行审计和分析，还有助于分析系统性能。常用的两个数据管理命令如下所示：

- START AUDIT
- STOP AUDIT

不要把数据管理与数据库管理混为一谈。数据库管理是对数据库的整体管理，包括各级命令的使用。相较于SQL语言的核心命令，数据管理与每个SQL实现更相关。

1.3.6 事务控制命令

除了前面介绍的几类命令，用户可以使用下面的命令实现管理数据库事务。

- COMMIT：保存数据库事务。
- ROLLBACK：撤销数据库事务。
- SAVEPOINT：在一组事务里创建标记点用于回退（ROLLBACK）。
- SET TRANSACTION：设置事务的名称。

事务命令将在第6章详细讨论。

1.4 本书使用的数据库

在继续讨论SQL基础知识之前，我们先来介绍一下本书后续章节中要使用的表和数据。本书使用了Canary Airlines这家虚构公司的数据库示例，而且已经生成了示例数据来为本书中的示例和练习创建真实的场景。下面的小节会介绍所用的表（数据库）、它们之间的关系、它们的结构，以及包含的数据示例。

图1.4展示了本书中的示例、测验和练习中所用的表的关系。每个表都有不同的名称，并且包含一些字段。图中的映射线表示了特定表之间通过共用字段（通常被称为主键，这将在第3章讲解）建立的联系。

与其他航空公司一样，Canary Airlines 旨在实现航班高效地进出港，并为乘客（顾客和终端用户）提供安全的出行方式。下面是 Canary Airlines 公司一些基本业务规则的概述，以及图 1.4 中所示的数据库表的关系：

- Canary Airlines 管理着乘客（顾客）的航班信息；
- Canary Airlines 掌握有乘客、飞机、航班和位置等信息；
- 乘客可以选择航班；
- 航班具有不同的状态；
- 每一架航班都与一个行程相关联；
- 每一架航班都与一架具体的飞机相关联；
- 航班与飞行路线相关联，而飞行路线则与乘客的始发地、目的地、机场和国家有关。

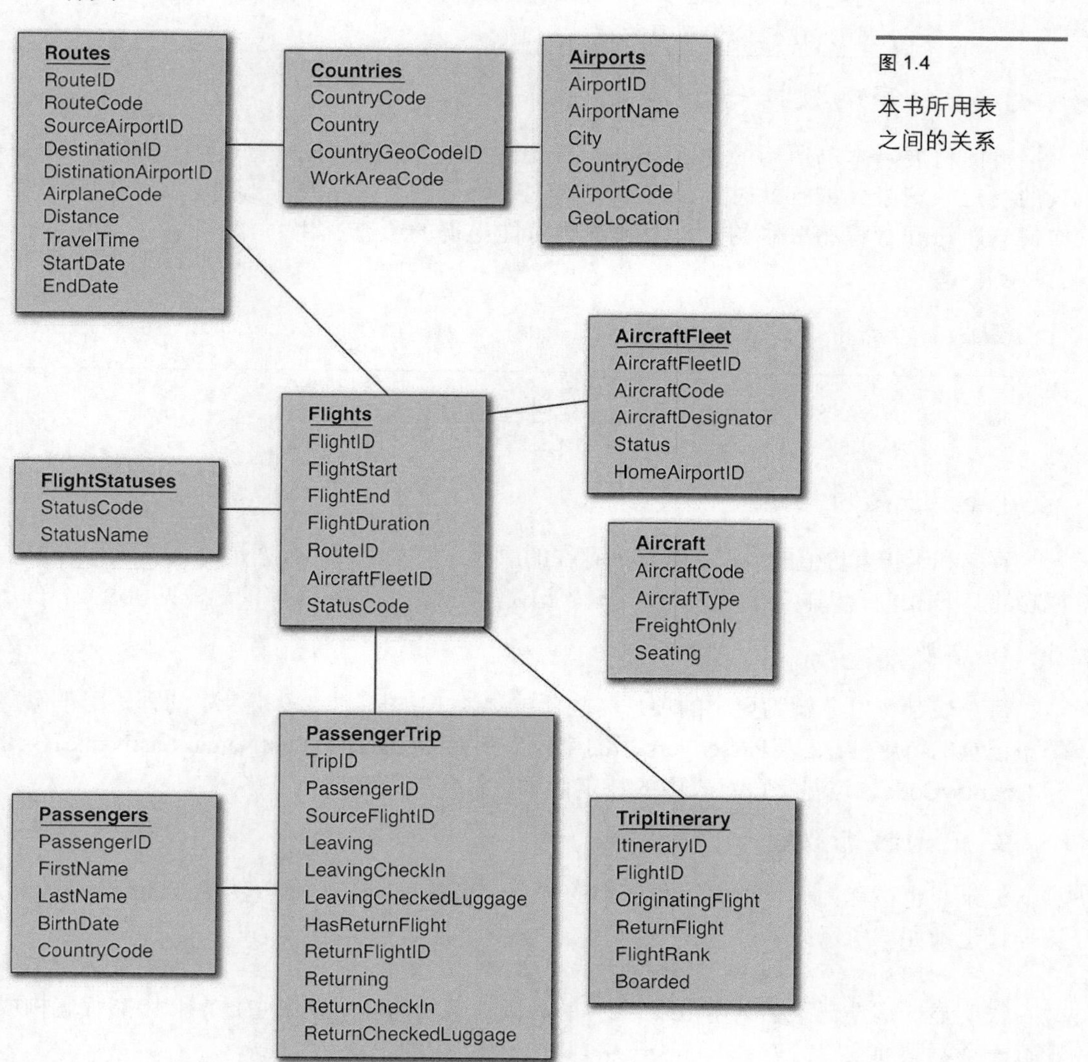

图 1.4
本书所用表之间的关系

1.4.1 表命名标准

像商业活动中的其他标准一样，表命名标准对于保持良好的秩序也是非常重要的。从前面对于表和数据的介绍可以看出，每个表的名称都以_TBL作为后缀，这种方式也是很多客户端站点所采用的。后缀_TBL说明这个对象是表，而关系型数据库中存在多种不同类型的对象。例如，在后续章节会出现后缀_INX，这说明对象是表的索引。命名标准几乎存在于整个机制之内，对任何关系型数据库的管理都起到了重要的辅助作用。需要说明的是，在命名数据库对象时，后缀的使用并不是强制性的。所谓的命名标准，只是为了在创建对象的时候可以遵循一定的准则。读者可以根据自己的喜好自由选择命名标准。

By the Way

> **注意：命名标准**
>
> 不仅要遵循任何SQL实现的对象命名规则，还要符合本地商业规则，从而创建出具有描述性的、与业务数据相关联的名称。一致的命名规则有助于使用SQL轻松管理数据库。

1.4.2 实例数据一瞥

下面将展示本书所用的Passengers表中包含的示例数据。在查看下面这个Passengers表的前三个记录（或行）时，请仔细观察这些乘客的个人信息。此外，请尝试思考乘客是如何与航班和行程相关联的，以及数据中可能出现的所有变化。

```
Passengers

PassengerID    FirstName    LastName     BirthDate     CountryCode
------------------------------------------------------------------
          1    Adeline      Wogan        1988-09-24    CA
          2    Stephnie     Mastrelli    1966-03-01    US
          3    Amina        Fold         1982-05-22    GB
```

1.4.3 表的构成

存储和维护有价值的数据是数据库存在的原因。前文出现的数据是用来解释本书中的SQL概念的，下面进一步详细介绍表中的元素。记住，表是用于数据存储的最常见和最简单的形式。

1. 字段

每个表都可以分解为更小的项，这些项被称为“字段”。字段是表中的列，用于保持表中每条记录的特定信息。表Passengers里的字段包括PassengerID、FirstName、LastName、BirthDate和CountryCode。这些字段对表中的特定信息进行分类保存。

2. 记录或一行数据

记录，也被称为一行数据，是表中的一个水平条目。以上一个表Passengers为例，它的第一行记录如下所示：

```
1    Adeline    Wogan    1988-09-24    CA
```

很明显，这条记录由乘客ID、乘客的姓氏、乘客的名字、出生日期和国家代码构成。对于每一个不同的乘客，表Passengers中都有一条相应的记录。

在关系型数据库的表里，一行数据是指一条完整的记录。

3. 列

列是表中垂直的项，包含表中特定字段的全部信息。举例来说，表 Passengers 中与乘客的姓氏相关联的一列包含以下内容：

```
Wogan
Mastrelli
Fold
```

这一列基于字段 LastName，也就是乘客的姓氏。每个列包含了表中每条记录中特定字段的全部信息。

4. 主键

主键是一个列，可以在一个关系型数据库中唯一地标识表中的每一行数据。表 Passengers 里的主键是 PassengerID，它通常是在表创建过程中初始化的。主键的特性确保了所有乘客 ID 都是唯一的，也就是说表 Passengers 中的每条记录都具有不同的 PassengerID。主键避免了表中有重复的数据，并且还具有其他用途，具体介绍请见第 3 章。

5. NULL 值

NULL 是一个用来表示“缺失值”的术语。如果表中某个字段的值是 NULL，其表现形式就是字段为空，其值就是没有值。需要重点理解的是，NULL 并不等同于 0 或空格。值为 NULL 的字段在表创建过程中会保持为空。比如在一个包含 MiddleName 列的表中，允许出现空值或者缺失值，因为并不是每个人都一定有中间名，其相应字段的值可能是 NULL。在表的记录中，如果该记录的特定列中没有条目，则记录将标记为 NULL 值。

后续两章将详细介绍其他的表元素。

1.4.4 示例和练习

本书中的很多练习使用 MySQL、Microsoft SQL Server 和 Oracle 数据库来生成示例。我们之所以专注于这三种数据库实现，是因为它们都有各自的自由发布版本可供使用。此外，它们也是三种最常使用的关系型数据库实现。我们可以自由选择一种来安装，以便完成本书中的练习。注意，由于这三种数据库都不能与 SQL-2011 完全兼容，因此练习的结果可能会有一些细小的差别，或不完全复合 ANSI 标准。不过，掌握了基本的 ANSI 标准以后，读者就可以在不同的数据库实现之间自由切换。

1.5 小结

前面介绍了 SQL 标准语言，简要说明了其历史，粗略展示了这个标准在过去多年是如何进化的。另外还讨论了数据库系统和当今技术，包括关系型数据库、客户端/服务器系统、基于 Web 的系统，这些对于理解 SQL 都是非常重要的。本章还介绍了 SQL 语言的主要组件，说明了关系型数据库市场有众多的厂商，以及各具特色的 SQL 实现。虽然它们与 ANSI SQL 都略有不同，但大多数厂商都在一定范围内遵循当前标准（SQL-2011），后者维护了 SQL 的一致性，并强制使开发的 SQL 程序具有可移植性。

另外还介绍了本书所使用的数据库。从前面的内容可以看到，数据库由一些表组成，它们彼此有一定的关联；我们也看到此时表中包含的数据。本章还介绍了 SQL 的一些背景知识，展示了现代数据库的概念。在完成本章的练习之后，读者会信心十足地继续后面的课程。

1.6 问与答

问：如果要学习 SQL，是不是可以使用 SQL 的任何一种实现呢？

答：是的，只要数据库的实现是兼容 ANSI SQL 的，我们就可以与之进行交互。如果实现并不是完全兼容的，我们只需要稍做调整即可。

问：在客户端/服务器环境里，个人计算机是客户端还是服务器？

答：个人计算机被认为是客户端，但有时服务器也可以充当客户端的角色。

问：数据库对象（比如表和列）的命名规则，是否有一个整体标准呢？

答：尽管没有必要，但是最好在一个组织范围内部创建数据库对象和数据的命名规则，并始终如一地使用。命名规则的一致性可以使数据更容易进行识别和管理。

1.7 实践

下面的内容包含一些测试问题和实战练习。这些测试问题的目的在于检验对学习内容的理解程度。实战练习是为了把学习的内容应用于实践，并且巩固对知识的掌握。在继续学习之前请先完成测试与练习，答案请见附录 C。

1.7.1 测验

1. SQL 的含义是什么？
2. SQL 命令的 6 个主要类别是什么？
3. 4 个事务控制命令是什么？
4. 对于数据库访问来说，客户端/服务器模型与 Web 技术之间的主要区别是什么？
5. 如果一个字段被定义为 NULL，这是否表示该字段必须要输入某些内容？

1.7.2 练习

1. 说明下面的 SQL 命令分别属于哪个类别：

```
CREATE TABLE
DELETE
SELECT
INSERT
```

```
ALTER TABLE
UPDATE
```

2．观察下面这个表，选出适合作为主键的列。

```
AIRPORTS
EMPLOYEES
PASSENGERS
AIRCRAFT
```

3．参考附录 B，下载并在计算机上安装一种数据库实现，为后面的练习做准备。

第 2 章

定义数据结构

本章的重点包括：

- 表的底层数据；
- 基本的数据类型；
- 使用不同的数据类型；
- 通过示例展示不同数据类型之间的区别。

在本章中，我们将进一步研究前一章结尾时所展示的数据，讨论数据的特征以及这些数据如何保存在关系型数据库中。数据类型有许多种，稍后会逐一进行介绍。

2.1 数据是什么

数据是一个信息集合，以某种数据类型保存在数据库中。数据包括姓名、编号、金额、文本、图形、小数、数字、计算、统计，以及你能想象到的几乎任何东西。数据可以保存为大写、小写或大小写混合，数据可以被操作或修改，大多数数据在其生存周期内经常发生变化。

数据类型用于指定特定列所包含数据的规则，它决定了数据保存在列中的方式，包括分配给列的宽度，以及值是否可以是字母、数字、日期和时间等。每一个数据的位或数据组合，只要能够存储到特定的数据库中，就有对应的数据类型，这些数据类型用于存储字母、编号、日期和时间、图像、二进制数据等。更详细地说，数据可以包括姓名、描述、编号、计算、图像、图像描述、文档等。

数据是数据库的意义所在，必须受到保护。数据的保护者通常是数据库管理员（DBA），但每个数据库用户也有责任采取必要手段来保护数据。关于数据安全的内容将在第 18 章和第 19 章详细讨论。

2.2 基本数据类型

本节将介绍 ANSI SQL 支持的基本数据类型。数据类型是数据本身的特征，其属性被设置到表中的字段。举例来说，我们可以指定某个字段必须包含数字值，不允许输入由数字或字母组成的字符串；我们也不希望在保存货币数值的字段中输入字母。为数据库中的每个字段定义数据类型可以大幅减少数据库中由于输入错误而产生的错误数据。字段定义（数据类型定义）是一种数据检验方式，可以控制每个字段中输入的数据的类型。

取决于 RDBMS 的实现，一些数据类型可以根据其格式自动转化为其他数据类型，这种类型转换被称为隐式转换，表示数据库会自动完成转换。举例来说，从一个数值字段取出一个数值 1000.92，把它输入到一个字符串字段中，此时数据库就会完成自动转换。其他一些数据类型不能由主机 RDBMS 隐式转换，就必须经过显式转换，这通常需要调用 SQL 函数，比如 CAST 或 CONVERT。在下面的 Oracle 示例中，当前的系统日期是以默认的日期格式（这是一个日期数据类型）从数据库中检索的：

```
SELECT CAST('12/27/1974' AS DATETIME) AS MYDATE

SQL> SELECT SYSDATE FROM DUAL;

SYSDATE
---------
08-SEP-15
```

如果想要修改日期的格式，或者以不同于默认日期类型的格式来显示日期，可以使用 Oracle 的 TO_CHAR 函数将日期显示为字符串。在下面的示例中我们只检索当前的月份：

```
SQL> SELECT TO_CHAR(SYSDATE, 'Month') MONTH
  2 FROM DUAL;

MONTH
------------------------------------
September
```

像其他大多数语言一样，最基本的数据类型是：

- 字符串类型；
- 数值类型；
- 日期和时间类型。

> **提示：SQL 数据类型**
> SQL 的每个实现都有自己的数据类型集。为了支持每个实现处理存储数据的方式，需要使用该实现所特有的数据类型，但基本数据类型在不同实现之间是相同的。

Did you Know?

2.2.1 定长字符串

定长字符串通常具有相同的长度，是使用定长数据类型保存的。下面是 SQL 定长字符串的标准：

```
CHARACTER(n)
```

n 是一个数字，定义了特定字段中已分配的长度或最大长度。

有些 SQL 实现使用 CHAR 数据类型来保存定长数据。字母数据类型的数据可以保存到这种数据类型里。州名缩写就是定长数据类型的一个例子，因为所有州的缩写都由两个字符组成。

在使用定长数据类型时，通常使用空格来填充位数不足的字符。举例来说，如果字段长度是 10，而输入的数据只有 5 位，那么剩余 5 位就会被记录为空格。填充空格是为了确保字段中的每个值都具有相同的长度。

Watch Out!

警告：定长数据类型

不要使用定长数据类型来保存不确定长度的数据，比如姓名。如果不恰当地使用定长数据类型，可能会导致可用空间的浪费，以及无法对数据进行精确的比较。

应该使用变长数据类型来保存不确定长度的字符串，从而节省数据库空间。

2.2.2 变长字符串

SQL 支持使用变长字符串，也就是长度不固定的字符串。下面是 SQL 变长字符串的标准：

```
CHARACTER VARYING(n)
```

n 是一个数字，定义了特定字段中已分配的长度或最大长度。

常见的变长字符值的数据类型有 VARCHAR、VARINARY 和 VARCHAR2。VARCHAR 符合 ANSI 标准，适用于 Microsoft SQL Server 和 MySQL；VARINARY 和 VARCHAR2 适用于 Oracle。若一个列被定义为字符类型，则存储在该列中的数据可以是数字和字母，意味着数据的值可能包含数字字符。VARBINARY 类似于 VARCHAR 和 VARCHAR2，只是它包含的是长度不定的字节。这种数据类型通常被用来保存某些类型的数字数据，例如图像文件。

定长数据类型通常利用空格来填充字段中已分配但未使用的位置，但变长数据类型不这样做。举例来说，如果某个变长字段的已分配长度为 10，而输入的字符串长度为 5，那么这个值的总长度也是 5，并不会使用空格来填充字段中未使用的位置。

2.2.3 大对象类型

有些变长数据类型需要保存更长的数据，超过了一般情况下为 VARCHAR 字段所保留的长度。在现代的数据库实现中，BLOB 和 TEXT 数据类型属于大对象类型。这些数据类型是专门用于保存大数据集的。BLOB 是二进制大对象，它的数据是很长的二进制字符串（字节串）。当一个 SQL 实现需要在数据库中存储二进制媒体文件时，比如图像和 MP3，BLOB 相当有用。

TEXT 数据类型是一种长字符串数据类型，可以被看作一个大的 VARCHAR 字段，当一个 SQL 实现需要在数据库中存储大字符数据集时，通常会用到 TEXT 数据类型。例如存储来自博客站点条目中的 HTML 输入，在数据库中保存这种类型的数据可以实现站点的动态更新。

2.2.4 数值类型

数值被保存在定义为某种数值类型的字段中，通常指 NUMBER、INTEGER、REAL、DECIMAL 等。

下面是 SQL 数值的标准：

- BIT(*n*)
- BIT VARYING(*n*)
- DECIMAL(*p*,*s*)
- INTEGER
- SMALLINT
- BIGINT
- FLOAT(*p* , *s*)
- DOUBLE PRECISION(*p*,*s*)
- REAL(*s*)

p 是一个数值，表示每一个适当的定义中，特定字段的已分配长度或最大长度。

s 是小数点后面的位数。

SQL 实现中一个通用的数值类型是 NUMERIC，它可以容纳 ANSI 提供的数值的方向，数值可以是 0、正值、负值、定点数和浮点数。下面是使用 NUMERIC 的一个示例：

```
NUMERIC(5)
```

这个命令把字段能够接受的最大值限制为 99 999。本书示例涉及的所有数据库实现都支持 NUMERIC 类型，但都是以 DECIMAL 类型实现的。

2.2.5 小数类型

小数类型是指包含小数点的数值。SQL 的小数标准如下所示，其中 *p* 表示精度（即有效位数），*s* 表示小数的标度（即位数）：

```
DECIMAL(p,s)
```

精度是数值的总长度。举例来说，在定义为 DECIMAL(4,2)的数值中，精度是 4，即为这个数值分配的总长度是 4。标度是小数点后面的数字位数，在 DECIMAL(4,2)中是 2。如果实际数值的小数位数超出了标度允许的位数，数值就会被四舍五入。比如 34.33 写入到 DECIMAL(3,1)时，会被四舍五入为 34.3。

如果数值被定义为如下的数据类型，所允许的最大值就是 99.99：

```
DECIMAL(4,2)
```

精度是 4，表示为数值分配的总长度是 4；标度是 2，表示小数点后面保留 2 位。小数点本身并不算作一个字符。

定义为 DECIMAL(4,2)的字段允许输入的数值包括：

- 12
- 12.4
- 12.44
- 12.449

最后一个数值 12.449 在保存到字段中时会被四舍五入为 12.45。在这种情况下，12.445～12.449 范围内的任何数值都会被四舍五入为 12.45。

2.2.6 整数

整数（integer）是不包含小数点的数值，整数包括正数、0 和负数。

下面是一些有效的整数：

- 1
- 0
- -1
- 99
- -99
- 199

2.2.7 浮点数

浮点数是具有精度和标度，长度可变并且没有限制的小数数值，任何精度和标度都是可以接受的。REAL 数据类型代表单精度浮点数值，而 DOUBLE PRECISION 数据类型表示双精度浮点数值。单精度浮点数值的有效位数为 1~21（包含），双精度浮点数值的有效位数为 22~53（包含）。下面是一些 FLOAT 数据类型的示例：

- FLOAT
- FLOAT(15)
- FLOAT(50)

2.2.8 日期和时间类型

日期和时间数据类型用来保存日期和时间信息。标准 SQL 支持 DATETIME 数据类型，它包含下述特定的数据类型：

- DATE
- TIME
- DATETIME
- TIMESTAMP

DATETIME 数据类型的元素包括：

- YEAR
- MONTH
- DAY
- HOUR
- MINUTE
- SECOND

By the Way

注意：分数和闰秒

SECOND 元素还可以再分解为几分之一秒，其范围是 00.000~61.999，但并不是所有 SQL 实现都支持这个范围。多出来的 1.999 秒是用于实现闰秒的。

每种 SQL 实现可能都有自定义的数据类型来保存日期和时间。前面介绍的数据类型和元素是每个 SQL 厂商都应该遵守的标准，但大多数实现都使用自己的数据类型来保存日期值，其形式与数据在内部的实际存储方式有所不同。

日期数据一般不指定长度。稍后我们会更详细地介绍日期类型，包括日期信息在某些实现中的保存方式、如何使用转换函数操作日期和时间，并且使用真实示例展示在实际工作中如何使用日期和时间。

2.2.9 直义字符串

直义字符串就是一系列字符，比如姓名或电话号码，这是由用户或程序明确指定的。直义字符串包含的数据与前面介绍的数据类型具有相同的属性，但字符串的值是已知的。字段中的值通常是不能确定的，因为字段中通常包含不同的值，且该值与表中的每一行数据相关。

实际上用户并不需要使用直义字符串来指定数据类型，而是指定字符串即可。直义字符串的示例如下所示：

- 'Hello'
- 45000
- "45000"
- 3.14
- 'November 1, 1997'

字符型的字符串由单引号包围，数值 45000 没有用单引号包围，而第二个 45000 用双引号包围。一般来说，字符型字符串需要使用单引号，而数值型字符串不需要。

将一个数据转换成数值类型的过程属于隐式转换。这意味着数据库会尝试判断应该为对象创建哪种数据类型。所以，如果一个数值没有使用单引号包围起来，那么 SQL 编译器就会将其认定为数值类型。因此，在处理数据时必须小心，以确保数据按照预期进行表示。否则，存储结果可能出现偏差，或者报错。稍后将介绍如何在数据库查询中使用直义字符串。

2.2.10 NULL 数据类型

第 1 章已经介绍过，NULL 值表示一个缺失值，或者一行数据中的某一个字段还没有指派值。NULL 值在 SQL 中有广泛的应用，包括表的创建、查询的搜索条件，甚至是在直义字符串中。指派 NULL 值的方法是通过关键字 NULL 来实现的。

由于下面的 NULL 是在引号中，因此它不表示 NULL 值，而是一个包含字符 N-U-L-L 的直义字符串：

```
'NULL'
```

在使用 NULL 数据类型时，需要明确它表示特定字段不是必须要输入数据的。如果某个字段必须包含数据，就把它设置为 NOT NULL。只要字段有可能不包含数据，最好把它设置为 NULL。

2.2.11 布尔值

布尔值的取值范围是 TRUE、FALSE 和 NULL，用于进行数据比较。举例来说，在查询中设置条件时，每个条件都会被求值，得到 TRUE、FALSE 或 NULL。如果查询中所有条件的布尔值都是 TRUE，数据就会被返回；如果某个条件的布尔值是 FALSE 或 NULL，则数据不会被返回。

比如下面这个示例：

```
WHERE NAME = 'SMITH'
```

这可能是查询的一个条件，在要查询的表中，每行数据都根据这个条件进行求值。如果表中某行数据的 NAME 字段值是 SMITH，条件的值就是 TRUE，相应的记录就会被返回。

大多数数据库实现并没有一个严格意义上的 BOOLEAN 类型，而是代之以各自不同的实现方法。MySQL 拥有 BOOLEAN 类型，但实质上与其现有的 TINYINT 类型相同。Oracle 允许用户使用一个 CHAR(1)值来表示布尔值，而 SQL Server 则使用 BIT 来代替。

By the Way

注意：数据类型实现上的差异

前面介绍的这些数据类型在不同的 SQL 实现中可能具有不同的名称，但其概念是通用的。其中大多数数据类型得到了关系型数据库的支持。

2.2.12 自定义类型

自定义类型是由用户定义的数据类型，它允许用户根据已有的数据类型来定制自己的数据类型，从而满足数据存储的需要。自定义类型极大地丰富了数据存储的可能性，使开发人员在数据库程序开发过程中具有更大的灵活性。语句 CREATE TYPE 用于创建自定义类型。

举例来说，在 Oracle 中可以创建一个类型如下：

```
CREATE TYPE PERSON AS OBJECT
(NAME       VARCHAR (30),
 SSN        VARCHAR (9));
```

然后引用自定义类型：

```
CREATE TABLE EMP_PAY
(EMPLOYEE    PERSON,
 SALARY      DECIMAL(10,2),
 HIRE_DATE   DATE);
```

我们注意到，第一列 EMPLOYEE 引用的数据类型是 PERSON，而 PERSON 正是在前面创建的自定义类型。

2.2.13 域

域是能够使用的有效数据类型的集合。域与数据类型相关联，从而只接受特定的数据。

在创建域之后，我们可以向域添加约束。约束与数据类型共同发挥作用，从而进一步限制字段能够接受的数据。域的使用类似于自定义类型。

自定义域的使用不像自定义类型那样常见，比如 Oracle 不支持自定义域。下面的语法尽管不能用于本书所下载的 SQL 实现，但这是一个用来创建域的基本语法示例。

```
CREATE DOMAIN MONEY_D AS NUMBER(8,2);
```

可以像下面这样为域添加约束：

```
ALTER DOMAIN MONEY_D
ADD CONSTRAINT MONEY_CON1
CHECK (VALUE > 5);
```

然后像下面这样引用域：

```
CREATE TABLE EMP_PAY
(EMP_ID      NUMBER(9),
 EMP_NAME    VARCHAR2(30),
 PAY_RATE    MONEY_D);
```

2.3 小结

SQL 具有多种数据类型，对于使用过其他编程语言的人来说，应该熟悉本章介绍的许多数据类型。数据类型允许不同类型的数据保存到数据库，比如单个字符、小数、日期和时间。无论是使用像 C 这样的第三代编程语言，还是使用关系型数据库实现 SQL 编码，数据类型的概念在所有语言中都是相同的。当然，不同实现中标准数据类型的名称可能有所不同，但其工作方式基本上是一样的。另外，关系型数据库管理系统（RDBMS）并不是一定要实现 ANSI 标准中规定的全部数据类型才会被认为是与 ANSI 兼容的，因此最好查看具体 RDBMS 实现的文档来了解可以使用的数据类型。

在考虑存储数据的数据类型、长度、标度和精度时，一定要仔细地进行短期和长远的规划。另外，商业规则以及最终用户访问数据的方式也是要考虑的因素。开发人员应该了解数据的本质，以及数据在数据库中是如何相互关联的，从而使用恰当的数据类型。

2.4 问与答

问：当字段被定义为字符类型时，为什么还可以保存像个人社会保险号码这样的数字值呢？

答：字符串数据类型允许输入字母和数字，而数值当然是属于这个范围内的。这个过程被称为隐式转换，它是由数据库系统自动完成的。一般来说，只有用于计算的数据才以数值类型保存。但是，把全部数值字段都设置为数值类型有助于控制字段中输入的数据。

问：定长数据类型和变长数据类型之间到底有什么区别呢？

答：假设我们把个人的姓名字段定义为长度为 20 字节的定长数据类型，而某人的名字是 Smith。当这个数据进入表之后，会占据 20 字节的空间，其中 5 字节用于保存 Smith，另外 15

字节是额外的空格（因为这是定长数据类型）。如果使用长度为 20 字节的变长数据类型，并且也输入 Smith 作为数据，那么它只会占据 5 字节。想象一下，如果要在这个系统中添加 100000 条数据，那么使用变长数据类型也许可以节省 1.5MB 存储空间。

问：数据类型的长度有限制吗？

答：数据类型的长度当然有限制，而且不同实现中的长度限制也不同。

2.5 实践

下面的内容包含一些测试问题和实战练习。这些测试问题的目的在于检验对学习内容的理解程度。实战练习有助于把学习的内容应用于实践，并且巩固对知识的掌握。在继续学习之前请先完成测试与练习，答案请见附录 C。

2.5.1 测验

1. 判断对错：个人社会保险号码，其输入格式为 '1111111111'，它可以是下面任何一种数据类型：定长字符、变长字符、数值。
2. 判断对错：数值类型的标度是指数值的总体长度。
3. 所有的 SQL 实现都使用同样的数据类型吗？
4. 下面定义的精度和标度分别是多少？

```
DECIMAL(4,2)
DECIMAL(10,2)
DECIMAL(14,1)
```

5. 下列哪些数值能够输入到数据类型为 DECIMAL(4,1)的字段中？

   A. `16.2`

   B. `116.2`

   C. `16.21`

   D. `1116.2`

   E. `1116.21`

6. 什么是数据？

2.5.2 练习

1. 考虑以下字段名称，为它们设置适当的数据类型，确定恰当的长度，并给出一些可以输入到字段中的示例数据：

   A. `ssn`

   B. `state`

   C. `city`

D. phone_number

E. zip

F. last_name

G. first_name

H. middle_name

I. salary

J. hourly_pay_rate

K. date_hired

2．同样是这些字段名称，判断它们应该是 NULL 还是 NOT NULL。体会在不同的应用场合，通常是 NOT NULL 的一些字段可能应该是 NULL，反之亦然。

A. ssn

B. state

C. city

D. phone_number

E. zip

F. last_name

G. first_name

H. middle_name

I. salary

J. hourly_pay_rate

K. date_hired

3．现在要为后面的课程创建一个数据库。在此之前，先要安装一种数据库实现——Oracle 或者 Microsoft SQL Server。

Oracle

打开 Web 浏览器并进入管理主页，通常管理主页的网址是 http://127.0.0.1:8080/apex。此时会出现登录界面，如果是第一次登录系统，用户名为 system，密码为安装系统时由用户设置的密码。在管理界面中，有 SQL、SQL Commands 和 Enter Command 三种运行方式可供选择。在命令行界面输入以下命令并单击 Run 按钮：

```
create user canaryairlines identified by canary_2015;
```

在 Oracle 中创建一个用户后，系统会自动创建一个对应的模式（schema）。因此，运行上述命令后，不但创建了一个用户来来查询数据，还创建了一个名为 canaryairlines 的模式（schema）。Oracle 对待模式的方式与 Microsoft SQL Server 对待数据库的方式相同。退出系统以后，以新创建的用户身份重新登录系统，就可以看到模式。

Microsoft

在“开始”菜单的“运行”窗口中，输入 SSMS.exe 并按“确定”按钮。此时，开始运行 SQL Server Management Studio。弹出的第一个对话框用于连接数据库。此处的服务器名称应该为 localhost，如果系统没有自动显示，则可以手动输入。其余选项保持不变，单击“连接”按钮。此时，界面的左侧是一个名为 Object Explorer 的区域，该区域显示了本地主机的数据库实例。用鼠标右键单击 localhost，在弹出的快捷菜单中选择 New Query 命令，界面右侧会打开一个查询窗口。输入以下命令并按 F5 键：

```
Create database CanaryAirlines;
```

用鼠标右键单击 localhost 下名为 Databases 的文件夹，在弹出的快捷菜单中选择 Refresh 命令。之后单击文件夹前面的“+”符号展开文件夹，即可看到刚刚创建的名为 CanaryAirlines 的数据库。

第 3 章

管理数据库对象

本章的重点包括：

- 数据库对象简介；
- 模式简介；
- 表简介；
- 讨论表的实质与属性；
- 创建和操作表的示例；
- 讨论表存储选项；
- 引用完整性和数据一致性的概念。

本章将介绍数据库对象的概念、作用、存储方式以及数据库对象之间的关系。数据库对象是组成数据库构件块的逻辑单元。本章介绍的内容主要是围绕表的，其他数据库对象将在后面的章节讨论。

3.1 数据库对象和模式

数据库对象是数据库中定义的用于存储或引用数据的对象，比如表、视图、簇、序列、索引和异名。本章的内容以表为主，因为它是关系型数据库中最主要、最简单的数据存储形式。

模式（schema）是与数据库某个用户名相关联的数据库对象集合。相应的用户名被称为模式所有人，或是关联对象组的所有人。数据库中可以有一个或多个模式。用户只与同名模式相关联，通常情况下反之亦然。一般来说，当用户创建一个对象时，就是在自己的模式中创建了它，除非明确指定在另一个模式中创建它。因此，根据在数据库中的权限，用户可以创建、操作和删除对象。模式可以只包含一个表，也可以包含无数个对象，其上限由具体的数据库实现决定。

假设我们从数据库管理员那里获得了一个数据库用户名和密码，用户名是 USER1。我们登录到数据库并创建一个名为 EMPLOYEE_TBL 的表，这时对于数据库来说，表的实际名称是 USER1.EMPLOYEE_TBL，该表的模式名为 USER1，也就是这个表的所有者。这样，我们就为这个模式创建了第一个表。

有关模式的一个好处是，当我们访问自己所拥有的表时（在自己的模式中），不必引用模式名称。举例来说，使用下面两种方式都可以引用刚才创建的表：

```
EMPLOYEE_TBL
USER1.EMPLOYEE_TBL
```

第一种方法更受欢迎，因为它需要敲击键盘的次数比较少。如果其他用户要查询这个表，就必须指定模式名称，如下所示：

```
USER1.EMPLOYEE_TBL
```

第 20 章将介绍如何分配权限，从而允许其他用户访问我们的表。还会介绍异名的概念，即表具有另一个名称，使我们在访问表时不必指定模式名。图 3.1 展示了关系型数据库中的两个模式。

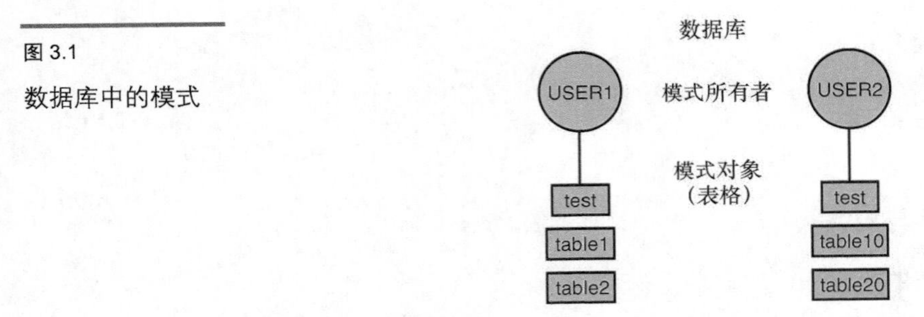

图 3.1 数据库中的模式

图 3.1 中的数据库有两个用户账户：USER1 和 USER2。每个用户账户都有自己的模式，他们访问自己的表和对方的表的方式如下所示：

```
USER1 访问自己的 TABLE1:           TABLE1
USER1 访问自己的 TEST:             TEST
USER1 访问 USER2 的 TABLE10:       USER2.TABLE10
USER1 访问 USER2 的 TEST:          USER2.TEST
```

在这个示例中，两个用户都有一个名为 TEST 的表。在数据库里，不同的模式中可以包含名称相同的表。从这个角度来说，表名在数据库中总是唯一的，原因是模式所有人实际上表名的一部分。比如 USER1.TEST 与 USER2.TEST 显然是不同的。如果在访问数据库中的表时没有指定模式名，数据库服务程序会默认选择用户所拥有的表。也就是说，如果 USER1 要访问表 TEST，数据库服务程序会先查找 USER1 拥有的名为 TEST 的表，然后再查找 USER1 拥有的其他对象，比如在另一个模式中的表的异名。第 21 章会详细介绍异名的概念。

用户必须明确理解自己模式内对象和模式外对象的区别，如果在执行修改表的操作时（比如使用 DROP 命令）没有指定模式名，数据库会认为用户要操作自己模式中的表，这可能会导致意外删除错误的对象。因此，在进行数据库操作时，一定要注意自己是以什么身份登录到数据库的。

By the Way

注意：对象命名规则在不同的数据库服务程序中有所差异

每个数据库服务程序都有命名对象和对象元素（比如字段）的规则，请查看具体实现的说明文档来了解命名规则。

3.2 表：数据的主要存储方式

表是关系型数据库中最主要的数据存储对象，其最简单的形式是由行和列组成，行和列都分别包含数据。表在数据库占据实际的物理空间，可以是永久的或是临时的。

3.2.1 列

字段在关系型数据库也被称为列，它是表的组成部分，被设置为特定的数据类型。数据类型决定什么样的数据可以保存在相应的列中，从而确保数据的完整性。

每个数据库表都至少要包含一列。列元素在表中用于保存特定类型的数据，比如人名或地址。举例来说，姓名就可以作为顾客表中一个有效的列。图 3.2 展示了表中的列。

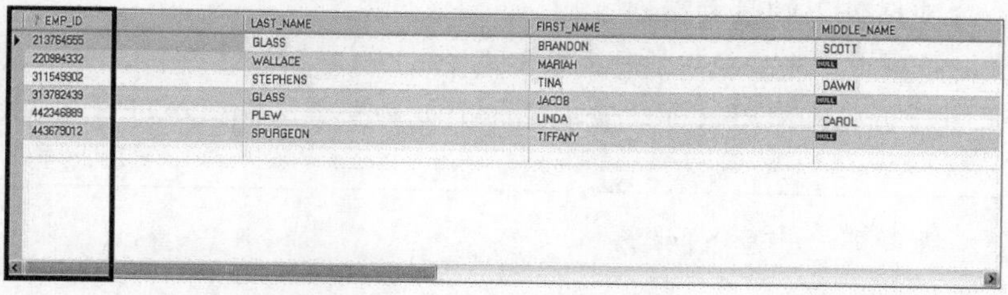

EMP_ID	LAST_NAME	FIRST_NAME	MIDDLE_NAME
213764555	GLASS	BRANDON	SCOTT
220984332	WALLACE	MARIAH	NULL
311549902	STEPHENS	TINA	DAWN
313782439	GLASS	JACOB	NULL
442346889	PLEW	LINDA	CAROL
443679012	SPURGEON	TIFFANY	NULL

图 3.2
列的示例

一般来说，列的名称应该是连续的字符串，其长度在不同 SQL 实现中都有明确规定。我们一般使用下划线作为分隔符，比如表示顾客姓名的列可以命名为 CUSTOMER_NAME，它比 CUSTOMERNAME 更好一些。这样做可以提高数据库对象的可读性。读者也可以使用其他命名规则，例如驼峰匹配，以满足特定的需求。对于一个数据库开发团队来说，明确一个命名规则，并在开发的全过程中严格遵守这一规则，是非常重要的。

列中最常见的数据形式是字符串。这种数据可以保存为大写或小写字符，应该根据数据的使用方式具体选择。在大多数情况下，出于简化和一致的目的，数据是以大写存储的。如果数据库中存储的数据大小写不统一，我们可以根据需要利用函数把数据转化为大写或小写，具体函数将在第 11 章介绍。

列也可以指定为 NULL 或 NOT NULL，当设置为 NOT NULL 时，表示其中必须包含数据；设置为 NULL 时，则表示可以不包含数据。NULL 不是空白，而是类似于一个空的字符串，在数据库中占据了一个特殊的位置。因此，如果某一个字段缺少数据，就可以使用 NULL。

3.2.2 行

行是数据库表中的一条记录。举例来说，顾客表中的一行数据可能包含特定顾客的标识号码、姓名、地址、电话号码、传真号码等。行由字段组成，字段中包含的数据来自表中的记录。表最少可以包含一行数据，也可以包含数以百万计的记录。图 3.3 展示了表中的行。

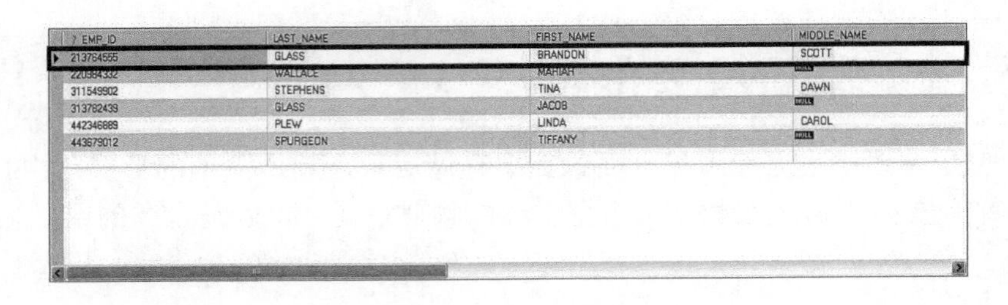

EMP_ID	LAST_NAME	FIRST_NAME	MIDDLE_NAME
213764555	GLASS	BRANDON	SCOTT
220984332	WALLACE	MARIAH	NULL
311549902	STEPHENS	TINA	DAWN
313782439	GLASS	JACOB	NULL
442346889	PLEW	LINDA	CAROL
443679012	SPURGEON	TIFFANY	NULL

图 3.3
行的示例

3.2.3　CREATE TABLE 语句

CREATE TABLE 语句用于创建表。虽然创建表的实际操作十分简单，但在执行 CREATE TABLE 命令之前，应该花更多的时间和精力来设计表的结构。在创建具体的表之前仔细规划表的结构，可以避免在后期反复进行修改，从而节省时间。

> **By the Way**
>
> **注意：本章所使用的数据类型**
>
> 在本章的示例中，我们使用流行的数据类型 CHAR（定长字符）、VARCHAR（变长字符）、NUMBER（数值，包括小数和整数）和 DATE（日期和时间值）。

在创建表时，需要考虑以下一些基本问题。

- 表中包含什么类型的数据？
- 表的名称是什么？
- 哪个（或哪些）列组成主键？
- 列（字段）的名称是什么？
- 每一列的数据类型是什么？
- 每一列的长度是多少？
- 表中哪些列可以是 NULL？

> **By the Way**
>
> **注意：不同的系统往往有不同的命名规则**
>
> 在命名对象和其他数据库元素时，一定要查看具体实现的规则。数据库管理员通常会采用某种“命名规范”来决定如何命名数据库中的对象，以便区分它们的用途。

在解决这些问题之后，实际的 CREATE TABLE 命令就很简单了。创建表的基本语法如下所示：

```
CREATE TABLE table_name
( field1 data_type [ not null ],
  field2 data_type [ not null ],
  field3 data_type [ not null ],
  field4 data_type [ not null ],
  field5 data_type [ not null ] );
```

在这个语句中，最后一个字符是分号。此外，括号中的内容是可选的。大多数 SQL 实现都以某些字符来结束命令，或是把命令发送到数据库服务器。Oracle、Microsoft SQL Server

和 MySQL 使用分号；而 Transact-SQL、Microsoft SQL Server 的 ANSI SQL 版本却不强制要求。不过，最好还是使用规定字符来结束命令。在本书中，我们使用分号。

要创建一个名为 EMPLOYEE_TBL 的表，符合 MySQL 语法规则的代码如下：

```
CREATE TABLE EMPLOYEE_TBL
(EMP_ID        VARCHAR (9)    NOT NULL,
EMP_NAME       VARCHAR (40)   NOT NULL,
EMP_ST_ADDR    VARCHAR (20)   NOT NULL,
EMP_CITY       VARCHAR (15)   NOT NULL,
EMP_ST         VARCHAR (2)    NOT NULL,
EMP_ZIP        INTEGER(5)     NOT NULL,
EMP_PHONE      INTEGER(10)    NULL,
EMP_PAGER      INTEGER(10)    NULL);
```

下述代码同时适用于 Microsoft SQL Server 和 Oracle：

```
CREATE TABLE EMPLOYEE_TBL
(EMP_ID        VARCHAR (9)    NOT NULL,
EMP_NAME       VARCHAR (40)   NOT NULL,
EMP_ST_ADDR    VARCHAR (20)   NOT NULL,
EMP_CITY       VARCHAR (15)   NOT NULL,
EMP_ST         VARCHAR (2)    NOT NULL,
EMP_ZIP        INTEGER        NOT NULL,
EMP_PHONE      INTEGER        NULL,
EMP_PAGER      INTEGER        NULL);
```

这个表包含 8 列。列的名称使用下划线进行分隔，使其看起来像是独立的单词（EMPLOYEE ID 被存储为 EMP_ID），这种方式可以使表和列的名称具有更好的可读性。每一个列都设置了数据类型和长度。同时，通过使用 NULL/NOT NULL 约束，指定了哪些字段必须包含内容。EMP_PHONE 被定义为 NULL，表示它的内容可以为空，因为有的人可能没有电话号码。各个列定义之间以逗号分隔，全部列定义都在一对圆括号中（左括号在第一列之前，右括号在最后一列之后）。

注意：不同的实现对数据类型的规定有所不同

不同实现对名称长度与可使用的字符有不同的规定。

By the Way

这个表中的每条记录，也就是每一行数据包含以下内容：

```
EMP_ID, EMP_NAME, EMP_ST_ADDR, EMP_CITY, EMP_ST, EMP_ZIP, EMP_PHONE, EMP_PAGER
```

在这个表中，每个字段就是一列。列 EMP_ID 可能包含一个雇员的标识号码，也可能包含多个雇员的标识号码，这取决于数据库查询或业务的需要。

3.2.4 命名规范

在为对象（特别是表和列）选择名称时，名称应该反映出保存的数据内容。比如，保存雇员信息的表可以命名为 EMPLOYEE_TBL。列的名称也是如此，比如保存雇员电话号码的列，命名为 PHONE_NUMBER 比较合适。

3.2.5 ALTER TABLE 命令

在表被创建之后，我们可以使用 ALTER TABLE 命令对其进行修改。可以添加列、删除列、修改列定义、添加和去除约束，在某些实现中还可以修改表的 STORAGE 值。ALTER TABLE 命令的标准语法如下所示：

```
alter table table_name [modify] [column column_name ][ datatype | null not null]
[restrict|cascade]
[drop]    [constraint constraint_name ]
[add]     [column] column definition
```

1. 修改表的元素

列的属性是指其所包含数据的规则和行为。利用 ALTER TABLE 命令可以修改列的属性，在此“属性”的含义是：

- 列的数据类型；
- 列的长度、精度或标度；
- 列值能否为空。

下面的示例使用 ALTER TABLE 命令在 EMPLOYEE_TBL 表上修改 EMP_ID 列的属性：

```
ALTER TABLE EMPLOYEE_TBL MODIFY
EMP_ID VARCHAR(10);
Table altered.
```

这一列定义的数据类型没有变，依然是 VARCHAR（变长字符），但是最大长度从 9 变为 10。

2. 添加强制列

在现有的表中添加列时，一个基本规则是，如果表已经包含数据，这时添加的列就不能定义为 NOT NULL。NOT NULL 意味着这一列在每条记录中都必须包含数据。所以，在添加一条定义为 NOT NULL 的列时，如果表中之前存在的记录没有包含新列所需要的数据，我们就会陷入到自相矛盾的境地。

因此，向表中添加强制（mandatory）列的方法如下。

1. 添加一列，把它定义为 NULL（这一行不一定要包含数据）。
2. 在这个新列中为表中的每条记录都插入数据。
3. 修改表，把列的属性修改为 NOT NULL。

3. 添加自动增加的列

有时我们需要一列的数据能够自动增加，从而让每一行都具有不同的序号。在很多情况下都需要这样做，比如数据没有自然键，或是我们想利用唯一的序列号对数据进行排序。创建自动增加的列非常简单。MySQL 提供了 SERIAL 方法为表生成真正的唯一值。下面是一个示例：

```
CREATE TABLE TEST_INCREMENT(
          ID          SERIAL,
          TEST_NAME   VARCHAR(20));
```

注意：在创建表时使用 NULL

列的默认属性是 NULL，所以在 CREATE TABLE 语句里不必明确设置。但 NOT NULL 必须明确指定。

By the Way

Microsoft SQL Server 中可以使用 IDENTITY 列类型。下面是 Microsoft SQL Sever 实现的一个示例：

```
CREATE TABLE TEST_INCREMENT(
        ID      INT IDENTITY(1,1) NOT NULL,
        TEST_NAME    VARCHAR(20));
```

Oracle 没有提供直接的方法来创建自动增加的列，但我们可以使用 SEQUENCE 对象和一个 TRIGGER 来模拟类似的效果。第 22 章在介绍 TRIGGER 时会详细介绍这种技术。

下面，我们可以向新创建的表中插入记录，而不用为自动增加的列指定值：

```
INSERT INTO TEST_INCREMENT(TEST_NAME)
VALUES ('FRED'),('JOE'),('MIKE'),('TED');
SELECT * FROM TEST_INCREMENT;
| ID |    TEST_NAME        |
|  1 |    FRED             |
|  2 |    JOE              |
|  3 |    MIKE             |
|  4 |    TED              |
```

4. 修改列

在修改表中的现有列时，需要考虑很多因素。下面是修改列的一些通用规则：

- 列的长度可以增加到特定数据类型所允许的最大长度；
- 如果想缩短某列的长度，则必须要求表中该列所有数据的长度都小于或等于新长度；
- 数值数据类型的位数可以增加；
- 如果要缩短数值数据类型的位数，则必须要求表中该列所有数值的位数小于或等于新指定的位数；
- 数值数据类型中的小数位数可以增加或减少；
- 列的数据类型通常是可以改变的。

有些实现可能会限制用户使用某些 ALTER TABLE 选项。举例来说，可能不允许从表中撤销列。为了解除这种限制，我们可以删除整个表，然后使用想要的列重建新的表。如果某一列引用自其他表的列，或是被其他表的列所引用，在删除这一列时就可能发生问题。详细情况请查看具体实现的文档。

注意：创建练习表

在本章后面的练习中会创建这些表。在第 5 章中我们会向这些表填充数据。

By the Way

3.2.6 从现有表新建另一个表

利用 CREATE TABLE 语句与 SELECT 语句的组合可以复制现有的表。新表具有同样的列定义，我们可以选择任何列或全部列。由函数或多列组合创建出来的列会自动保持数据所需的大小。从另一个表创建新表的基本语法如下所示：

```
create table new_table_name as
select [ *|column1, column2 ]
from table_name
[ where ]
```

Watch Out!

> **警告：修改或删除表可能会很危险**
> 在修改或删除表时一定要小心。如果在执行这些命令时出现逻辑或输入错误，可能会丢失重要数据。

注意语法中的一些新关键字，特别是 SELECT 关键字。SELECT 是数据库查询语句，将在第 7 章详细介绍。我们现在只需要了解，可以利用查询的结果创建一个表。

MySQL 和 Oracle 都支持使用 CREATE TABLE AS SELECT 方法，在一个表的基础上创建另一个表。但是 Microsoft SQL Server 使用了不同的语句，它使用 SELECT…INTO 语句来实现相同的效果。示例如下：

```
select [ *|column1, column2]
into new_table_name
from table_name
[ where ]
```

下面的示例使用了这种方法。

首先，我们进行一个简单的查询来了解表 FlightStatuses 中的内容。

```
select * from FlightStatuses;

STATUSCODE      STATUSNAME
---------------------------
CAN             Cancelled
COM             Completed
DEL             Delayed
ONT             On-Time
```

接下来，基于前面这个查询创建名为 FlightStatusesNew 的表：

```
create table FlightStatusesNew as
select * from FlightStatuses;


Table created.
```

在 SQL Server 中，需要使用如下命令：

```
select *
into FlightStatusesNew
from FlightStatuses;


Table created.
```

现在，如果对表 FlightStatusesNew 进行查询，得到的结果与从原始表中获得的数据是相同的。

```
select *
from FlightStatusNew;

STATUSCODE     STATUSNAME
---------------------------
CAN            Cancelled
COM            Completed
DEL            Delayed
ONT            On-Time
```

注意："*"的意义

SELECT *会选择指定表中全部字段的数据。"*"表示表中的一行完整数据，也就是一条完整记录。

By the Way

注意：默认使用相同的 STORAGE 属性

从现有表创建新表，新表与原始表具有相同的属性。

By the Way

3.2.7 删除表

删除表是一种相当简单的操作。如果使用了 RESTRICT 选项，并且表被视图或约束所引用，DROP 语句会返回一个错误。当使用了 CASCADE 选项时，删除操作会成功执行，而且全部引用视图和约束都被删除。删除表的语法如下所示：

```
drop table table_name [ restrict | cascade ]
```

在 SQL Server 中，不能使用 CASCADE 选项。因此，要在 SQL Server 中删除表，必须同时删除与该表有引用关系的所有对象，以避免系统中遗留无效对象。

下面的示例删除了刚才创建的表：

```
drop table products_tmp;
Table dropped.
```

警告：删除表的操作务必指向准确

删除表时，在提交命令之前要确保指定了表的模式名或所有者，否则可能误删除其他的表。如果使用多用户账户，在删除表之前一定要确保使用了正确的用户名连接数据库。

Watch Out!

3.3 完整性约束

完整性约束用于确定关系型数据库中数据的准确性和一致性。在关系型数据库中，数据完整性是通过引用完整性的概念实现的，引用完整性包含许多类型。引用完整性由数据库中的规则组成，这些规则用于确保表中的数据保持一致。

3.3.1 主键约束

主键是一个术语，用来识别表中的一个或多个字段，并确保一行记录的唯一性。虽然主键通常是由一个字段构成的，但也可以由多个字段组成。举例来说，雇员的社会保险号码或指派给雇员的标识号码都可以在雇员表中作为逻辑主键。它的目标是使表中每条记录都具有唯一的主键或唯一的值。由于在雇员表中一般不会出现用多条记录表示一个雇员的情况，所以雇员的标识号码可以作为逻辑主键。主键是在创建表时指定的。

下面的示例把字段EMP_ID指定为表EMPLOYEE_TBL的主键（PRIMARY KEY）：

```
CREATE TABLE EMPLOYEE_TBL
(EMP_ID         VARCHAR(9)      NOT NULL PRIMARY KEY,
EMP_NAME        VARCHAR(40)     NOT NULL,
EMP_ST_ADDR     VARCHAR(20)     NOT NULL,
EMP_CITY        VARCHAR(15)     NOT NULL,
EMP_ST          VARCHAR(2)      NOT NULL,
EMP_ZIP         INTEGER(5)      NOT NULL,
EMP_PHONE       INTEGER(10)     NULL,
EMP_PAGER       INTEGER(10)     NULL);
```

这种定义主键的方法是在创建表的过程中完成的，这时主键是隐含约束。我们还可以在建立表时明确地指定主键作为一个约束，如下所示：

```
CREATE TABLE EMPLOYEE_TBL
(EMP_ID         VARCHAR(9)      NOT NULL,
EMP_NAME        VARCHAR(40)     NOT NULL,
EMP_ST_ADDR     VARCHAR(20)     NOT NULL,
EMP_CITY        VARCHAR(15)     NOT NULL,
EMP_ST          VARCHAR(2)      NOT NULL,
EMP_ZIP         INTEGER(5)      NOT NULL,
EMP_PHONE       INTEGER(10)     NULL,
EMP_PAGER       INTEGER(10)     NULL,
PRIMARY KEY (EMP_ID));
```

在这个示例中，主键约束是在CREATE TABLE语句中的字段列表之后定义的。

包含多个字段的主键可以使用如下两种方法之一来定义，以下示例适用于在Oracle表中创建主键：

```
CREATE TABLE PRODUCT_TST
(PROD_ID        VARCHAR (10)    NOT NULL,
VEND_ID         VARCHAR (10)    NOT NULL,
PRODUCT         VARCHAR (30)    NOT NULL,
COST            NUMBER(8,2)     NOT NULL,
PRIMARY KEY (PROD_ID, VEND_ID));
ALTER TABLE PRODUCTS_TST
ADD CONSTRAINT PRODUCTS_PK PRIMARY KEY (PROD_ID, VEND_ID);
```

3.3.2 唯一性约束

唯一性约束要求表中某个字段的值在每条记录里都是唯一的，这一点与主键类似。即使我们对一个字段设置了主键约束，也可以对另一个字段设置唯一性约束，尽管它不会被当作主键使用。

研究下面这个示例：

```
CREATE TABLE EMPLOYEE_TBL
(EMP_ID          VARCHAR (9)      NOT NULL      PRIMARY KEY,
EMP_NAME         VARCHAR (40)     NOT NULL,
EMP_ST_ADDR      VARCHAR (20)     NOT NULL,
EMP_CITY         VARCHAR (15)     NOT NULL,
EMP_ST           VARCHAR (2)      NOT NULL,
EMP_ZIP          INTEGER(5)       NOT NULL,
EMP_PHONE        INTEGER(10)      NULL          UNIQUE,
EMP_PAGER        INTEGER(10)      NULL);
```

在这个示例中，主键是 EMP_ID 字段，表示雇员标识号码，用于确保表中的每条记录都是唯一的。主键通常是在查询中引用的字段，特别是用于结合表时。字段 EMP_PHONE 也被指定为 UNIQUE 值，表示任意两个雇员都不能使用相同的电话号码。这两个都具有唯一性的字段之间没有太多的区别，只是主键使表具有一定的秩序，并且可以用于结合相互关联的表。

3.3.3 外键约束

外键是子表中的一个字段，引用父表中的主键。外键约束是确保关系型数据库中表与表之间引用完整性的主要机制。一个被定义为外键的字段用于引用另一个表中被定义为主键的字段。

研究下面示例中外键的创建：

```
CREATE TABLE EMPLOYEE_PAY_TST
(EMP_ID            VARCHAR (9)     NOT NULL,
POSITION           VARCHAR (15)    NOT NULL,
DATE_HIRE          DATE            NULL,
PAY_RATE           NUMBER(4,2)     NOT NULL,
DATE_LAST_RAISE    DATE            NULL,
CONSTRAINT EMP_ID_FK FOREIGN KEY (EMP_ID) REFERENCES EMPLOYEE_TBL (EMP_ID));
```

在这个示例中，EMP_ID 字段被指定为表 EMPLOYEE_PAY_TBL 的外键，它引用了表 EMPLOYEE_TBL 中的 EMP_ID 字段。这个外键确保了表 EMPLOYEE_PAY_TBL 中的每个 EMP_ID 都在表 EMPLOYEE_TBL 中有对应的 EMP_ID。这被称为父/子关系，其中父表是 EMPLOYEE_TBL，子表是 EMPLOYEE_PAY_TBL。请观察图 3.4 来更好地理解父表和子表的关系。

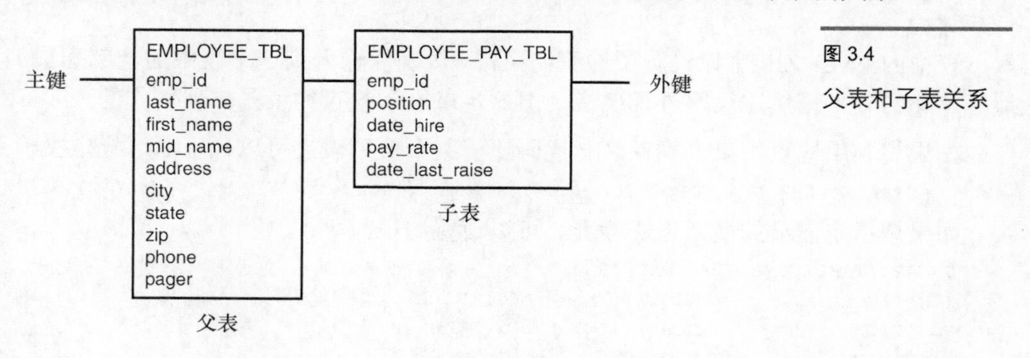

图 3.4 父表和子表关系

在图 3.4 中，子表中的 EMP_ID 字段引用自父表中的 EMP_ID 字段。为了在子表中插入一个 EMP_ID 的值，它首先要存在于父表的 EMP_ID 中。与之类似，父表中删除一个 EMP_ID 的值，子表中相应的 EMP_ID 值必须全部被删除。这就是引用完整性的概念。

利用ALTER TABLE命令可以向表中添加外键，示例如下：

```
alter table employee_pay_tbl
add constraint id_fk foreign key (emp_id)
references employee_tbl (emp_id);
```

By the Way

注意：ALTER TABLE命令在不同的SQL实现中有所不同

ALTER TABLE命令的可用选项在不同SQL实现中是不同的，特别是关于约束的选项。另外，约束的实际使用与定义也有所不同，但引用完整性的概念在任何关系型数据库中都是相同的。

3.3.4 NOT NULL约束

前面的示例在每个字段的数据类型之后使用了关键字NULL和NOT NULL。NOT NULL也是一个可以用于字段的约束，它不允许字段包含NULL值；换句话说，定义为NOT NULL的字段在每条记录里都必须有值。在没有指定NOT NULL时，字段通常默认设置为NULL，即可以是NULL值。

3.3.5 检查约束

检查（CHK）约束用于测试输入到特定字段的数据的有效性，可以提供后端的数据库编辑，虽然编辑通常是在前端程序中完成的。一般情况下，编辑功能限制了能够输入到字段或对象中的值，无论这个功能是在数据库还是在前端程序中实现的。检查约束为数据提供了另一层保护。

下面的示例展示了检查约束在Oracle中的应用：

```
CREATE TABLE EMPLOYEE_CHECK_TST
(EMP_ID          VARCHAR (9)     NOT NULL,
EMP_NAME         VARCHAR (40)    NOT NULL,
EMP_ST_ADDR      VARCHAR (20)    NOT NULL,
EMP_CITY         VARCHAR (15)    NOT NULL,
EMP_ST           VARCHAR (2)     NOT NULL,
EMP_ZIP          NUMBER(5)       NOT NULL,
EMP_PHONE        NUMBER(10)      NULL,
EMP_PAGER        NUMBER(10)      NULL,
PRIMARY KEY (EMP_ID),
CONSTRAINT CHK_EMP_ZIP CHECK ( EMP_ZIP = '46234'));
```

表中的EMP_ZIP字段设置了检查约束，可以确保输入到这个表中的全部雇员的ZIP代码都是“46234”。虽然这显得过于严格，但这足以展示检查约束是如何工作的。

如果想利用检查约束来确保ZIP代码属于某个值列表，可以像下面这样定义检查约束：

```
CONSTRAINT CHK_EMP_ZIP CHECK ( EMP_ZIP in ('46234','46227','46745') );
```

如果想指定雇员的最低工资标准，可以设置约束如下：

```
CREATE TABLE EMPLOYEE_PAY_TBL
(EMP_ID             VARCHAR (9)     NOT NULL,
POSITION            VARCHAR (15)    NOT NULL,
DATE_HIRE           DATE            NULL,
PAY_RATE            NUMBER(4,2)     NOT NULL,
DATE_LAST_RAISE     DATE            NULL,
CONSTRAINT EMP_ID_FK FOREIGN KEY (EMP_ID) REFERENCES EMPLOYEE_TBL (EMP_ID),
CONSTRAINT CHK_PAY CHECK ( PAY_RATE > 12.50 ) );
```

在这个示例中，表中任何雇员的工资标准都不能低于每小时 12.50 美元。在检查约束中几乎可以使用任何条件，就像在 SQL 查询中一样。第 5 章和第 7 章将更详细地介绍这些条件。

3.3.6 去除约束

利用 ALTER TABLE 命令的 DROP CONSTRAINT 选项可以去除已经定义的约束。举例来说，如果想去除表 EMPLOYEES 里的主键约束，可以使用下面的命令：

```
ALTER TABLE EMPLOYEES DROP CONSTRAINT EMPLOYEES_PK;

Table altered.
```

有些 SQL 实现还提供了去除某些约束的快捷方式。举例来说，在 MySQL 里可以使用下面的命令去除主键约束：

```
ALTER TABLE EMPLOYEES DROP PRIMARY KEY;
Table altered.
```

注意：处理约束的其他方式
有些实现允许临时禁用约束并在后续重新启用，这样我们就不用从数据库中永久去除约束。

By the Way

3.4 小结

本章概述了数据库对象的基本知识，主要介绍了表。表是关系型数据库中最简单的数据存储方式，它包含成组的逻辑信息，比如雇员、顾客或产品信息。表由各种字段组成，每个字段都有自己的属性，这些属性主要包括数据类型和约束，比如 NOT NULL、主键、外键和唯一值。

本章介绍了 CREATE TABLE 命令和选项，比如存储参数，还介绍了如何使用 ALTER TABLE 命令修改已有表的结构。虽然管理数据库表的过程并不是 SQL 中最基本的过程，但如果首先学习了表的结构与本质，我们就能更容易地掌握通过数据操作或数据库查询来访问表的概念。后面的章节将介绍 SQL 中其他对象的管理，比如表的索引和视图。

3.5 问与答

问：在创建表的过程中为表命名时，一定要使用像_TBL 这样的后缀吗？

答：当然不是，可以不使用后缀。举例来说，保存雇员信息的表可以使用下面这些名称，或是任何能够说明表中保存了何种数据信息的名称：

```
EMPLOYEE
EMP_TBL
EMPLOYEE_TBL
EMPLOYEE_TABLE
WORKER
```

问：在删除表时，为什么使用模式名称是非常重要的？

答：有一个 DBA 新手删除表的真实故事：一个程序员在他的模式下创建了一个表，其名称与一个产品表相同。这名程序员后来离开了公司，他在数据库中的账户也要被删除，但 DROP USER 命令报告出错，因为还有他拥有的对象没有被删除。在经过一番调查后发现，这名程序员创建的表被认定是没有用的，于是执行了 DROP TABLE 命令。

问题在于当执行 DROP TABLE 命令时，DBA 以产品模式登录到数据库。这名 DBA 在删除表时，应该指定模式名称或所有者，但是他没有，结果是删除了另一个模式中不应被删除的表。而恢复这个产品数据库花费了大约 8 小时。

3.6 实践

下面的内容包含一些测试问题和实战练习。这些测试问题的目的在于检验对学习内容的理解程度。实战练习是为了把学习的内容应用于实践，并且巩固对知识的掌握。在继续学习之前请先完成测试与练习，答案请见附录 C。

3.6.1 测验

1. 下面的 CREATE TABLE 命令能够正常执行吗？如果不能，需要怎样修改？在不同的数据库（MySQL、Oracle、SQL Server）中执行，有什么限制？

```
Create table EMPLOYEE_TABLE as:
( ssn                  number(9)       not null,
  last_name            varchar(20)     not null,
  first_name           varchar(20)     not null,
  middle_name          varchar(20)     not null,
  st address           varchar(30)     not null,
  city                 varchar(20)     not null,
  state                varchar(2)      not null,
  zip                  number(4)       not null,
  date hired           date);
```

2. 能从表中删除一个字段吗？
3. 为了在表 EMPLOYEE_TABLE 中创建一个主键约束，应该使用什么语句？
4. 为了使表 EMPLOYEE_TABLE 中的 MIDDLE_NAME 字段可以接受 NULL 值，应该使用什么语句？
5. 为了使表 EMPLOYEE_TABLE 中添加的人员记录只能位于纽约州（‘NY’），应该使用什么语句？
6. 要在表 EMPLOYEE_TABLE 中添加一个名为 EMPID 的自动增加的字段，应该使用什么语句，才能同时符合 MySQL 和 SQL Server 的语法结构？

3.6.2 练习

通过下面的练习，读者将创建出数据库中所有的表，以便为后续章节提供练习环境。此外还需要执行一些命令，来检查表结构。我们分别介绍 Microsoft SQL Server 和 Oracle 这两种数据库实现的操作方法，这些方法在具体的实现上会有微小的差异。

Microsoft SQL Server

打开命令行窗口，使用下面的命令语法登录到本地的 SQL Server 实例，用实际的用户名替换 *username*，用实际的密码替换 *password*。注意-p 与密码之间没有空格。

```
SQLCMD -S localhost -U username -Ppassword
```

在 1>提示符下，输入以下命令，告诉 SQL Server 使用前面创建的那个数据库。在使用 SQLCMD 时，需要用关键字 GO 来执行输入的命令。

```
1>use learnsql;
2>GO
```

现在转到附录 D 来了解本书中所使用的 DDL。在 1>提示符下输入每个 CREATE TABLE 命令，注意要包含每个命令之后的分号，最后还要使用关键字 GO 来执行命令。这些命令创建的表将用于整本书的学习。

在 1>提示符下，输入以下命令列出所有的表。在命令后面加上关键字 GO 来执行：

```
Select name from sys.tables;
```

在 1>提示符下，使用存储过程 sp_help 列出每个表中的全部字段和它们的属性，如下所示：

```
Sp_help_ trips;

Sp_help flights;
```

如果遇到任何错误提示或输入错误，只需要重新创建相应的表即可。如果表创建成功，但有输入错误（比如没有正确地定义字段，或是漏掉了某个字段），就删除表，再次使用 CREATE TABLE 命令。DROP TABLE 命令的语法如下所示：

```
drop table flights;
```

Oracle

打开命令行窗口，使用下面的命令语法登录到本地的 Oracle 实例。输入用户名和密码。

```
sqlplus
```

现在转到附录 D 来了解本书中使用的 DDL。在 SQL>提示符下输入每个 CREATE TABLE 命令，注意要包含每个命令之后的分号。这些命令创建的表将用于整本书的学习。

在 SQL>提示符下，输入以下命令列出所有的表：

```
Select * from cat;
```

如果成功创建了所有的表，应该会看到如下输出：

```
SOL > SELECT * FROM CAT;

TABLE_NAME                         TABLE_TYPE
--------------------------------   -----------
TRIPS                              TABLE
TRIPITINERARY                      TABLE
ROUTES                             TABLE
RICH_EMPLOYEES                     TABLE
PASSENGERS                         TABLE
HIGH_SALARIES                      TABLE
FLIGHTSTATUSES                     TABLE
```

```
FLIGHTS                           TABLE
EMPLOYEE_MGR                      TABLE
EMPLOYEES                         TABLE
EMPLOYEEPOSITIONS                 TABLE
COUNTRIES                         TABLE
AIRPORTS                          TABLE
AIRCRAFTFLEET                     TABLE
AIRCRAFT                          TABLE

15 rows selected.
```

在 SQL>提示符下，使用 DESCRIBE 命令（缩写为 desc）列出每个表的全部字段和它们的属性，如下所示：

```
DESCRIBE FLIGHTS;
```

返回结果如下所示：

```
Name                                        Null?    Type
------------------------------------------- -------- ----------------------------
FLIGHTID                                    NOT NULL NUMBER(10)
FLIGHTSTART                                          DATE
FLIGHTEND                                            DATE
FLIGHTDURATION                                       NUMBER(5)
ROUTEID                                              NUMBER(10)
AIRCRAFTFLEETID                                      NUMBER(10)
STATUSCODE                                           CHAR(3 CHAR)
```

如果遇到任何错误提示或输入错误，只需要重新创建相应的表即可。如果表创建成功，但有输入错误（比如没有正确地定义字段，或是漏掉了某个字段），就删除表，再次使用 CREATE TABLE 命令。DROP TABLE 命令的语法如下所示：

```
DROP TABLE FLIGHTS;
```

第4章

规格化过程

本章的重点包括：

- 什么是规格化；
- 规格化的优点；
- 去规格化的优点；
- 规格化技术；
- 规格化的方针；
- 三种规格形式；
- 数据库设计。

本章介绍把原始数据库分解为逻辑表结构的过程，这个过程被称为规格化。数据库开发人员利用规格化过程来设计数据库，使其更便于组织和管理数据，同时确保数据在整个数据库中的正确性。这一过程在各种 RDBMS 中都是相同的。

本章会介绍规格化与去规格化的优缺点，以及规格化带来的数据完整性与性能之间的矛盾。

4.1 规格化数据库

规格化是去除数据库中冗余数据的过程，在设计和重新设计数据库时使用。规格化会优化数据库的设计，减少冗余的数据，具体的规格化方针被称为规格形式，稍后将详细介绍。是否应该包含介绍规格化的内容对于本书来说是个两难的决定，因为其规则对于 SQL 初学者来说过于复杂。然而，规格化是个十分重要的过程，对它的理解会加深我们对 SQL 的掌握。

注意：理解规格化

本章尽量简化对规格化过程的介绍，不会过于关注规格化的细节，而且着重于使读者理解其基本概念。

By the Way

4.1.1 原始数据库

在没有经过规格化的数据库中，有些数据可能会出现在多个不同的表中，而且没有明显的原因。这可能影响安全、磁盘利用、查询速度、数据库更新的效率，特别是可能产生影响数据完整性的问题。在规格化之前，数据库中的数据并没有从逻辑上被分解到较小的、更易于管理的表中。图 4.1 展示了本书所使用的数据库在规格化之前的状态。

图 4.1

原始数据库

```
COMPANY_DATABASE

emp_id            cust_id
last_name         cust_name
first_name        cust_address
middle_name       cust_city
address           cust_state
city              cust_zip
state             cust_phone
zip               cust_fax
phone             ord_num
pager             qty
position          ord_date
date_hire         prod_id
pay_rate          prod_desc
bonus             cost
date_last_raise
```

在数据库逻辑设计过程中，确定原始数据库中的信息由什么组成是第一个也是最重要的步骤，我们必须了解组成数据库的全部数据元素，才能有效地使用规格化技术。只有花费必要的时间收集所需的数据集，才能避免因为丢失数据元素而重新设计数据库。

4.1.2 数据库逻辑设计

任何数据库设计都要考虑到终端用户。数据库逻辑设计也被称为逻辑建模，是把数据安排到逻辑的、有组织的对象组，以便于维护的过程。数据库的逻辑设计应该减少数据重复，甚至是完全消除这种现象。另外，数据库逻辑设计应该使数据库易于维护和更新，同时数据库中使用的命名规范也应该是标准的、合乎逻辑的。

1. 终端用户的需求

在设计数据库时，终端用户的需求应该是最重要的考虑因素，因为终端用户是最终使用数据库的人。通过用户的前端工具（允许用户访问数据库的客户程序），数据库的使用应该是相当简单的，但是如果在设计数据库时没有考虑到用户的需求，也许就不能达到这种效果。

设计时要考虑的与用户相关的因素如下。

- 数据库中应该保存什么数据？
- 用户如何访问数据库？
- 用户需要什么权限？
- 数据库中的数据如何分组？
- 哪些数据经常被访问？
- 全部数据与数据库如何关联？

- 采取什么措施保证数据的正确性？
- 采取什么措施减少数据冗余？
- 采取什么措施更方便负责维护数据的用户使用数据库？

2. 数据冗余

消除数据冗余意味着应该删除重复数据，其原因有很多。举例来说，把雇员的家庭住址保存到多个表中没有意义。重复数据会占据额外的存储空间，而且经常会造成混乱。比如，如果雇员的地址在一个表中的内容与在另一个表中的内容不相符时，我们很难确定哪一个是正确的。能不能找到文档资料来确定雇员当前的地址？数据管理已经很困难了，冗余数据会导致灾难。

减少冗余数据还能简化数据库中数据的更新操作。如果只有一个表保存了雇员的地址，那么在用新地址更新这个表之后，我们就可以确保所有人都会看到这个更新的数据。

4.1.3 规格形式

本节将讨论规格形式（normal form），这是数据库规格化过程中必不可少的一个概念。

规格形式是衡量数据库被规格化级别（或深度）的一种方式。数据库的规格化级别是由规格形式决定的。

下面是规格化过程中最常见的 3 种规格形式：

- 第一规格形式；
- 第二规格形式；
- 第三规格形式。

除此之外，还有其他规格形式，但都不常用。在这 3 种主要的规格形式中，每一种都依赖于前一种形式所采用的规格化步骤。举例来说，如果想以第二规格形式对数据库进行规格化，数据库必须处于第一种规格形式。

1. 第一规格形式

第一规格形式的目标是把原始数据分解到表中。在所有表都设计完成之后，给大多数表或所有表设置一个主键。从第 3 章中可以了解到，主键必须是唯一的值，所以在选择主键时应该尽量选择能够从本质上唯一识别数据的元素。图 4.2 展示了图 4.1 所示原始数据库使用第一规格形式重新设计之后的情况。

从图 4.2 中可以看出，为了达到第一规格形式，数据被分解为包含相关信息的逻辑单元，每个逻辑单元都有一个主键，而且任何表中都没有重复的数据组。现在的数据库不再是一个大表，而是被分解为较小的、更易于管理的表：EMPLOYEE_TBL、CUSTOMER_TBL 和 PRODUCTS_TBL。主键通常是表中的第一列，本例中分别是 EMP_ID、CUST_ID 和 PROD_ID。这种命名方式是在设计数据库时常用的规范，确保了各种名称的可读性。

主键也可以由表中的多个列构成。这类主键所涉及的数据通常不是数据库生成的数字，而是有逻辑意义的数据，例如生产商的名称或者一本书的 ISBN 编号。这类数据被称为自然键，因为无论它们是否存在于数据库中，都可以通过它们来唯一地区分不同的对象。在为表选择主键时，需要注意的一点就是，主键必须能够唯一地识别表中的一条记录。否则，查询的结果可能会返回重复的记录，而且也无法通过主键来删除一条特定的记录。

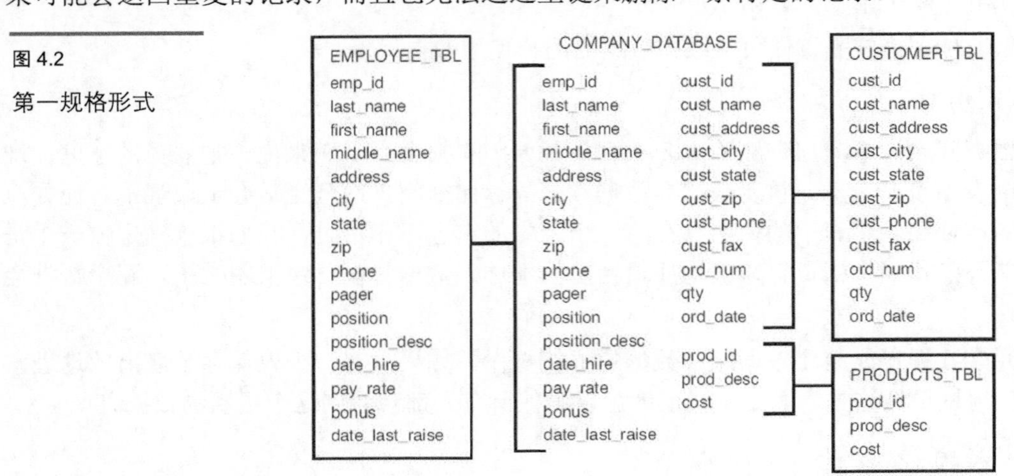

图 4.2

第一规格形式

2. 第二规格形式

第二规格形式的目标是提取对主键仅有部分依赖的数据，把它们保存到另一个表中。图 4.3 展示了第二规格形式。

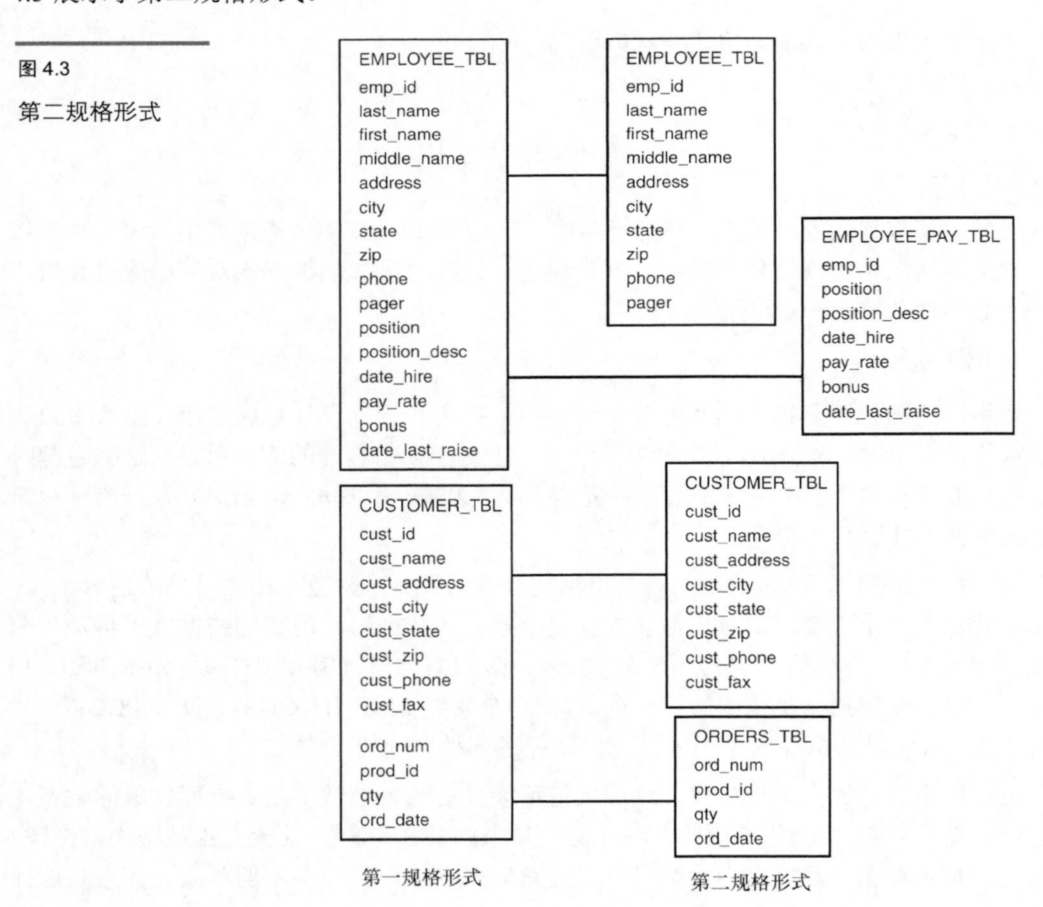

图 4.3

第二规格形式

从图 4.3 中可以看出，第二规格形式以第一规格形式为基础，把两个表进一步划分为更明确的单元。

EMPLOYEE_TBL 被分解为两个表，分别是 EMPLOYEE_TBL 和 EMPLOYEE_PAY_TBL。雇员个人信息是依赖于主键（EMP_ID）的，保留在 EMPLOYEE_TBL 表中的都是如此（EMP_ID、LAST_NAME、FIRST_NAME、MIDDLE_NAME、ADDRESS、CITY、STATE、ZIP、PHONE 和 PAGER）。而在另一方面，与 EMP_ID 仅部分依赖的信息被转移到 EMPLOYEE_PAY_TBL（包括 EMP_ID、POSITION、POSITION_DESC、DATE_HIRE、PAY_RATE 和 DATE_LAST_RAISE）。注意到两个表都包含列 EMP_ID，这是每个表的主键，用于在两个表之间匹配对应的数据。

CUSTOMER_TBL 被分解为两个表，分别是 CUSTOMER_TBL 和 ORDERS_TBL。具体情况类似于 EMPLOYEE_TBL。仅部分依赖于主键的列被转移到另一个表。顾客的订单信息依赖于每一个 CUST_ID，但与顾客的一般信息没有直接依赖关系。

3. 第三规格形式

第三规格形式的目标是删除表中不依赖于主键的数据。图 4.4 展示了第三规格形式。

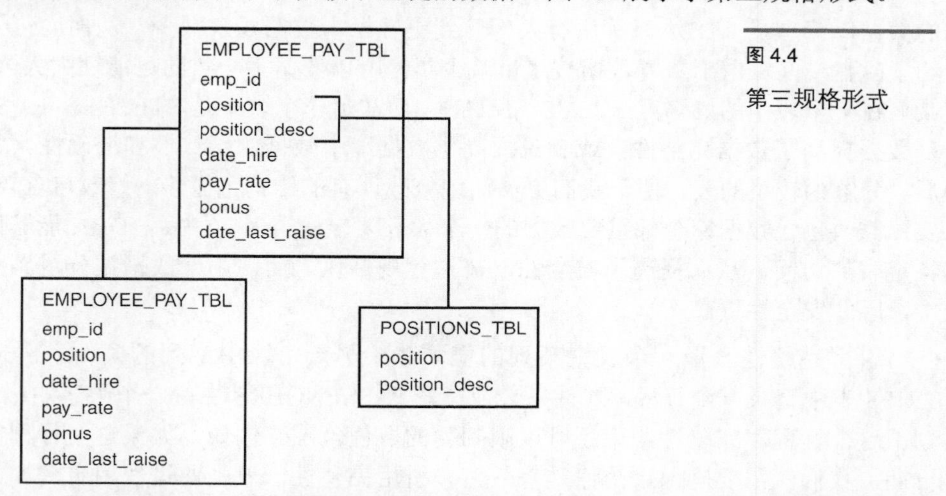

图 4.4
第三规格形式

这里又创建了一个新表来显示第三规格形式的使用。EMPLOYEE_PAY_TBL 被分解为两个表：一个表保存雇员的实际支付信息，另一个表保存职位描述。这些信息的确不需要保存在 EMPLOYEE_ PAY_TBL 表中。列 POSITION_DESC 与主键 EMP_ID 完全不相关。从上述介绍可以看出，规格化过程就是采取一系列步骤，把原始数据分解为由关联数据形成的多个离散表。

4.1.4 命名规范

在对数据库进行规格化时，命名规范是最重要的考虑因素之一。名称是我们引用数据库中对象的方式。表的名称应该能够描述所保存信息的类型，以便于我们找到需要的数据。对于没有参加数据库设计而需要查询数据库的用户来说，具有描述性的表名称更为重要。

公司应该在公司范围内统一命名规范，不仅是数据库中表的命名，而且用户、文件名和其他相关对象的命名都应该遵守。命名规范使我们更容易判断表的用途和数据库系统中文件的位置，从而有助于简化数据库管理。设计和执行命名规范是公司成功开发数据库实现的第一步。

4.1.5 规格化的优点

规格化为数据库带来了很多好处，主要包括以下几点：

- 更好的数据库整体组织性；
- 减少冗余数据；
- 数据库内部的数据一致性；
- 更灵活的数据库设计；
- 更好地处理数据库安全；
- 加强引用完整性的概念。

组织性是由规格化过程产生的，使包括访问数据库的用户以及负责管理数据库所有对象的数据库管理员（DBA）等所有人都感到更轻松。数据冗余减少，从而简化了数据结构，节约了磁盘空间。由于重复数据被尽量减少了，所以数据不一致的可能性大大降低。举例来说，某人在一个表中的姓名是STEVE SMITH，而在另一个表中是STEPHEN R. SMITH。减少重复数据提高了数据完整性，或者说提高了数据库中数据的一致性和准确性。数据库规格化之后，分解为较小的表，便于我们更灵活地修改现有的结构。显然，修改包含较少数据的小表，要比修改包含数据库全部重要数据的一个大表要轻松得多。最后，DBA能够控制特定用户对特定表的访问，从而提高了安全性。在进行规格化之后，由于数据被分组到整齐有序的集合中，因此安全性更高。

引用完整性表示一个表中某列的值依赖于另一个表中某列的值。举例来说，如果要在TRIPS表中记录一个行程，则首先必须在表PASSENGERS中有一个乘客的记录，且该乘客计划了这个行程。完整性约束还可以限制列的取值范围。例如，如果这个行程需要乘客的出生日期，我们就需要确保这个值是有效值。引用完整性一般是通过使用主键和外键来控制的。完整性约束应该在创建表的时候创建，从而可以确保输入到表中的所有数据都是一致的。否则，若创建和加载数据之后再添加约束，可能需要对数据进行清理。

在一个表中，外键（通常是一个字段）直接引用另一个表中的主键来执行引用完整性。在上一段落中，表TRIPS中的PASSENGERID就是一个外键，它引用表PASSENGER中的PASSENGERID。规格化过程把数据从逻辑上分解为由主键引用的子集，从而有助于增强和执行这些约束。

4.1.6 规格化的缺点

虽然大多数成功的数据库都在一定程度上进行了规格化，但规格化后的数据库有一个很大的缺点：性能降低。性能降低的程度取决于查询或事务请求发送给数据库的时机，其中涉及多个因素，比如CPU使用率、内存使用率和输入/输出（I/O）。简单来说，规格化的数据库比非规格化的数据库需要性能更强大的CPU、内存和I/O来处理事务和数据库查询。规格化的数据库必须找到所需的表，然后把这些表的数据结合起来，从而得到需要的信息或处理所需的数据。关于数据库性能的更详细讨论请见第 18 章。

4.2 去规格化数据库

去规格化是修改规格化数据库的表结构，在可控制的数据冗余范围内提高数据库性能的过程。尝试提高性能是进行去规格化数据库的唯一原因。去规格化的数据库与没有进行规格化的数据库不同，去规格化是在数据库规格化基础上进行一些调整，因为规格化的数据库需要频繁地进行表的结合而降低了性能（关于表的结合请见第 13 章）。

去规格化会把一些独立的表重新组合在一起，或是在表内创建重复的数据，从而减少在数据检索时需要结合的表的数量，进而减少所需的 I/O 和 CPU 时间。这在较大的数据仓库程序中会有明显的好处，其中的聚集计算可能会涉及表中百万行数据。

然而，去规格化也是有代价的。去规格化的数据库中增加了数据冗余，这虽然提高了性能，但需要付出更多的精力来处理相关的数据。程序代码会更加复杂，因为数据被分散到多个表，而且可能更难于定位。另外，引用完整性更加琐碎，因为相关数据存在于多个表中。

规格化与去规格化都有好处，但都需要我们对实际的数据和相关公司的详细业务需求有全面的了解。在确定要着手进行去规格化时，一定要仔细记录处理过程，以便更好地处理像数据冗余这样的问题，维护系统内部的数据完整性。

4.3 小结

在进行数据库设计时，必须做出一个困难的决定——规格化或去规格化。一般来说，需要对数据库据进行一定程度的规格化，但到什么程度才不至于影响性能呢？答案取决于程序本身。数据库有多大？用途是什么？什么样的用户要访问数据？本章介绍了 3 种最常见的规格形式、规格化过程背后的概念、数据的完整性。规格化过程包含多个步骤，大多数都是可选的，但对于数据库的功能和性能来说都是很重要的。无论决定进行什么程度的规格化，总是会存在便于维护与性能降低，或复杂维护与更好性能之间的平衡。最终，设计数据库的个人（或团队）必须做出决定，并对此负责。

4.4 问与答

问：在设计数据库时为什么要考虑最终用户的需求？

答：最终用户才是真正使用数据库的人，从这种角度来说，他们应该是任何数据库设计的中心。数据库设计人员只不过是帮助组织数据而已。

问：规格化要比去规格化好吗？

答：不能简单地做这种比较。数据库规格化到达一定程度时，去规格化可能会更好，这其中受到很多因素的影响。我们会对数据库进行规格化来减少其中的重复数据，但是到达一定程度之后可能又通过去规格化来改善性能。

4.5 实践

下面的内容包含一些测试问题和实战练习。这些测试问题的目的在于检验对学习内容的理解程度。实战练习是为了把学习的内容应用于实践，并且巩固对知识的掌握。在继续学习之前请先完成测试与练习，答案请见附录C。

4.5.1 测验

1. 判断正误：规格化是把数据划分为逻辑相关组的过程。
2. 判断正误：使数据库中没有重复或冗余数据，将数据库中所有内容都规格化，总是最好的方式。
3. 判断正误：如果数据是第三规格形式，它会自动属于第一和第二规格形式。
4. 与规格化数据库相比，去规格化数据库的主要优点是什么？
5. 规格化的主要缺点是什么？
6. 在对数据库进行规格化时，如何决定数据是否需要转移到单独的表？
7. 对数据库设计进行过度规格化的缺点是什么？

4.5.2 练习

1. 为一家小公司开发一个新数据库，使用如下数据，对其进行规格化。注意，即使是一家小公司，其数据库的复杂程度也会超过这里给出的示例。

   雇员：

   Angela Smith, secretary, 317-545-6789, RR 1 Box 73, Greensburg, Indiana, 47890, $9.50 per hour, date started January 22, 2006, SSN is 323149669.

   Jack Lee Nelson, salesman, 3334 N. Main St., Brownsburg, IN, 45687, 317-852-9901, salary of $35,000.00 per year, SSN is 312567342, date started 10/28/2005.

   顾客：

   Robert's Games and Things, 5612 Lafayette Rd., Indianapolis, IN, 46224, 317-291-7888, customer ID is 432A.

   Reed's Dairy Bar, 4556 W 10th St., Indianapolis, IN, 46245, 317-271-9823, customer ID is 117A.

   顾客订单：

   Customer ID is 117A, date of last order is December 20, 2009, the product ordered was napkins, and the product ID is 661.

2. 像第 3 章介绍的那样登录到新建的数据库实例。可以输入以下命令来确保使用的是CanaryAirlines 数据库：

```
USE CanaryAirlines;
```

在 Oracle 中，这称为模式。用户在使用 Oracle 时，默认情况下是在自己的用户模式中创建对象。

进入数据库后，运行下面的 SELECT 语句，查看表 FLIGHTS、AIRCRAFTFLEET、AIRCRAFT 和 FLIGHTSTATUSES 中的数据。如何将这些数据去规格化到一个单独的表中？

```
SELECT * FROM FLIGHTS;
SELECT * FROM FLIGHTSTATUSES;
SELECT * FROM AIRCRAFTFLEET;
SELECT * FROM AIRCRAFT;
```

第5章

操作数据

本章的重点包括：

- 数据操作语言概述；
- 如何操作表中的数据；
- 数据填充背后的概念；
- 如何从表中删除数据；
- 如何修改表中的数据。

本章介绍 SQL 中的数据操作语言（DML），它用于修改关系型数据库里的数据和表。

5.1 数据操作概述

数据操作语言使数据库用户能够对关系型数据库中的数据进行修改。借助于 DML，用户可以使用新数据填充表、更新现有表中的数据、删除表中的数据。还可以在 DML 命令内进行简单的数据库查询。

SQL 中 3 个基本的 DML 命令是：

- INSERT；
- UPDATE；
- DELETE。

SELECT 命令可以与 DML 命令配合使用，将在第 7 章详细介绍。SELECT 命令是基本的查询命令，在通过 INSERT 命令把数据输入到数据库之后使用。所以在本章中，我们会向表中插入数据，以便能够使用 SELECT 命令。

5.2 用新数据填充表

用数据填充表就是把新数据输入到表中的过程，无论是使用单个命令的手动过程，还是用程序或其他相关软件的批处理过程。手工数据填充是指通过键盘输入数据，自动填充通常是从外部数据源（比如其他数据库或一个平面文件）获得数据，再把得到的数据加载到数据库。

在用数据填充表时，有很多因素会影响什么数据以及多少数据可以输入到表中。主要因素包括现有的表约束、表的物理尺寸、列的数据类型、列的长度和其他完整性约束（比如主键和外键）。下面将介绍向表中输入新数据的基本知识，并且说明什么是可以做的，而什么是不能做的。

5.2.1 把数据插入到表

使用 INSERT 语句可以把数据插入到表中，它具有一些选项，其基本语法如下所示：

```
INSERT INTO TABLE_NAME
VALUES (' value1 ', ' value2 ', [ NULL ] );
```

注意：数据是区分大小写的

SQL 语句可以是大写的或小写的，而数据有时是区分大小写的。举例来说，如果数据以大写方式输入到数据库，它就必须以大写方式被引用（取决于所用的数据库）。这些示例使用了大写和小写字母，只是为了展示这样做并不影响结果。

在使用这个 INSERT 语句的语法时，必须在 VALUES 列表中包含指定表中的每个字段。在这个列表中，值与值之间是以逗号分隔的。字符、日期和时间数据类型的值必须以单引号包围，然后插入到表中。数值类型或使用了 NULL 关键字的 NULL 值则没有必要用单引号括起来。表中的每一列都应该有值，并且值的顺序与列在表中的次序一致。在后续章节中，我们会介绍如何指定列的顺序。但是现阶段，读者只需要了解 SQL 引擎会默认用户在插入数据时，使用的是与创建列时相同的顺序。

下面的示例将把一条新记录插入到表 COUNTRIES 中。

表的结构如下所示：

```
Countries
COLUMN Name                     Null?    DATA Type
---------------------------------------------------
CountryCode                     NOT NULL CHAR(3)
Country                         NOT NULL VARCHAR(50)
CountryGeoCodeID                NOT NULL VARCHAR(100)
WorldAreaCode                   NOT NULL INT
```

下面是 INSERT 语句的示例：

```
INSERT INTO Countries
VALUES ('UTO','Utopia', '11111',0);
1 row created.
```

在这个示例中，4 个值被插入到一个具有 4 列的表中，值的顺序与列在表中的次序一致。前 3 个值使用了单引号包围，因为与之对应的列的数据类型为字符数据类型。第 4 个值对应的列 COST 是数值型的，不需要使用单引号；当然，也可以使用单引号，这不会对结果产生影响。

By the Way

> **注意：何时使用引号**
>
> 在插入数值型数据时不必使用单引号，但其他数据类型都需要使用。换句话说，单引号对于数据库中的数值型数据来说是可选的，而对于其他数据类型来说是必需的。作为一种习惯，大多数SQL用户对数值型数据不使用单引号，这样可以提高查询命令的可读性。

5.2.2 将数据插入到表的特定列中

有一种方法可以把数据插入到指定的列。举例来说，我们想插入一个乘客所有的数据。在这种情况下，第一个字段PASSENGERID称为一个身份（identity）或者是其值自动增加的列。也就是说，这个字段中的值是一个可以自行增加的数值（例如，1、2、3、……），此时必须在INSERT语句中指定字段列表以及VALUES列表，从而将PASSENGERID字段排除在外：

```
INSERT INTO PASSENGERS
(FIRSTNAME, LASTNAME, BIRTHDATE, COUNTRYCODE)
VALUES
('John', 'Doe', '1990-10-12', 'US');
1 row created.
```

将数据插入到表中特定列的语法如下所示：

```
INSERT INTO TABLE_NAME ('COLUMN1', 'COLUMN2')
VALUES (' VALUE1 ', ' VALUE2 ');
```

在下面的示例里，我们使用AIRCRAFT并将值插入到指定列中。

表的结构如下所示：

```
AIRCRAFT
COLUMN NAME                          Null?    DATA TYPE
----------------------------------------------------------
AIRCRAFTCODE                         NULL     VARCHAR(3)
AIRCRAFTTYPE                         NULL     VARCHAR(75)
FREIGHTONLY                          NULL     VARCHAR2(10)
SEATING                              NULL     NUMERIC(18,0)
```

INSERT的示例语句如下：

```
INSERT INTO AIRCRAFT(AIRCRAFTCODE, AIRCRAFTTYPE, FREIGHTONLY)
VALUES('AAA','Big Boeing',0);
1 row created.
```

在INSERT语句中的表名后面，我们在一对圆括号中指定了一个字段列表，它已经列出了想要插入数据的所有列。SEATING是唯一一个不需要插入数据的列。通过查看表定义可以看出，SEATING不需要表中每一条记录中的数据，原因是在表的定义中，SEATING被指定为NULL，从而在这个字段中可以允许NULL值。此外，插入值的次序要与字段列表的次序相同。

注意：字段列表次序可以有差异

INSERT 语句中的字段列表次序并不一定要与表定义中的字段次序相同，但插入值的次序要与字段列表的次序相同。除此之外，可以不用为列指定 NULL，因为大部分 RDBMS 在默认情况下都允许列中出现 NULL 值。

5.2.3 从另一个表插入数据

利用 INSERT 语句和 SELECT 语句的组合，我们可以根据对另一个表的查询结果把数据插入到表中。简单来说，查询是对数据库的一个质询，希望返回或不返回某些数据。关于查询的详细介绍请见第 7 章。查询就是用户向数据库提出的一个问题，而返回的数据就是答案。通过组合使用 INSERT 和 SELECT 语句，我们可以把来自一个表的查询结果插入到另一个表中。

从另一个表插入数据的语法如下所示：

```
insert into table_name [('column1', 'column2')]
select [*|(' column1 ', ' column2 ')]
from table_name
[where condition(s)];
```

该语法中包含 3 个新的关键字，分别是 SELECT、FROM 和 WHERE，在此做简要介绍。SELECT 是用来在 SQL 中发起查询的主要命令；FROM 是查询中的一个子句，用于指定要进行查询的表的名称；WHERE 子句也是查询的一部分，用于设置查询的条件。条件用于设置一个标准，从而指定哪些数据会受到影响，比如：WHERE NAME = 'SMITH'。这 3 个关键字将在第 7 章和第 8 章详细介绍。

下面的示例使用一个简单的查询来查看表 FLIGHTSTATUSES 中的全部数据。SELECT * 告诉数据库服务器返回表中所有字段的数据。这里没有使用 WHERE 子句，所以会得到表中的全部记录。

```
SELECT * FROM FLIGHTSTATUSES

StatusCode StatusName
---------- --------------------------------------------------
CAN        Cancelled
COM        Completed
DEL        Delayed
ONT        On-Time

(4 row(s) affected)
```

现在基于上述查询向表 STATUSES_TMP 中插入数据。为此，我们使用一个带有 INTO 子句的特殊 SELECT 语句将查询结果插入到新的表中。我们可以看到在临时表中创建了 4 条记录。

```
SELECT * INTO STATUSES_TMP
FROM FLIGHTSTATUSES;

(4 rows(s) affected)
```

我们必须确保从 SELECT 查询中返回的字段与表中的字段或 INSERT 语句中指定的字段列表具有相同的次序。另外，还要确定 SELECT 语句返回的数据与要插入数据的表的字段具有兼容的数据类型。举例来说，如果想把一个值为'ABC'的 VARCHAR 字段插入到一个数值字段，就会导致语句失败。

下面的查询显示出表 STATUSES_TMP 中刚刚插入的所有数据：

```
SELECT * FROM STATUSES_TMP;

StatusCode StatusName
---------- --------------------------------------------------
CAN        Cancelled
COM        Completed
DEL        Delayed
ONT        On-Time

(4 row(s) affected)
```

5.2.4 插入 NULL 值

向表中的字段插入 NULL 值是相当简单的。当某一列的值不能确定时，我们可能需要向它插入一个 NULL 值。举例来说，并不是从机场出发的每一次旅程都有返程航班，因此输入一个错误的返程航班号是不准确的，更何况这样还会浪费存储空间。用户可以利用关键字 NULL 在列中插入一个 NULL 值。

插入 NULL 值的语法如下所示：

```
insert into schema.table_name values
(' column1 ', NULL, ' column3 ');
```

关键字 NULL 应该位于表中存在的相应字段的正确次序上。在输入 NULL 后，这个字段没有相应记录的值。在上述语法中，NULL 值输入到 COLUMN2 的位置。

来看下面两个示例。

第一个示例中列出了所有要插入数据的字段，这些字段正好是 AIRCRAFT 表中的所有字段：

```
INSERT INTO AIRCRAFT(AIRCRAFTCODE, AIRCRAFTTYPE, FREIGHTONLY, SEATING)
VALUES('BBB','Boeing',0,NULL);
(1 row(s) affected)
```

我们在 SEATING 字段中插入了 NULL 值，这意味着我们要么不知道座位的个数，要么是当前还没有信息。

下面来看第二个示例：

```
INSERT INTO AIRCRAFT
VALUES('CCC','Boeing',0, NULL);
(1 row(s) affected)
```

该示例与第一个示例略有不同。这里没有字段列表，如果向表中的所有字段插入数据，不必使用字段列表。记住，NULL 值表示字段没有值，与空字符串是不同的。

最后，考虑这样一个示例：FLIGHTSTATUSES 表中保存有 NULL 值，而我们想要将值插入到 STATUSES_TMP 表中：

```
INSERT INTO FLIGHSTATUSES(STATUSCODE, STATUSNAME)
VALUES('UNK',NULL);

(1 row(s) affected)

SELECT * FROM FLIGHTSTATUSES ;
StatusCode StatusName
---------- --------------------------------------------------
CAN        Cancelled
COM        Completed
DEL        Delayed
ONT        On-Time
UNK        NULL

(5 row(s) affected)

SELECT * INTO STATUSES_TMP;

(5 row(s) affected)
```

在这个示例中，只要即将插入数据的列允许接受 NULL 值，那么 NULL 值就可以直接插入该列。在后续章节中，我们会介绍如何为列指定 DEFAULT 值，从而使得在插入 NULL 值时，能够自动转换成这个 DEFAULT 值。

5.3 更新现有数据

利用 UPDATE 命令可以修改表中先前已有的数据。这个命令不向表中添加新记录，也不删除记录，它只是修改现有的数据。它一般每次只更新数据库中的一个表，但可以同时更新表中的多个字段。根据需要，我们可以利用一条语句只更新表中的一行数据，也可以更新多行数据。

5.3.1 更新一列的数据

UPDATE 语句最简单的使用形式是更新表中的一列数据。在更新表中的一列数据时，被更新的记录可以是一条，也可以是很多条。

更新一列的语法如下所示：

```
update table_name
set column_name = 'value'
[where condition ];
```

下面的示例把表 AIRCRAFT 中 AIRCRAFTCODE 值为'BBB'的记录（用 WHERE 子句指定）的 SEATING 字段更新为 105。

```
UPDATE AIRCRAFT
SET SEATING = 105
```

```
WHERE AIRCRAFTCODE = 'BBB';

(1 row(s) affected)
```

下面的示例与前面相同，只是少了 WHERE 子句（不要执行该示例）：

```
UPDATE AIRCRAFT
SET SEATING = 105;

(40 row(s) affected)
```

在这个示例中，40 条记录被更新了。这个语句把 SEATING 设置为 105，更新了表 AIRCRAFT 中所有记录的 SEATING 字段。这是我们想要的结果吗？有时是的，但一般我们很少使用没有 WHERE 子句的 UPDATE 语句。检查更新的数据集是否正确的一种简单方式是对同一个表使用 SELECT 语句，其中包含要在 UPDATE 语句中使用的 WHERE 子句，判断返回的结果是否是我们要更新的记录。

Watch Out!

警告：测试 UPDATE 和 DELETE 语句

在使用没有 WHERE 子句的 UPDATE 命令时要特别小心。如果没有使用 WHERE 子句设置条件，表中所有记录的目标字段都会被更新。在大多数情况下，DML 命令都需要使用 WHERE 子句。

5.3.2 更新一条或多条记录中的多个字段

下面来介绍如何使用一条 UPDATE 语句更新多个字段，其语法如下所示：

```
update table_name
set column1 = 'value',
   [column2 = 'value',]
   [column3 = 'value']
[where condition ];
```

注意语法中使用的 SET——这里只有一个 SET，但是有多个列，每个列之间以逗号分隔。应该可以看出 SQL 中的一种趋势：在 SQL 语句中通常使用逗号来分隔不同类型的参数。下面的代码使用逗号分隔要更新的两列。同样，WHERE 子句是可选的，但通常是必要的。

```
UPDATE AIRCRAFT
SET SEATING = 105,
    AIRCRAFTTYPE = 'AAA AIRCRAFT'
WHERE AIRCRAFTCODE = 'CCC';

(1 row(s) affected)
```

By the Way

注意：何时使用 SET 关键字

在每个 UPDATE 语句中，关键字 SET 只能使用一次。如果需要一次更新多个字段，就要使用逗号来分隔这些要更新的字段。

本书的后续章节将介绍如何使用更复杂的语句，利用一个或多个外部表来更新当前表中的字段，这需要使用一种名为 JOIN 的结构。

5.4 从表中删除数据

DELETE 命令用于从表中删除整行数据。它不能删除某一列中的数据，而是删除一个包含所有字段的完整记录。使用 DELETE 语句一定要谨慎。

要删除表中的一行记录或选定的多行记录，可以按照如下语法使用 DELETE 语句：

```
delete from table_name
[where condition ];
```

```
DELETE FROM AIRCRAFT
WHERE AIRCRAFTCODE = 'CCC';

(1 row(s) affected)
```

注意这里使用了 WHERE 子句。如果要从表中删除指定的数据行，WHERE 子句在 DELETE 语句中是必不可少的。我们几乎不会执行没有 WHERE 子句的 DELETE 语句，如果非要这么做，其结果与下面的示例类似：

```
DELETE FROM AIRCRAFT;
(40 row(s) affected)
```

警告：不要省略 WHERE 子句

Watch Out!

如果 DELETE 语句中省略了 WHERE 子句，表中的所有数据都会被删除。作为一条规则，在 DELETE 语句中必须使用 WHERE 子句。另外，还应该首先使用 SELECT 语句对 WHERE 子句进行测试。

另外，DELETE 语句可能对数据库造成永久的影响。理想状态下，利用备份可以恢复被误删除的数据，但在有些情况下，这可能是很困难的，甚至是不可能的。如果数据不能被恢复，就只能重新将数据输入到数据库。如果只是一行数据，这还算不上什么，但对于数以千记的记录来说，可不是什么小事。这就是 WHERE 子句的重要性。

前面的示例中根据原始表数据进行填充而得到了一个临时表，在把 DELETE 或 UPDATE 语句应用于原始表之前，用临时表进行测试是一个很好的方法。可以使用我们在学习 UPDATE 语句时掌握的各种技巧。在使用 DELETE 语句之前，可以先在 SELECT 语句使用 DELETE 语句中的 WHERE 子句进行测试。这样做可以对即将删除的数据进行验证，以确保操作无误。

5.5 小结

本章介绍了 DML 中的 3 个基本命令：INSERT、UPDATE 和 DELETE。显然，数据操作是 SQL 的一种强大功能，使用户能够用新数据填充表、更新现有数据和删除数据。

在对数据库里的数据进行更新或删除操作时，忽略 WHERE 子句有时会让我们得到深刻的教训。在需要对特定记录进行操作时，特别是进行 UPDATE 和 DELETE 操作时，一定要使用 WHERE 子句在 SQL 语句中设置条件，否则就会影响到目标表中的全部数据，这对数据库来说可能是一场灾难。在进行数据操作时，要注意保护数据并保持谨慎。

5.6 问与答

问：在看到这么多关于 DELETE 和 UPDATE 命令的警告之后，我有些担心。如果由于没有使用 WHERE 子句而意外地更新了表里的全部数据，怎样才能恢复它们呢？

答：没有必要担心，对数据库的操作大多数都可以被恢复，虽然可能需要大量的时间和工作。第 6 章将介绍事务控制的概念，它可以认可或撤销数据操作行为。

问：INSERT 语句是向表里插入数据的唯一方式吗？

答：不，但 INSERT 语句是 ANSI 标准。各种实现都具有自己的工具，可以向表中输入数据。比如 Oracle 有一个名为 SQL*Loader 的工具，SQL Server 有一个 SQL Server 集成服务（SSIS）。其他的很多实现都有名为 IMPORT 的工具用来插入数据。

5.7 实践

下面的内容包含一些测试问题和实战练习。这些测试问题的目的在于检验对学习内容的理解程度。实战练习是为了把学习的内容应用于实践，并且巩固对知识的掌握。在继续学习之前请先完成测试与练习，答案请见附录 C。

5.7.1 测验

1. 当要对一个表使用 INSERT 语句时，是否需要提供这个表的字段列表？
2. 如果不想在某一列中输入值，应该怎么做？
3. 为什么在使用 UPDATE 和 DELETE 语句时一定要带有 WHERE 子句？
4. 检查 UPDATE 或 DELETE 语句是否会影响所需数据的简单方法是什么？

5.7.2 练习

1. 使用具有如下结构的表 PASSENGER_TBL：

```
Column        data type       (not)null
LAST_NAME     varchar2(20)    not null
FIRST_NAME    varchar2(20)    not null
SSN           char(9)         not null
PHONE         number(10)      null
```

表中已经包含了如下数据：

```
LAST_NAME   FIRST_NAME   SSN         PHONE
----------- ------------ ---------  ----------
SMITH       JOHN         312456788  3174549923
```

ROBERTS	LISA	232118857	3175452321
SMITH	SUE	443221989	3178398712
PIERCE	BILLY	310239856	3176763990

如果运行下列语句，会得到什么结果？

a.
```
INSERT INTO PASSENGER_TBL VALUES
  ('JACKSON', 'STEVE', '313546078', '3178523443');
```
b.
```
INSERT INTO PASSENGER_TBL VALUES
  ('JACKSON', 'STEVE', '313546078', '3178523443');
```
c.
```
INSERT INTO PASSENGER_TBL VALUES
  ('MILLER', 'DANIEL', '230980012', NULL);
```
d.
```
INSERT INTO PASSENGER_TBL VALUES
  ('TAYLOR', NULL, '445761212', '3179221331');
```
e.
```
DELETE FROM PASSENGER_TBL;
```
f.
```
DELETE FROM PASSENGER_TBL
 WHERE LAST_NAME = 'SMITH';
```
g.
```
DELETE FROM PASSENGER_TBL
 WHERE LAST_NAME = 'SMITH'
 AND FIRST_NAME = 'JOHN';
```
h.
```
UPDATE PASSENGER_TBL
 SET LAST_NAME = 'CONRAD';
```
i.
```
UPDATE PASSENGER_TBL
 SET LAST_NAME = 'CONRAD'
 WHERE LAST_NAME = 'SMITH';
```
j.
```
UPDATE PASSENGER_TBL
 SET LAST_NAME = 'CONRAD',
 FIRST_NAME = 'LARRY';
```
k.
```
UPDATE PASSENGER_TBL
 SET LAST_NAME = 'CONRAD'
 FIRST_NAME = 'LARRY'
 WHERE SSN = '313546078';
```

2. 在该练习中使用表 AIRCRAFT。

删除在本章前面添加到表中的两架飞机，其 AIRCRAFTCODE 分别为‘BBB’和‘CCC’。

在 AIRCRAFT 表中添加如下飞机：

AIRCRAFTCODE	AIRCRAFTTYPE	FREIGHTONLY	SEATING
A11	Lockheed Superliner	0	600
B22	British Aerospace X11	0	350
C33	Boeing Freightmaster	1	0

编写 DML 来修改与 Lockheed Superliner 相关联的座位，正确的座位应该是 500。

C33 记录中存在一个错误，它不应该贴上 FREIGHONLY 的标签，而且其座位容量应该是 25。编写 DML 来修改这条记录。

现在假设要减少航线。首先删除刚刚添加的 3 架飞机。

在执行语句来删除刚添加的飞机之前，有什么办法可以确保所删除的数据准确无误？

第6章

管理数据库事务

本章的重点包括：

- 事务的定义；
- 用于控制事务的命令；
- 事务命令的语法和示例；
- 何时使用事务命令；
- 低劣事务控制的后果。

在操作数据库中的数据时，我们已经讨论了各种绝对化的场景。但是，在更为复杂的进程中，我们必须能够隔离变化，以便可以随心所欲地应用变化，或者回退到原始状态。这就是事务发挥作用的地方。事务赋予了我们额外的灵活性，将数据库的变化隔离到离散的批次中，而且在出现错误时能够撤销这些变化。本章将介绍数据库事务管理背后的概念，以及实施事务、妥善控制事务的方法。

6.1 什么是事务

事务是对数据库执行的一个工作单位。它是以逻辑顺序完成的工作单元或工作序列，无论是用户手工操作，还是由数据库程序自动进行的操作。在使用 SQL 的关系型数据库中，事务是由第 5 章介绍的数据操作语言（DML）命令来完成的。事务是对数据库所做的一个或多个修改。比如，利用 UPDATE 语句对表里某个人的姓名进行修改时，就是在执行一个事务。

一个事务可以是一个或一组 DML 语句。在管理事务时，任何指定的事务（DML 语句组）都必须作为一个整体来完成，否则其中任何一条语句都不会完成。

下面是事务的本质特征：

- 所有的事务都有开始和结束；
- 事务可以被保存或撤销；
- 如果事务在中途失败，事务中的任何部分都不会被记录到数据库。

6.2 控制事务

事务控制是对关系型数据库管理系统（RDBMS）中可能发生的各种事务的管理能力。在谈及事务时，我们是指前一章所介绍的 INSERT、UPDATE 和 DELETE 命令。

By the Way

注意：事务与特定的 SQL 实现相关

事务的启动或执行与特定的 SQL 实现相关，有关如何执行事务的信息，请查看具体的实现。

当一个事务被执行并成功完成时，虽然从输出结果来看目标表已经被修改了，但实际上目标表并不是立即被修改。当事务成功完成时，利用事务控制命令最终认可这个事务，可以把事务所做的修改保存到数据库，也可以撤销事务所做的修改。在事务执行期间，信息要么存储在数据库中的已分配区域，要么存储在临时的回退区域。在执行事务控制命令之前，所有的修改都保存在这个临时回退区域中。在执行事务控制命令时，对数据库所做的修改要么保留，要么放弃，然后临时回退区域被清空。图 6.1 展示了修改是如何应用到关系型数据库中的。

用来控制事务的命令有 3 个：

- COMMIT；
- ROLLBACK；
- SAVEPOINT。

下面的小节将详细介绍这 3 个命令。

图 6.1

回退区域

6.2.1 COMMIT 命令

COMMIT 命令用于把事务所做的修改保存到数据库，它把上一个 COMMIT 或 ROLLBACK 命令之后的全部事务都保存到数据库。

这个命令的语法是：

```
commit [ work ];
```

关键字 COMMIT 是语法中唯一不可缺少的部分，其后是用于终止语句的字符或命令，具体内容取决于不同的实现。关键字 WORK 是个可选项，其唯一作用是使命令对用户更加友好。

在下面这个示例中，我们首先从创建 AIRCRAFT 表的一个副本开始，副本的名字为 AIRCRAFT_TMP：

```
SELECT * INTO AIRCRAFT_TMP FROM AIRCRAFT;
(40 row(s) affected)
```

接下来，删除表中座位数少于300个的所有记录：

```
DELETE FROM AIRCRAFT_TMP
WHERE SEATING < 300;
(26 row(s) affected)
```

使用一个COMMIT语句把修改保存到数据库，完成这个事务。

```
COMMIT;
Commit complete.
```

如果执行COMMIT命令并使用SQL Server，会得到下述错误：

```
The COMMIT TRANSACTION request has no corresponding BEGIN TRANSACTION.
```

这是因为SQL Server使用的是自动提交（auto-commit），也就是说它会将任何语句都当做事务，并在事务成功执行之后自动发起提交行为，或者在事务失败之后进行回退。要对此进行更改，需要执行SET IMPLICIT_TRANSACTIONS命令，并将模式设置为ON：

```
SET IMPLICIT_TRANSACTIONS ON;
Command(s) completed successfully.
```

如果想要将当前的连接返回到自动提交模式，只需要执行相同的命令，但是需要将模式设置为OFF：

```
SET IMPLICIT_TRANSACTIONS OFF;
Command(s) completed successfully.
```

对于数据库的大规模数据加载或撤销来说，这里强烈推荐使用COMMIT语句；然而，如果COMMIT语句过多，则在执行工作时需要使用大量的时间才能完成。记住，全部修改都首先被送到临时回退区域，如果这个临时回退区域没有空间了，不能保存对数据库所做的修改，数据库很可能会挂起，禁止进一步的事务操作。

实际上，在提交了一条UPDATE、INSERT或DELETE语句之后，大部分RDBMS都是使用事务的形式来进行后台处理的，一旦操作被取消或报错，所做的操作就可以被撤销。所以，在提交一个事务之后，会有一系列操作（称之为工作单元）来确保事务正常运行。在现实生活中，用户可能会在ATM上提交一个银行事务以便从自己的账户中取出现金，这时需要完成取钱和更新账户余额两项事务。很显然，我们希望这两项事务能够同时完成，或者全部失败。否则，系统的数据完整性就会受到影响。所以，在这个实例中，我们会将两项操作合并为一个事务，来确保对操作结果的控制。

注意：不同的实现有不同的COMMIT

By the Way

在某些实现中，事务不是通过使用COMMIT命令提交的，而是由退出数据库的操作引发提交。但是在其他实现里，比如MySQL，在执行SET TRANSACTION命令之后，在数据库收到COMMIT或ROLLBACK之前，自动提交操作不会自动执行。此外，在Microsoft SQL Server等其他实现中，除非专门使用了某个事务，否则语句会被自动提交。所以，用户需要了解所使用的RDBMS在事务处理和命令提交方面的相关规定。

6.2.2 ROLLBACK 命令

ROLLBACK 命令是一个事务控制命令，用于撤销还没有被保存到数据库的事务，但是它只能用于撤销上一个 COMMIT 或 ROLLBACK 命令之后的事务。

ROLLBACK 的语法如下所示：

```
rollback [ work ];
```

与 COMMIT 命令相同的是，关键字 WORK 是一个可选项。

在下面的练习中，如果使用的是 SQL Server，需要打开 IMPLICT_TRANSACTIONS 选项，使示例更容易理解：

```
SET IMPLICIT_TRANSACTIONS ON;

Command(s) completed successfully.
```

在下面的练习中，首先选择 AIRCRAFT_TMP 表中的所有记录，这是上次练习中删除了 26 条记录之后剩下的数据。

首先选择表 PRODUCTS_TMP 中的全部记录，这是上次练习中删除 14 条记录之后所剩的数据。

```
SELECT * FROM AIRCRAFT_TMP;

AircraftCode  AircraftType                                          FreightOnly  Seating
------------- ----------------------------------------------------- ------------ ------
330           Airbus 330 (200 & 300) series                         0            335
742           Boeing 747-200                                        0            420
743           Boeing 747-300                                        0            420
744           Boeing 747-400                                        0            400
747           Boeing 747 (all series)                               0            420
74L           Boeing 747SP                                          0            314
772           Boeing 777-200                                        0            375
773           Boeing 777-300                                        0            420
777           Boeing 777                                            0            375
BBB           Boeing                                                0            NULL
CCC           Boeing                                                0            NULL
D10           McDonnell Douglas DC10                                0            399
L10           Lockheed L/1011 TR                                    0            400
M11           McDonnell Douglas MD-11                               0            323

(14 row(s) affected)
```

接下来更新表，将飞机的座位数为 NULL 的记录修改为 150：

```
UPDATE AIRCRAFT_TMP
SET SEATING=150
WHERE SEATING IS NULL;
```

```
(2 row(s) affected)
```

注意里面使用的 WHERE 字句以及 IS（而不是=符号）。在与 NULL 进行比较时，可以使用 IS NULL 或 IS NOT NULL，这样就避免了使用传统的=符号。如果对表进行一个快速的查询，会发现修改已经生效：

```
SELECT * FROM AIRCRAFT_TMP WHERE SEATING=150;
AircraftCode AircraftType                     FreightOnly Seating
------------ -------------------------------- ----------- ----------------------------
BBB          Boeing                           0           150
CCC          Boeing                           0           150

(2 row(s) affected)
```

现在，执行 ROLLBACK 命令，撤销刚刚所做的修改：

```
rollback;
Command(s) completed successfully.
```

最后，验证所做的修改并没有被提交到数据库：

```
SELECT * FROM AIRCRAFT_TMP WHERE SEATING IS NULL;
AircraftCode AircraftType                     FreightOnly Seating
------------ -------------------------------- ----------- ----------------------------
BBB          Boeing                           0           NULL
CCC          Boeing                           0           NULL

(2 row(s) affected)
```

6.2.3 SAVEPOINT 命令

保存点是事务过程中的一个逻辑点，我们可以把事务回退到这个点，而不必回退整个事务。

SAVEPOINT 命令的语法如下：

```
savepoint savepoint_name
```

这个命令就是在事务语句之间创建一个保存点。ROLLBACK 命令可以撤销一组事务操作，而保存点可以将大量事务操作划分为较小的、更易于管理的事务组。

Microsoft SQL Server 的语法稍有不同。在 SQL Server 中，使用的是 SAVE TRANSACTION，而不是 SAVEPOINT，示例如下：

```
save transaction savepoint_name
```

除此之外，SQL Server 的工作过程与其他数据库实现完全相同。

6.2.4 ROLLBACK TO SAVEPOINT 命令

回退到保存点的命令语法如下：

```
ROLLBACK TO SAVEPOINT_NAME;
```

在下面的示例里，我们要从表 AIRCRAFT_TMP 中删除剩余的 3 条记录。在每次进行删除之前都使用 SAVEPOINT 命令，这样就可以在任何时候利用 ROLLBACK 命令回退到任意一个保存点，从而把适当的数据恢复为原始状态。在 SQL Server 中，SAVEPOINT 命令实际上等同于 SAVE TRANSACTIONS 命令，因为它们的目标相同。在 Oracle 中，可以执行如下操作：

```
SAVEPOINT sp1;
Savepoint created.
DELETE FROM AIRCRAFT_TMP WHERE AIRCRAFTCODE = 'BBB';
1 row deleted.
SAVEPOINT sp2;
Savepoint created.
DELETE FROM AIRCRAFT_TMP WHERE AIRCRAFTCODE = 'CCC';
1 row deleted.
SAVEPOINT sp3;
Savepoint created.
DELETE FROM AIRCRAFT_TMP WHERE AIRCRAFTCODE = '777';
1 row deleted.
```

在 SQL Sever 中，语法略有不同，如下所示：

```
SAVE TRANSACTION sp1;
Command(s) completed successfully.
DELETE FROM AIRCRAFT_TMP WHERE AIRCRAFTCODE = 'BBB';
(1 row(s) affected)
SAVE TRANSACTION sp2;
Command(s) completed successfully.
DELETE FROM AIRCRAFT_TMP WHERE AIRCRAFTCODE = 'CCC';
(1 row(s) affected)
SAVE TRANSACTION sp3;
Command(s) completed successfully.
DELETE FROM AIRCRAFT_TMP WHERE AIRCRAFTCODE = '777';
(1 row(s) affected)
```

By the Way

注意：保存点的名称必须唯一

在相关联的事务组中，保存点的名称必须是唯一的，但其名称可以与表或其他对象的名称相同，详细的命名规范请参考具体实现的文档。保存点名称的设置完全取决于个人喜好，它只是方便数据库应用开发人员用来管理事务组。

在三次删除操作完成之后，假设我们又改变了主意，决定执行 ROLLBACK 命令，回退到名为 SP2 的保存点。由于 SP2 是在第一次删除操作之后创建的，所以这样做会撤销最后两次删除操作。在 Oracle 中的操作如下所示：

```
ROLLBACK TO sp2;
Rollback complete.
```

在 SQL Sever 中的操作如下所示：

```
ROLLBACK TRANSACTION sp2;
Command(s) completed successfully.
```

现在查看表内容，可以发现只发生了第一次删除操作，原因是我们回退到了 SP2：

```
SELECT * FROM AIRCRAFT_TMP;
AircraftCode AircraftType                    FreightOnly Seating
------------ ------------------------------- ----------- ----------------------------
330          Airbus 330 (200 & 300) series   0           335
742          Boeing 747-200                  0           420
743          Boeing 747-300                  0           420
744          Boeing 747-400                  0           400
```

```
747          Boeing 747 (all series)        0          420
74L          Boeing 747SP                   0          314
772          Boeing 777-200                 0          375
773          Boeing 777-300                 0          420
777          Boeing 777                     0          375
CCC          Boeing                         0          NULL
D10          McDonnell Douglas DC10         0          399
L10          Lockheed L/1011 TR             0          400
M11          McDonnell Douglas MD-11        0          323

(13 row(s) affected)
```

记住，ROLLBACK 命令本身会回退到上一个 COMMIT 或 ROLLBACK 语句。由于我们还没有执行 COMMIT 命令，所以这时执行 ROLLBACK 命令会撤销所有的删除命令，如下所示：

```
ROLLBACK;
Command(s) completed successfully.

SELECT * FROM AIRCRAFT_TMP;
AircraftCode AircraftType                   FreightOnly Seating
------------ ------------------------------ ----------- -----------------------------
330          Airbus 330 (200 & 300) series  0           335
742          Boeing 747-200                 0           420
743          Boeing 747-300                 0           420
744          Boeing 747-400                 0           400
747          Boeing 747 (all series)        0           420
74L          Boeing 747SP                   0           314
772          Boeing 777-200                 0           375
773          Boeing 777-300                 0           420
777          Boeing 777                     0           375
BBB          Boeing                         0           NULL
CCC          Boeing                         0           NULL
D10          McDonnell Douglas DC10         0           399
L10          Lockheed L/1011 TR             0           400
M11          McDonnell Douglas MD-11        0           323

(14 row(s) affected)
```

如果使用的是 SQL Server，我们想要将数据库更改为标准的自动提交设置，为此可执行如下命令：

```
SET IMPLICIT_TRANSACTIONS ON;
Command(s) completed successfully.
```

6.2.5 RELEASE SAVEPOINT 命令

这个命令用于删除创建的保存点。在某个保存点被释放之后，就不能再利用 ROLLBACK 命令来撤销这个保存点之后的事务操作了。利用 RELEASE SAVEPOINT 命令可以避免意外地回退到某个不再需要的保存点。

```
RELEASE SAVEPOINT savepoint_name;
```

Microsoft SQL Server 不支持 RELEASE SAVEPOINT 语法，而是在事务完成以后删除所有的保存点。这个过程可以通过对事务执行 COMMIT 或者 ROLLBACK 命令来实现。用户在自己的环境中创建事务时，需要牢记这一点。

6.2.6 SET TRANSACTION 命令

这个命令用于初始化数据库事务，可以指定事务的特性。举例来说，我们可以指定事务是只读的或是可以读写的，如下所示：

```
SET TRANSACTION READ WRITE;
SET TRANSACTION READ ONLY;
```

READ WRITE 用于对数据库进行查询和操作数据的事务，READ ONLY 用于只进行查询的事务。READ ONLY 很适合生成报告，而且能够提高事务完成的速度。如果事务是 READ WRITE 类型的，数据库必须对数据库对象进行加锁，从而在多个事务同时发生时保持数据完整性。如果事务是 READ ONLY，数据库就不会建立锁定，从而提高事务的性能。

6.3 低劣的事务控制

低劣的事务控制会降低数据库性能，甚至导致数据库异常终止。反复出现的数据库性能恶化可能是由于在大量插入、更新或删除操作中缺少事务控制而引起的。大规模批处理还会导致用于存储回退信息的临时存储不断膨胀，直到执行了 COMMIT 或 ROLLBACK 命令。

当执行 COMMIT 命令后，回退事务信息被写入到目标表中，临时存储区域中的回退信息被清除。当执行 ROLLBACK 命令时，修改不会作用于数据库，而临时存储区域中的回退信息被清除。如果 COMMIT 和 ROLLBACK 命令都没有执行，用来存储回退信息的临时存储就会不断增长，占满所有空间，导致数据库停止全部进程，直到有空间被释放。虽然存储空间的使用实际上是由数据库管理员（DBA）控制的，但缺少事务控制还是会导致数据库处理停止，有时需要迫使 DBA 采取某些行动来杀死正在运行的用户进程。

6.4 小结

本章通过介绍 3 个事务控制命令（COMMIT、ROLLBACK 和 SAVEPOINT）展示了事务管理的初步概念。COMMIT 用于把事务保存到数据库，ROLLBACK 用于撤销已经执行的事务，而 SAVEPOINT 用于把事务划分为组，使我们可以回退到事务过程中特定的逻辑位置。

在运行大规模事务操作时，应该经常使用 COMMIT 和 ROLLBACK 命令来保证数据库具有足够的剩余空间。另外还要记住，这些事务命令只用于 3 个 DML 命令：INSERT、UPDATE 和 DELETE。

6.5 问与答

问：是否每个 INSERT 语句后都需要执行 COMMIT 命令？

答：没有必要。有些系统（比如 SQL Server）在 INSERT 语句之后会自动执行 COMMIT 命令。然而，如果有大量的插入或更新操作，可以考虑将这些操作打包为批处理的形式，原因是对表进行的大量更新操作会影响到数据库的性能。

问：ROLLBACK 命令如何撤销一个事务？

答：ROLLBACK 命令清除回退区域中的全部修改。

问：在执行事务的过程中，如果 99%的事务都已经完成，但另外 1%出现了错误，能否只重做出现错误的部分呢？

答：不能，整个事务必须是成功的，否则数据完整性就会遭到破坏。因此，在出现错误时必须执行 ROLLBACK 操作，除非有充分的理由不这么做。

问：在执行 COMMIT 语句之后，事务操作的效果是永久性的，我能使用 UPDATE 命令修改数据吗？

答："永久"表示它已经成为数据库的一部分。我们当然可以使用 UPDATE 语句来修改或更正数据。

6.6 实践

下面的内容包含一些测试问题和实战练习。这些测试问题的目的在于检验对学习内容的理解程度。实战练习是为了把学习的内容应用于实践，并且巩固对知识的掌握。在继续学习之前请先完成测试与练习，答案请见附录 C。

6.6.1 测验

1. 判断正误：如果提交了一些事务，还有一些事务没有提交，这时执行 ROLLBACK 命令，同一过程中的全部事务都会被撤销。
2. 判断正误：在执行指定数量的事务之后，SAVEPOINT 或 SAVE TRANSACTION 命令会把这些事务之后的事务保存起来。
3. 简要叙述下列命令的作用：COMMIT、ROLLBACK 和 SAVEPOINT。
4. 事务在 Microsoft SQL Server 中的实现有什么不同？
5. 使用事务时会有哪些性能影响？
6. 在使用多个 SAVEPOINT 或 SAVE TRANSACTION 命令时，可以回退多次吗？

6.6.2 练习

1. 执行如下事务，并且在前 3 个事务之后执行 SAVEPOINT 或者 SAVE TRANSACTION 命令，最后执行一条 ROLLBACK 命令。在上述操作完成之后，请指出表 PASSENGERS 中的内容。

```
INSERT INTO PASSENGERS(FIRSTNAME,LASTNAME,BIRTHDATE,COUNTRYCODE)
VALUES('George','Allwell','1981-03-23','US');
INSERT INTO PASSENGERS(FIRSTNAME,LASTNAME,BIRTHDATE,COUNTRYCODE)
```

```
VALUES('Steve','Schuler','1974-09-11','US');
INSERT INTO PASSENGERS(FIRSTNAME,LASTNAME,BIRTHDATE,COUNTRYCODE)
VALUES('Mary','Ellis','1990-11-12','US');
UPDATE PASSENGERS SET FIRSTNAME='Peter' WHERE LASTNAME='Allwell'
AND BIRTHDATE='1981-03-23';
UPDATE PASSENGERS SET COUNTRYCODE='AU' WHERE FIRSTNAME='Mary'
AND LASTNAME='Ellis';
UPDATE PASSENGERS SET BIRTHDATE='1964-09-11' WHERE LASTNAME='Schuler';
```

2. 执行如下事务组，并在第一个事务之后创建一个保存点。然后在最后添加一条COMMIT语句，后跟一条可以回退到保存点的ROLLBACK语句，这时会发生什么？

```
UPDATE PASSENGERS SET BIRTHDATE='Stephen' WHERE LASTNAME='Schuler';
DELETE FROM PASSENGERS WHERE LASTNAME='Allwell' AND BIRTHDATE='1981-03-23';
DELETE FROM PASSENGERS WHERE LASTNAME='Schuler' AND BIRTHDATE='1964-09-11;
DELETE FROM PASSENGERS WHERE LASTNAME='Ellis' AND BIRTHDATE='1990-11-12';
```

第7章

数据库查询

本章的重点包括：

- 数据库查询的定义；
- 如何使用 SELECT 语句；
- 利用 WHERE 子句为查询添加条件；
- 使用列别名；
- 从其他用户的表中选择数据。

本章将介绍数据库查询，主要是 SELECT 语句的使用。在数据库建立之后，SQL 命令中最常用的语句就是 SELECT，我们可以利用它查看数据库中保存的数据。

7.1 SELECT 语句

SELECT 语句称为数据查询语言（DQL）命令，是构成数据库查询的基本语句。查询是对数据库进行探究，它根据用户的需求以一种可读的格式从数据库中提取出数据。举例来说，假设在一个数据库示例中有一个乘客表，我们可以使用一条 SQL 语句找到航班中年龄最大的乘客，让他们先登机。这种对数据库进行请求以获得乘客信息的操作就是在关系型数据库中执行的典型查询。

SELECT 语句目前是 SQL 中最强大的语句之一，它不是一个单独的语句，也就是说，为了构成一个在句法上正确的查询，需要一个或多个条件子句（元素）。除了必要的子句，还有其他一些可选的子句来增强 SELECT 语句的整体功能。FROM 子句是一条必要的子句，必须总是与 SELECT 联合使用。

SELECT 语句中有 4 个关键字（或称为子句）是最有价值的，如下所示：

- SELECT；
- FROM；
- WHERE；

➢ ORDER BY。

下面将详细介绍这些关键字。

7.1.1　SELECT 语句

SELECT 语句与 FROM 子句联合使用，以一种有组织的、可读的格式从数据库提取数据。查询中的 SELECT 语句用于根据存储在表中的字段来选择要查看的数据。

简单的 SELECT 语句的语法如下所示：

```
SELECT [ * | ALL | DISTINCT COLUMN1, COLUMN2 ]
FROM TABLE1 [ , TABLE2 ];
```

在查询中，SELECT 语句后面是一个以逗号分隔的字段列表，它们是查询输出的组成部分。星号（*）表示输出结果中包含表中的全部字段，其使用方式依赖于具体的实现。选项 ALL 用于显示一个字段的全部值，包括重复值。选项 DISTINCT 禁止在输出结果中包含重复的记录。选项 ALL 是默认的操作方式，这意味着它没有必要用在 SELECT 语句中。关键字 FROM 后面是一个或多个表的名称，用于指定数据的来源。SELECT 语句后面的字段使用逗号进行分隔，FROM 子句中的表也是如此。

By the Way

> **注意：构建列表**
> 在 SQL 语句的列表中，使用逗号分隔各个参数。参数是 SQL 语句或命令中必需的或可选的值。常见的参数列表包括查询中的字段列表、查询中的表列表、插入到表中的数据列表、WHERE 子句里的条件。

下面的示例将展示 SELECT 语句的基本功能。首先，对上一章中的 AIRCRAFT_TMP 表执行一个简单的查询：

```
SELECT * FROM AIRCRAFT_TMP;


AircraftCode AircraftType                                       FreightOnly  Seating
------------ -------------------------------------------------- ----------- -------
330          Airbus 330 (200 & 300) series                      0            335
742          Boeing 747-200                                     0            420
743          Boeing 747-300                                     0            420
744          Boeing 747-400                                     0            400
747          Boeing 747 (all series)                            0            420
74L          Boeing 747SP                                       0            314
772          Boeing 777-200                                     0            375
773          Boeing 777-300                                     0            420
777          Boeing 777                                         0            375
BBB          Boeing                                             0            NULL
CCC          Boeing                                             0            NULL
D10          McDonnell Douglas DC10                             0            399
L10          Lockheed L/1011 TR                                 0            400
M11          McDonnell Douglas MD-11                            0            323

(14 row(s) affected)
```

星号表示表中的全部字段，从上面的代码中可以看到，也就是 AircraftCode、AircraftType、FreightOnly 和 Seating。字段在输出结果中的显示次序与其在表中的次序相同。表中一共有

14 条记录，这是由反馈信息“(14 row(s) affected)”标记出来的。反馈信息的表示方式在不同实现中有所区别，比如针对这个相同的查询操作，有些反馈信息是“14 rows selected”。书写 SQL 查询时，星号是一种行之有效的便捷方法，但建议还是明确地指出所要返回的字段名称。

现在从另一个表 PASSENGERS 中选择数据。在关键字 SELECT 之后列出字段名称，从而只显示表中的一个字段：

```
SELECT COUNTRYCODE FROM PASSENGERS;

CountryCode
-----------
CA
US
GB
US
US
US
US
GB
US
CA
US
GB
US
US
US
.
.
.

(135001 row(s) affected)
```

可以看到，这里反馈了 135001 行国家代码记录，结果中有大量的重复记录。使用 DISTINCT 选项来去除重复的记录，可以发现优化后的结果只有 7 行。

```
SELECT DISTINCT COUNTRYCODE
FROM PASSENGERS;
CountryCode
-----------
US
FR
MX
JP
DE
CA
GB

(7 row(s) affected)
```

在使用 DINSTINCT 选项时，可以在后面跟一个圆括号，将相关联的字段括起来，如下所示。在 SQL 及其他很多语言中，经常会使用圆括号来提高可读性。

```
SELECT DISTINCT(COUNTRYCODE)
FROM PASSENGERS;
CountryCode
-----------
US
FR
MX
JP
DE
CA
GB

(7 row(s) affected)
```

7.1.2 FROM 子句

FROM 子句必须与 SLELCT 语句联合使用，它是任何查询的必要元素，其作用是告诉数据库从哪些表中获取所需的数据。FROM 子句可以包含一个或多个表，但必须至少指定一个表。

FORM 子句的语法如下所示：

```
from table1 [ , table2 ]
```

7.1.3 WHERE 子句

条件是查询的一部分，用来显示用户指定的选择性信息。条件的值是 TRUE 或 FALSE，从而限制了查询中获取的数据。WHERE 子句用于给查询添加条件，从而去除用户不需要的数据。

WHERE 子句中可以有多个条件，它们之间以操作符 AND 或 OR 连接，详细介绍请见第 8 章，届时还会介绍其他一些可以在查询中指定条件的条件操作符。本章只介绍包含一个条件的查询。

操作符是 SQL 中的字符或关键字，用于连接 SQL 语句里的元素。

WHERE 子句的语法如下所示：

```
select [ all | * | distinct column1, column2 ]
from table1 [ , table2 ]
where [ condition1 | expression1 ]
[ and|OR condition2 | expression2 ]
```

下面是一个简单的 SELECT 语句，在 WHERE 子句中没有指定任何条件：

```
SELECT AIRPORTID, AIRPORTNAME, CITY, COUNTRYCODE
FROM AIRPORTS;

AIRPORTID   AIRPORTNAME                    CITY                          COUNTRYCODE
----------- ------------------------------ ----------------------------- ---------
1           Bamiyan                        Bamiyan                       AF
2           Bost                           Bost                          AF
3           Chakcharan                     Chakcharan                    AF
4           Darwaz                         Darwaz                        AF
5           Faizabad                       Faizabad                      AF
6           Farah                          Farah                         AF
```

```
7          Gardez                          Gardez                        AF
8          Ghazni                          Ghazni                        AF
9          Herat                           Herat                         AF
10         Jalalabad                       Jalalabad                     AF
.
.
.

(9185 row(s) affected)
```

显而易见，我们不需要所有的 9185 条机场记录，需要减少显示的记录条数。现在在同一个查询中添加一个条件，只查看匈牙利的机场：

```
SELECT AIRPORTID, AIRPORTNAME, CITY, COUNTRYCODE
FROM AIRPORTS
WHERE COUNTRYCODE='HU';

AIRPORTID   AIRPORTNAME                      CITY                           COUNTRYCODE
----------- -------------------------------- ------------------------------ ---------
7695        Debrecen                         Debrecen                       HU
7696        Deli Railway                     Budapest                       HU
7697        Ferihegy                         Budapest                       HU
7698        Gyor-Per                         Per                            HU
7699        Miskolc                          Miskolc                        HU
7700        Pecs-Pogany                      Pecs                           HU
7701        Saarmelleek/balaton              Saarmelleek                    HU

(7 row(s) affected)
```

这里只显示了国家代码是 HU（表示匈牙利）的记录。

条件并不一定要与具体条目严格匹配。有时我们需要的是一个值的范围。下面的查询会显示身份识别码大于 134995 的乘客的姓名和出生日期：

```
SELECT PASSENGERID, FIRSTNAME, LASTNAME, BIRTHDATE
FROM PASSENGERS
WHERE PASSENGERID>134995;

PASSENGERID  FIRSTNAME             LASTNAME                BirthDate
------------ --------------------- --------- ----------- --------------------
134996       Mozell                Scullen                 1962-04-07 00:00:00.000
134997       Lien                  Filippo                 1951-04-10 00:00:00.000
134998       Ann                   Cornford                1978-06-06 00:00:00.000
134999       Nita                  Stott                   1971-04-16 00:00:00.000
135000       Maddie                Guzman                  1987-03-01 00:00:00.000
135001       John                  Doe                     1990-10-12 00:00:00.000

(6 row(s) affected)
```

7.1.4 ORDER BY 子句

我们一般需要使输出以某种方式进行排序，为此可以使用 ORDER BY 子句来排序数据，它能够以用户指定的列表格式来组织查询的结果。ORDER BY 子句的默认次序是升序，也就是说，如果对输出为字符的结果进行排序，就是 A 到 Z 的次序。反之，降序就是以 Z 到 A 的次序显示字符结果。对于范围为 1~9 的数字值来说，升序是从 1 到 9，降序是从 9 到 1。

ORDER BY 子句的语法是：

```
select [ all | * | distinct column1, column2 ]
from table1 [ , table2 ]
where [ condition1 | expression1 ]
[ and|OR condition2 | expression2 ]
ORDER BY column1 | integer [ ASC|DESC ]
```

下面对前面的示例进行扩展，来展示如何使用 ORDER BY 子句，如下所示。对乘客表以升序（也就是字母顺序）进行排序。注意其中使用的 ASC 选项，它可以在 ORDER BY 子句中任意一个字段之后出现。

```
SELECT PASSENGERID, FIRSTNAME, LASTNAME, BIRTHDATE
FROM PASSENGERS
WHERE PASSENGERID>134995
ORDER BY LASTNAME ASC;

PASSENGERID  FIRSTNAME                LASTNAME             BirthDate
-----------  -----------------------  ------- -----------  -----------------------
134998       Ann                      Cornford             1978-06-06 00:00:00.000
135001       John                     Doe                  1990-10-12 00:00:00.000
134997       Lien                     Filippo              1951-04-10 00:00:00.000
135000       Maddie                   Guzman               1987-03-01 00:00:00.000
134996       Mozell                   Scullen              1962-04-07 00:00:00.000
134999       Nita                     Stott                1971-04-16 00:00:00.000

(6 row(s) affected)
```

By the Way

注意：排序规则

SQL 排序是基于字符的 ASCII 排序。数字 0~9 会按其字符值进行排序，并且位于字母 A 到 Z 之前。由于数字值在排序时是被当作字符处理的，所以下面这些数字的排序是这样的：1、12、2、255、3。

在下面的语句中使用 DESC 选项，把输出结果按照反字母顺序显示：

```
SELECT PASSENGERID, FIRSTNAME, LASTNAME, BIRTHDATE
FROM PASSENGERS
WHERE PASSENGERID>134995
ORDER BY LASTNAME DESC;

PASSENGERID  FIRSTNAME                LASTNAME                 BirthDate
-----------  -----------------------  ----------------------  -----------------------
134999       Nita                     Stott                    1971-04-16 00:00:00.000
134996       Mozell                   Scullen                  1962-04-07 00:00:00.000
135000       Maddie                   Guzman                   1987-03-01 00:00:00.000
134997       Lien                     Filippo                  1951-04-10 00:00:00.000
135001       John                     Doe                      1990-10-12 00:00:00.000
134998       Ann                      Cornford                 1978-06-06 00:00:00.000

(6 row(s) affected)
```

> **注意：默认排序方式**
> 由于升序是默认的排序方式，所以 ASC 选项并不需要明确指定。

By the Way

SQL 中存在一些简化方式。ORDER BY 子句中的字段可以缩写为一个整数，这个整数取代了实际的字段名称（排序操作中使用的一个别名），表示字段在关键字 SELECT 之后的位置。

下面是在 ORDER BY 子句中使用整数作为字段标识符的示例：

```
SELECT PASSENGERID, FIRSTNAME, LASTNAME, BIRTHDATE
FROM PASSENGERS
WHERE PASSENGERID>134995
ORDER BY 3 ASC;

PASSENGERID FIRSTNAME              LASTNAME               BirthDate
----------- ---------------------- ---------------------- ----------------------
134998      Ann                    Cornford               1978-06-06 00:00:00.000
135001      John                   Doe                    1990-10-12 00:00:00.000
134997      Lien                   Filippo                1951-04-10 00:00:00.000
135000      Maddie                 Guzman                 1987-03-01 00:00:00.000
134996      Mozell                 Scullen                1962-04-07 00:00:00.000
134999      Nita                   Stott                  1971-04-16 00:00:00.000

(6 row(s) affected)
```

在这个查询中，整数 3 代表字段 LASTNAME，整数 1 代表字段 PASSENGERID，而整数 3 代表字段 FIRSTNAME，以此类推。

在一个查询中可以对多个字段进行排序，这时可以在 SELECT 中使用字段名或相应的整数：

```
ORDER BY 1,2,3
```

ORDER BY 子句中的字段次序不一定要与关键字 SELECT 之后的相应字段的次序一致，如下所示：

```
ORDER BY 1,3,2
```

ORDER BY 子句中指定的字段次序决定了排序过程的完成方式。下面的语句将首先对字段 LASTNAME 进行排序，再对字段 FIRSTNAME 进行排序。

```
ORDER BY LASTNAME,FIRSTNAME
```

7.1.5 大小写敏感性

在使用 SQL 编写代码时，大小写敏感性是一个需要理解的重要概念。一般来说，SQL 命令和关键字是不区分大小写的，也就是允许我们以大写或小写来输入命令和关键字，而且大小写可以混用（即在一个单词或者语句中同时出现大写和小写）。大小写混用通常被称为驼峰命名法。关于大小写的问题请参考第 5 章。

排序规则（collation）决定了 RDBMS 如何解释数据，包括数据的排序方式和大小写敏感性等内容。数据的大小写敏感性很重要，直接决定了 WHERE 子句如何解释匹配。用户需要查看自己的 RDBMS 实现，来确定系统默认的排序规则是什么。在某些系统中，例如 MySQL

和 Microsoft SQL Server，默认是大小写不敏感的。这就意味着，在匹配字符串时，系统不会考虑大小写。也有一些系统，例如 Oracle，默认是大小写敏感的。这种系统在匹配字符串时，需要考虑大小写情况。大小写敏感性取决于使用的数据库，因此在不同的系统中对查询的影响就会有所不同。

By the Way

注意：使用标准的大小写形式

在从数据库中获取数据时，必须在查询中使用与数据一致的大小写。此外，最好能够实施公司级别的大小写策略，确保在公司内部以统一的方式处理数据输入。

然而，对于在用户的 RDBMS 中确保数据的一致性来讲，大小写是一个必须考虑的问题。举例来说，如果使用随意的大小写方式输入数据，可能导致数据的一致性被破坏：

- SMITH
- Smith
- smith

如果某人的姓氏被存储为 smith，而我们在 Oracle 等大小写敏感的 RDBMS 中执行了如下查询，就不会得到返回结果：

```
SELECT *
FROM PASSENGERS
WHERE LASTNAME = 'SMITH';
SELECT *
FROM PASSENGERS
WHERE UPPER(LASTNAME) = UPPER('Smith');
```

7.2 编写查询语句

本节基于前面介绍的概念展示了查询的一些示例，首先是最简单的查询，然后逐步丰富它。在此我们使用表 EMPLOYEE_TBL。

从表中选择全部记录并显示全部字段：

```
SELECT * FROM EMPLOYEE_TBL;
```

从表中选择全部记录，然后显示指定的字段：

```
SELECT EMP_ID
FROM EMPLOYEE_TBL;
```

从表中选择全部记录，然后显示指定的字段。命令可以在一行输入，或是根据喜好进行回车换行：

```
SELECT EMP_ID FROM EMPLOYEE_TBL;
```

从表中选择全部记录，然后显示用逗号分隔的多个字段：

```
SELECT EMP_ID, LAST_NAME
FROM EMPLOYEE_TBL;
```

显示满足指定条件的数据：

```
SELECT EMP_ID, LAST_NAME
FROM EMPLOYEE_TBL
WHERE EMP_ID = '333333333';
```

警告：确保查询中有约束条件

在从一个庞大的表中返回全部记录时，会得到大量的数据。在业务量很高的数据库中，这不但会导致查询的性能降低，系统的性能也会受到影响。尽量使用 WHERE 字句，并将其用在数据的最小子集上，这可以限制查询对宝贵数据资源的影响。

Watch Out!

显示满足指定条件的数据，对输出结果进行排序：

```
SELECT EMP_ID, LAST_NAME
FROM EMPLOYEE_TBL
WHERE CITY = 'INDIANAPOLIS'
ORDER BY EMP_ID;
```

显示满足指定条件的数据，并根据多个字段进行排序，其中一个字段是逆序排序。在下面的示例中，EMP_ID 以升序排列，而 LAST_NAME 则以降序排列：

```
SELECT EMP_ID, LAST_NAME
FROM EMPLOYEE_TBL
WHERE CITY = 'INDIANAPOLIS'
ORDER BY EMP_ID, LAST_NAME DESC;
```

显示满足指定条件的数据，利用整数来代替字段名，并对输出进行排序：

```
SELECT EMP_ID, LAST_NAME
FROM EMPLOYEE_TBL
WHERE CITY = 'INDIANAPOLIS'
ORDER BY 1;
```

显示满足指定条件的数据，利用整数指定要排序的多个字段。字段的排序次序与它们在执行 SELECT 命令之后的次序并不相同：

```
SELECT EMP_ID, LAST_NAME
FROM EMPLOYEE_TBL
WHERE CITY = 'INDIANAPOLIS'
ORDER BY 2, 1;
```

7.2.1 统计表中的记录数量

对表进行一个简单的查询就可以快速读取统计表中的记录数量，或是表中某个字段中值的数量。统计工作是由函数 COUNT 完成的。关于函数的内容要在后面的章节中进行介绍，这里引入这个函数是因为它经常出现在简单的查询中。

COUNT 函数的语法如下所示：

```
SELECT COUNT(*)
FROM TABLE_NAME;
```

COUNT 函数使用一对圆括号来指定目标字段，或是在圆括号中使用一个星号来表示统计表中的全部记录。

提示：基本统计

如果被统计的字段是 NOT NULL（必填字段），那么其值的数量就与表中记录的数量相同。但一般来说，我们使用 COUNT（*）来统计表中的记录数量。

Did you Know?

下面的语句可以统计表 PASSENGERS 中的记录数量：

```
SELECT COUNT(*) FROM PASSENGERS;

-----------
135001

(1 row(s) affected)
```

下面的语句可以统计表 PASSENGERS 中字段 COUNTRYCODE 的值的数量：

```
SELECT COUNT(COUNTRYCODE) FROM PASSENGERS;

-----------
135001

(1 row(s) affected)
```

如果只统计表中出现的唯一值（即去重），需要在 COUNT 函数中使用 DISTINCT 关键字。例如，如果要统计 PASSENGERS 表 COUNTRYCODE 列中有几个不同的国家，需要使用如下查询：

```
SELECT COUNT(DISTINCT COUNTRYCODE) FROM PASSENGERS;

-----------
7

(1 row(s) affected)
```

7.2.2 从另一个用户表里选择数据

要访问另一个用户的表，必须拥有相应的权限，否则就不能进行访问。在获得准许之后，我们可以从其他用户的表中获取数据（GRANT 命令将在第 20 章介绍）。为了在 SELECT 语句中访问另一个用户的表，必须在表的名称之前添加模式名或拥有（创建）该表的用户名，如下所示：

```
SELECT EMPLOYEEID
FROM DBO .EMPLOYEES;
```

7.2.3 使用字段别名

在进行某些查询时，我们使用字段别名来临时命名表的字段，其语法如下所示：

```
SELECT COLUMN_NAME ALIAS_NAME
FROM TABLE_NAME;
```

下面的示例显示了机场名两次，并且为第二个字段设置了一个别名：AIRPORT。请注意输出的字段标题。

```
SELECT
AIRPORTNAME,
AIRPORTNAME AS AIRPORT
FROM AIRPORTS
WHERE COUNTRYCODE='HU';

AIRPORTNAME                      AIRPORT
-------------------------------- ------------------------------
Debrecen                         Debrecen
Deli Railway                     Deli Railway
Ferihegy                         Ferihegy
Gyor-Per                         Gyor-Per
```

```
Miskolc                             Miskolc
Pecs-Pogany                         Pecs-Pogany
Saarmelleek/balaton                 Saarmelleek/balaton

(7 row(s) affected)
```

注意：在查询中使用异名

如果要访问的表在数据库中有异名（synonym），可以不指定表的模式名。异名就是表的另一个名称，详细讨论请参考第21章。

By the Way

利用字段别名可以自定义字段的标题名字，在某些SQL实现中，字段别名允许我们用比较简洁的名称来引用某个字段。

注意：在查询中重新命名字段

当字段名称在SELECT语句中被重新命名时，其名称实际上并没有被修改，这种修改只在特定的SELECT语句中有效。

By the Way

7.3 小结

本章简单介绍了数据库查询的概念，这是从关系型数据库获取有用数据的手段。SELECT语句用来在SQL中创建查询。每个SELECT语句都必须包含FROM子句。另外，利用WHERE子句可以为查询设置条件，利用ORDER BY子句可以对数据排序。本章还介绍了编写查询语句的基础知识，后面的章节将进行更详细和深入的介绍。

7.4 问与答

问：为什么SELECT语句必须包含FROM子句？

答：SELECT语句只是告诉数据库我们需要什么样的数据，而FROM子句告诉数据库到什么地方来获取这些数据。

问：使用DISTINCT选项的目的是什么？

答：DISTINCT选项可以禁止在查询结果中显示重复的记录。

问：在使用ORDER BY子句并设置为降序排序时，对数据有什么影响？

答：假设我们使用了ORDER BY子句，并且从表PASSENGERS中选择了字段LASTNAME。如果选择了降序排序，其次序就是从字母Z开始，到字母A结束。假设使用了ORDER BY子句，并且从表PASSENGERS中选择了BIRTHDATE字段，这时选择降序排序，就会按照年龄从小到大的顺序排列。

问：如果有一个DISTINCT选项、一个WHERE子句，以及一个ORDER BY子句，它们执行的顺序是什么？

答：先应用WHERE子句来约束结果，然后再应用DISTINCT选项，最后使用ORDER BY

子句，对最终的结果集进行排序。

问：重新命名字段有什么好处？

答：新字段名称可以在特定报告中更好地描述所返回的数据。

问：下面语句的排序是什么？

```
SELECT FIRSTNAME,LASTNAME,BIRTHDATE FROM PASSENGERS
ORDER BY 3,1
```

答：查询会首先以 BIRTHDATE 字段进行排序，然后再以 FIRSTNAME 字段排序。由于没有指定排序方式，所以两者都会是默认的升序。

7.5 实践

下面的内容包含一些测试问题和实战练习。这些测试问题的目的在于检验对学习内容的理解程度。实战练习是为了把学习的内容应用于实践，并且巩固对知识的掌握。在继续学习之前请先完成测试与练习，答案请见附录 C。

7.5.1 测验

1. 说出 SELECT 语句必需的组成部分。
2. 在 WHERE 子句中，任何数据都需要使用单引号吗？
3. WHERE 子句中能使用多个条件吗？
4. DISTINCT 选项是应用在 WHERE 子句的前面还是后面？
5. 选项 ALL 是必需的吗？
6. 在基于字符字段进行排序时，数字字符是如何处理的？
7. 在大小写敏感性方面，Oracle 与 MySQL 和 Microsoft SQL Server 有什么不同？
8. 简述 ORDER BY 子句中的字段顺序的重要性。
9. 在使用数字而不是字段名时，在 ORDER BY 子句中是如何确定字段顺序的？

7.5.2 练习

1. 在计算机上运行 RDBMS 的查询编辑器。使用数据库 CanaryAirlines，输入以下 SELECT 语句。判断其语法是否正确，如果语法不正确，就进行必要的修改。这里使用的是表 PASSENGERS。

a.
```
SELECT PASSENGERID, LASTNAME, FIRSTNAME,
FROM PASSENGERS;
```

b.
```
SELECT PASSENGERID, LASTNAME
```

```
ORDER BY PASSENGERS
FROM PASSENGERS;
```

c.
```
SELECT PASSENGERID, LASTNAME, FIRSTNAME
FROM PASSENGERS
WHERE PASSENGERID = '134996'
ORDER BY PASSENGERID;
```

d.
```
SELECT PASSENGERID BIRTHDATE, LASTNAME
FROM PASSENGERS
WHERE PASSENGERID = '134996'
ORDER BY 1;
```

e.
```
SELECT PASSENGERID, LASTNAME, FIRSTNAME
FROM PASSENGERS
WHERE PASSENGERID = '134996'
ORDER BY 3, 1, 2;
```

2. 编写一条 SELECT 语句，按照乘客的 PASSENGERID 号码，获得乘客的 LASTNAME、FIRSTNAME 和 BIRTHDATE。如果使用的是字符串值，而非数字，是否会有影响？在 WHERE 子句中，字符串'99999999'是一个可以使用的有效值吗？

```
SELECT LASTNAME, FIRSTNAME, BIRTHDATE
FROM PASSENGERS
WHERE PASSENGERID = '99999999';
```

3. 编写一个 SELECT 语句，从 AIRCRAFT 表中返回每一架飞机的名字和座位数。哪种类型的飞机具有最多的座位？有多少架飞机是货运飞机？在排序后的结果中，纯货运飞机在哪里？
4. 编写一个查询，生成一个乘客列表，这些乘客的出生日期在 2015-01-01 之后。
5. 编写一个简单的查询，返回具有某个特定形式的乘客列表。尝试在 WHERE 子句中，使用混合大小写和全部大写两种方式。确定用户使用的 RDBMS 大小写是否敏感。

第8章

使用操作符对数据进行分类

本章的重点包括：

- 什么是操作符；
- SQL 中操作符的概述；
- 如何单独使用操作符；
- 如何组合使用操作符。

操作符用于在 SELECT 命令的 WHERE 子句中为返回的数据指定扩展的约束条件。SQL 用户有多种操作符，可以支持所有的数据查询需要。本章将介绍操作符的种类，以及如何在 WHERE 子句中正确使用操作符。

8.1 什么是 SQL 里的操作符

操作符是一个保留字或字符，主要在 SQL 语句的 WHERE 子句中执行操作，比如比较运算和算术运算。操作符用于在 SQL 语句中指定条件，还可以连接一个语句中的多个条件。

本章要介绍的操作符包括：

- 比较操作符；
- 逻辑操作符；
- 求反操作符；
- 算术操作符。

8.2 比较操作符

比较操作符用于在 SQL 语句中对单个值进行测试。这里要介绍的比较操作符包括=、<>、<和>。

这些操作符用于测试：

- 相等；

- 不相等；
- 小于；
- 大于。

下文会介绍这些比较操作符的含义与示例。

8.2.1 相等

相等操作符在 SQL 语句中将一个值与另一个值进行比较，等号（=）表示相等。在进行相等比较时，被比较的值必须完全匹配，否则就不会返回数据。如果进行比较的两个值相等，则返回值为 TRUE，否则为 FALSE。这个布尔值（TRUE 或 FALSE）根据条件来决定是否返回数据。

操作符=可以单独使用，也可以与其他操作符组合使用。在比较字符数据时是否区分大小写，取决于用户 RDBMS 的相关设置。所以，用户必须要了解查询引擎如何精确地比较数值。

下面的示例表示座位数等于 400：

```
WHERE SEATING = 400
```

下面的查询会返回座位数等于 400 的全部数据：

```
SELECT *
FROM AIRCRAFT
WHERE SEATING=400;

AircraftCode AircraftType                   FreightOnly  Seating
------------ ------------------------------ ----------- -------------------------
744          Boeing 747-400                 0            400
L10          Lockheed L/1011 TR             0            400

(2 row(s) affected)
```

8.2.2 不等于

在 SQL 中，表示不相等的操作符是<>（一个小于号和一个大于号）。如果两个值不相等，就返回 TRUE，否则就返回 FALSE。

下面的示例表示座位数不等于 400：

```
WHERE SEATING<>400
```

> **提示：不相等的表示方式**
>
> 另一种表示不相等的方式是!=，而且很多主流的 SQL 实现都采用了这种方式来表示不相等。Microsoft SQL Server、 MySQL 和 Oracle 都支持这两种方式。Oracle 还提供了另一种方式，即^=操作符，但并不常用，因为大部分用户还是习惯于前两种方式。

Did you Know?

下面的示例显示了 AIRCRAFT 表中 FreightOnly 列不为 0 的所有的飞机信息：

```
SELECT *
FROM AIRCRAFT
WHERE FREIGHTONLY <> 0;

AircraftCode AircraftType                      FreightOnly  Seating
------------ --------------------------------- ----------- -----------------------
74F          Boeing 747 Freighter              1           0
M1F          McDonnell Douglas MD-11 Freigh    1           0
WWF          Westwind Freighter                1           0

(3 row(s) affected)
```

排序规则和系统的大小写敏感性在这些比较中具有重要的作用。在大小写敏感的系统中，WESTWIND、WestWind 和 westwind 会被看作不同的值，结果也会与用户的预期有所差异。

8.2.3 小于和大于

两个使用最广泛的操作符是大于和小于，两者的工作方式相反。用户可以单独使用符号 <（小于）和>（大于），也可以与其他操作符组合使用，以执行非空值的比较。小于和小于操作符的结果都是布尔值，可以显示比较是否准确。

下面的示例表示座位数小于 400 或大于 400：

```
WHERE SEATING < 400
WHERE SEATING > 400
```

在下面的示例中，将返回座位数大于 400 的全部数据：

```
SELECT *
FROM AIRCRAFT
WHERE SEATING>400;

AircraftCode AircraftType                   FreightOnly  Seating
------------ ------------------------------ ----------- -------------------------
742          Boeing 747-200                 0            420
743          Boeing 747-300                 0            420
747          Boeing 747 (all series)        0            420
773          Boeing 777-300                 0            420

(4 row(s) affected)
```

在下面的示例中，可以注意到座位数为 100 的 Boeing 737 没有包含在查询的结果集中。这是因为小于操作符的返回值不包含与值比较的值：

```
SELECT *
FROM AIRCRAFT
WHERE SEATING < 100;

AircraftCode AircraftType                   FreightOnly  Seating
------------ ------------------------------ ----------- ---------------------------
146          British Aerospace BAe146-100   0            82
74F          Boeing 747 Freighter           1            0
AR7          British Aerospace RJ70         0            76
```

```
BEH          Beachcraft 1900D                0           18
BEK          Beach 200                       0           13
CV5          Convair 500                     0           36
DH8          Bombardier DE HA                0           37
E12          Embraer (EMB) 120               0           30
EM2          Embraer 120                     0           26
F10          Fokker F100                     0           95
F28          Fokker F28-1000                 0           65
M1F          McDonnell Douglas MD-11 Freigh  1           0
WWF          Westwind Freighter              1           0

(13 row(s) affected)
```

8.2.4 比较操作符的组合

等号操作符可以与小于操作符和大于操作符组合使用，使其返回值包含要进行比较的值。

下面的示例表示座位数小于或等于 400：

```
WHERE SEATING <= 400
```

下面的示例表示座位数大于或等于 400：

```
WHERE SEATING >= 400
```

小于或等于 400 的值包括 400 本身及任何小于 400 的值，在这个范围内的值会返回 TRUE，大于 400 的值会返回 FALSE。在本例中，大于或等于操作也同样包含 400 这个值本身，而且工作方式与<=操作符相同。下面的示例演示了如何使用联合操作符来查找座位数小于或等于 100 的所有飞机：

```
SELECT *
FROM AIRCRAFT
WHERE SEATING <= 100;

AircraftCode AircraftType                    FreightOnly Seating
------------ ------------------------------- ----------- ---------------------------
146          British Aerospace BAe146-100    0           82
737          Boeing 737                      0           100
74F          Boeing 747 Freighter            1           0
AR7          British Aerospace RJ70          0           76
BEH          Beachcraft 1900D                0           18
BEK          Beach 200                       0           13
CV5          Convair 500                     0           36
DH8          Bombardier DE HA                0           37
E12          Embraer (EMB) 120               0           30
EM2          Embraer 120                     0           26
F10          Fokker F100                     0           95
F28          Fokker F28-1000                 0           65
M1F          McDonnell Douglas MD-11 Freigh  1           0
WWF          Westwind Freighter              1           0

(14 row(s) affected)
```

8.3　逻辑操作符

逻辑操作符是使用 SQL 关键字（而不是符号）进行比较的操作符。下面是 SQL 中的逻辑操作符，下文将详细介绍：

- IS NULL；
- BETWEEN；
- IN；
- LIKE；
- EXISTS；
- UNIQUE；
- ALL、SOME 和 ANY。

8.3.1　IS NULL

IS NULL 操作符用于与 NULL 值进行比较。举例来说，通过搜索 PASSENGERS 表中 BIRTHDATE 列中的 NULL 值，可以找到没有输入出生日期的乘客。

下面是将一个值与 NULL 值进行比较的示例，这里的出生日期没有值：

```
WHERE BIRTHDATE IS NULL
```

下面的示例展示如何从 PASSENGERS 表中找到没有填写出生日期的所有乘客：

```
SELECT PASSENGERID, LASTNAME, FIRSTNAME, BIRTHDATE
FROM PASSENGERS
WHERE BIRTHDATE IS NULL;

PASSENGERID LASTNAME                       FIRSTNAME                      BIRTHDATE
----------- ------------------------------ ------------------------------ ---------
124309      Copsey                         Merle                          NULL
124310      Alsaqri                        Leann                          NULL

(2 row(s) affected)
```

需要理解的是，单词 null 与 NULL 值是不同的。观察下面这个示例，可以看到我们无法交换字符串值'NULL'，因为它与 NULL 值并不是同一回事。

```
SELECT PASSENGERID, LASTNAME, FIRSTNAME, BIRTHDATE
FROM PASSENGERS
WHERE BIRTHDATE='NULL';

PASSENGERID LASTNAME                       FIRSTNAME                 BIRTHDATE
----------- ------------------------------ ------------------------- -------------
Msg 241, Level 16, State 1, Line 1
Conversion failed when converting date and/or time from character string.
```

8.3.2 BETWEEN

操作符 BETWEEN 用于寻找位于一组值内的值，这一组值给出了最大值和最小值，而且最大值和最小值也包含在这一组值内。

下面的示例表示座位数在 200 和 300 之间，而且包含 200 和 300 这两个值：

```
WHERE SEATING BETWEEN 200 AND 300
```

注意：适当地使用 BETWEEN

BETWEEN 的返回值包含边界值，所以查询结果中会包含指定的最大值和最小值。

By the Way

下面的示例表示座位数在 200 和 300 之间的飞机：

```
SELECT *
FROM AIRCRAFT
WHERE SEATING BETWEEN 200 AND 300;

AircraftCode AircraftType                   FreightOnly Seating
------------ ------------------------------ ----------- ---------------------------
313          Airbus A310-300                0           218
343          Airbus 340-300                 0           230
74M          Boeing 747 Combi               0           246
762          Boeing 767-200                 0           200
763          Boeing 763-300                 0           228
AB6          Airbus 600 Series E            0           226

(6 row(s) affected)
```

可以看出，值 200 包含在输出结果中。

8.3.3 IN

操作符 IN 用于把一个值与一个指定列表进行比较，当被比较的值至少与列表中的一个值相匹配时，它会返回 TRUE。

下面的示例表示座位数必须匹配 200、300 或 400 中的一个：

```
WHERE SEATING IN(200, 300, 400)
```

下面的示例利用操作符 IN 来匹配座位数在一定范围内的所有飞机：

```
SELECT *
FROM AIRCRAFT
WHERE SEATING IN (200, 300, 400);

AircraftCode AircraftType                   FreightOnly Seating
------------ ------------------------------ ----------- ---------------------------
744          Boeing 747-400                 0           400
762          Boeing 767-200                 0           200
L10          Lockheed L/1011 TR             0           400

(3 row(s) affected)
```

使用操作符 IN 可以得到与操作符 OR 一样的结果，但它返回结果的速度更快，因为它在数据库中进行了优化。

8.3.4 LIKE

操作符 LIKE 利用通配符把一个值与类似的值进行比较，它使用的通配符有两个：

- 百分号（%）；
- 下划线（_）。

百分号代表零个、一个或多个字符，下划线代表一个数字或字符。这些符号可以组合使用。

下面的示例匹配任何以 B 开头的值：

```
WHERE AIRCRAFTTYPE LIKE 'B%'
```

下面的示例匹配任何包含 DOUGLAS（在任意位置）的值：

```
WHERE AIRCRAFTTYPE LIKE '%DOUGLAS%'
```

下面的示例匹配第二个和第三个位置分别是 ir 的值：

```
WHERE AIRCRAFTTYPE LIKE '_ir%'
```

下面的示例匹配以 A 开头，而且长度至少为 3 的值：

```
WHERE AIRCRAFTTYPE LIKE 'A_%_%'
```

下面的示例匹配以 0 结尾的值：

```
WHERE AIRCRAFTTYPE LIKE '%0'
```

下面的示例匹配第二个位置为 c，结尾为 1 的值：

```
WHERE AIRCRAFTTYPE LIKE '_c%1'
```

下面的示例匹配长度为 5，以 2 开头，以 3 结尾的值：

```
WHERE PASSENGERID LIKE '2___3'
```

下面的示例显示以大写字母 P 结尾的所有飞机类型：

```
SELECT AIRCRAFTTYPE
FROM AIRCRAFT
WHERE AIRCRAFTTYPE LIKE '%P';

AIRCRAFTTYPE
------------------------------
Boeing 747SP

(1 row(s) affected)
```

下面的示例显示第二个字符是小写字母 c 的所有产品描述：

```
SELECT AIRCRAFTTYPE
FROM AIRCRAFT
WHERE AIRCRAFTTYPE LIKE '_c%';

AIRCRAFTTYPE
------------------------------
McDonnell Douglas DC10
McDonnell Douglas MD-11
```

```
McDonnell Douglas MD-11 Freight

(3 row(s) affected)
```

8.3.5 EXISTS

操作 EXISTS 用于搜索指定表中是否存在满足特定条件的记录。

下面的示例搜索表 PASSENGERS 中是否包含 PASSENGERID 为 3333333333 的记录：

```
EXISTS (SELECT * FROM PASSENGERS WHERE PASSENGERID =333333333)
```

下面是一个子查询的示例（详情请见第 14 章）：

```
SELECT SEATING
FROM AIRCRAFT A
WHERE EXISTS ( SELECT *
               FROM AIRCRAFT
               WHERE AIRCRAFTCODE=A.AIRCRAFTCODE AND SEATING > 500 );
No rows selected.
----------
```

这个查询没有选中任何一条记录，因为表中不存在座位数大于 500 的记录。子查询中的 AIRCRAFTCODE=A.AIRCRAFTCODE 部分将 EXISTS 查询中的行映射到 FROM 子句中的表中。由于 AIRCRAFTCODE 字段可以唯一地标识 AIRCRAFT 表中的行，因此使用它来进行映射最为合适。

再看下面这个例子：

```
SELECT SEATING
FROM AIRCRAFT A
WHERE EXISTS ( SELECT *
               FROM AIRCRAFT
               WHERE AIRCRAFTCODE=A.AIRCRAFTCODE AND SEATING > 400 );
SEATING
------------------------------
420
420
420
420

(4 row(s) affected)
```

这一次显示了座位的数量，因为表中存在飞机座位数大于 400 的记录。如果我们没有使用 AIRCRAFTCODE 将 EXISTS 子查询绑定回 AIRCRAFT 表，该怎么办呢？可以尝试下面的示例并比较返回的行数。思考为什么会获得这些结果。

```
SELECT SEATING
FROM AIRCRAFT A
WHERE EXISTS ( SELECT *
               FROM AIRCRAFT
               WHERE SEATING > 400 );
```

8.3.6 ALL、SOME 和 ANY 操作符

操作符 ALL 用于把一个值与另一个集合中的全部值进行比较。

下面的示例用来测试座位数大于 Boeing 777 机型的机型：

```
WHERE SEATING > ALL SEATING (SELECT SEATING FROM AIRCRAFT
                                  WHERE AIRCRAFTTYPE = 'Boeing 777')
```

下面的示例展示操作符 ALL 如何用于子查询：

```
SELECT *
FROM AIRCRAFT
WHERE SEATING > ALL ( SELECT SEATING
                      FROM AIRCRAFT
                      WHERE AIRCRAFTTYPE='Boeing 777' );

AircraftCode AircraftType                   FreightOnly Seating
------------ ------------------------------ ----------- ---------------------------
742          Boeing 747-200                 0           420
743          Boeing 747-300                 0           420
744          Boeing 747-400                 0           400
747          Boeing 747 (all series)        0           420
773          Boeing 777-300                 0           420
D10          McDonnell Douglas DC10         0           399
L10          Lockheed L/1011 TR             0           400

(7 row(s) affected)
```

在输出中，座位数大于 Boeing 777 的记录有 7 条。

操作符 ANY 根据条件将一个值与另一个列表中的任何值进行比较。SOME 是 ANY 的别名，它们可以互换使用。

下面的示例用来测试目标机型的座位数是否比座位数为 375 以上的飞机的座位数要大：

```
WHERE SEATING > ANY SEATING (SELECT SEATING FROM AIRCRAFT
                                  WHERE SEATING > 375)
```

下面的示例展示操作符 ANY 如何用于子查询：

```
SELECT *
FROM AIRCRAFT
WHERE SEATING > ANY ( SELECT SEATING
                      FROM AIRCRAFT
                      WHERE SEATING > 375);

AircraftCode AircraftType                   FreightOnly Seating
------------ ------------------------------ ----------- -------------------------
---
742          Boeing 747-200                 0           420
743          Boeing 747-300                 0           420
744          Boeing 747-400                 0           400
747          Boeing 747 (all series)        0           420
773          Boeing 777-300                 0           420
L10          Lockheed L/1011 TR             0           400

(6 row(s) affected)
```

在输出结果中，返回的记录数少于使用 ALL 之后返回的记录数，这是因为只要座位数比

375 以上的任何一个值大即可。座位数为 399 的记录没有在这里显示，因为这个值不大于比 375 大的值中的任何一个（即比 375 大的最小值是 399）。还可以注意到，ANY 不同于 IN，因为 IN 操作符可以使用下面的表达式列表，而 ANY 不行：

```
IN (<Item#1>,<Item#2>,<Item#3>)
```

另外，在后面介绍求反操作符时，我们会看到与 IN 相反的是 NOT IN，它相当于<>ALL，而不是<>ANY。

8.4 连接操作符

如果要在 SQL 语句中利用多个条件来缩小数据范围该怎么办呢？我们必须要组合多个条件，这正是连接操作符的功能。连接操作符包括：

- AND
- OR

连接操作符允许我们在一个 SQL 语句中使用多个不同的操作符进行多种比较。下面将介绍它们的功能。

8.4.1 AND

操作符 AND 允许我们在一条 SQL 语句的 WHERE 子句中使用多个条件。SQL 语句在执行一个操作时，无论是事务操作还是查询操作，所有由 AND 连接的条件都必须为 TRUE。

下面的示例表示 PASSENGERID 必须匹配 333333333，并且 BIRTHDATE 必须大于 1990-01-01：

```
WHERE PASSENGERID = 333333333 AND BIRTHDATE > '1990-01-01'
```

下面的示例展示了如何利用操作符 AND 来寻找座位数在两个值之间的飞机：

```
SELECT *
FROM AIRCRAFT
WHERE SEATING > 300
  AND SEATING < 400;
```

AircraftCode	AircraftType	FreightOnly	Seating
330	Airbus 330 (200 & 300) series	0	335
74L	Boeing 747SP	0	314
772	Boeing 777-200	0	375
777	Boeing 777	0	375
D10	McDonnell Douglas DC10	0	399
M11	McDonnell Douglas MD-11	0	323

```
(6 row(s) affected)
```

在这个输出中，只有座位数的值大于 300 且小于 400 的数据被检索到了。

下面的语句不会返回任何数据，因为每一行数据只有一个飞机代码：

```
SELECT *
FROM AIRCRAFT
```

```
WHERE AIRCRAFTCODE = '772'
   AND AIRCRAFTCODE = '777';

no rows selected
```

8.4.2　OR

操作符OR可以在SQL语句的WHERE子句中连接多个条件。无论是SQL语句执行的是事务操作还是查询操作，所有由OR连接的条件只要有一个为TRUE就可以输出检索到的记录。

下面的示例表示座位数必须匹配200或300：

```
WHERE SEATING = 200 OR SEATING = 300
```

下面的示例展示了如何使用操作符OR来限制PASSENGERS表上的查询：

```
SELECT PASSENGERID, FIRSTNAME, LASTNAME
FROM PASSENGERS
WHERE PASSENGERID = 20
    OR PASSENGERID = 134991;

PASSENGERID FIRSTNAME                     LASTNAME
----------- ----------------------------- ------------------------------
20          Odilia                        Moros
134991      Tana                          Lehnortt

(2 row(s) affected)
```

在这个输出中，只要有一个条件为TRUE，记录就被检索到了。

> **By the Way**
>
> **注意：比较操作符可以堆叠使用**
>
> 比较操作符和逻辑操作符都可以单独或彼此组合使用。在构造复杂的语句来测试不同的条件时，这一点非常重要。因此，使用AND和OR语句来组合使用比较操作符和逻辑操作符，可以获得正确的查询结果。

在上面的示例中，满足其中任何一个条件的记录都会被检索到。

下面的示例使用了一个AND和两个OR操作符。此外，还使用了圆括号来提高语句的可读性。

```
SELECT PASSENGERID, FIRSTNAME, LASTNAME
FROM PASSENGERS
WHERE
LASTNAME LIKE 'M%'
AND ( PASSENGERID = 20
    OR PASSENGERID = 134991 );

PASSENGERID FIRSTNAME                     LASTNAME
----------- ----------------------------- ------------------------------
20          Odilia                        Moros

(1 row(s) affected)
```

提示：对查询语句进行分组，使其更容易理解

Did you Know?

在 SQL 语句中使用多个条件或操作符时，利用圆括号把语句按照逻辑关系进行分组，可以提高语句的可读性。当然，不恰当地使用圆括号也会影响输出结果。

返回的乘客记录，其姓氏以 M 开头，而且 PASSENGERID 必须为输出的两个值之一。PASSENGERID 为 134991 的记录没有被返回，因为这位乘客的姓氏不以 M 开头。圆括号不仅能够提高语句的可读性，还能够确保连接操作符的逻辑分组也能正确地实现功能。在默认情况下，操作符是按照它们出现的顺序从左向右进行解析的。

如果删除圆括号，结果也将发生变化，如下面的示例所示：

```
SELECT PASSENGERID, FIRSTNAME, LASTNAME
FROM PASSENGERS
WHERE
LASTNAME LIKE 'M%'
AND PASSENGERID = 20
  OR PASSENGERID = 134991;

PASSENGERID FIRSTNAME                                              LASTNAME
----------- -------------------------------------------------- -------------------------------
20          Odilia                                              Moros
134991      Tana                                                Lehnortt

(2 row(s) affected)
```

这时返回了 Tana Lehnortt 的乘客信息，因为这个 SQL 的查询条件是：PASSENGERID 等于 20，LASTNAME 以 M 开头，或者是 PASSENGERID 等于 134991 的任何记录。在 WHERE 子句中正确地使用圆括号可以确保正确的逻辑结果。否则，操作符将按照一定的顺序（通常是从左到右）进行处理。

8.5 求反操作符

有一种方法可以否定每一个逻辑运算符，从而改变测试条件的结论。

操作符 NOT 可以颠倒与它组合使用的逻辑操作符的含义，与其他操作符构成以下几种形式：

- <> , != (NOT EQUAL)；
- NOT BETWEEN；
- NOT IN；
- NOT LIKE；
- IS NOT NULL；
- NOT EXISTS；
- NOT UNIQUE。

下面将对它们分别加以介绍，首先来看如何测试不相等。

8.5.1 不相等

本章前面已经介绍了使用操作符<>来测试不相等。要测试不相等，实际上是对相等操作符进行求反。下面讲解在某些 SQL 实现里测试不相等的另一种方法。

下面的示例表示座位数不等于 200：

```
WHERE SEATING <> 200

WHERE SEATING != 200
```

第二个示例中使用了惊叹号对等号操作进行求反。在某些实现中，除了可以使用标准的<>操作符表示不相等外，还可以使用惊叹号。

By the Way

注意：核实惊叹号的用法

关于使用惊叹号来对不相等操作符进行求反的方法，请查看具体实现。这里介绍的其他操作符在各种 SQL 实现中一般是相同的。

8.5.2 NOT BETWEEN

操作符 BETWEEN 是通过使用 NOT 操作符来求反的，如下所示：

```
WHERE SEATING NOT BETWEEN 100 AND 400
```

这表示座位数的值不能位于 100 和 400 之间，而且也不包含 100 和 400。下面来看一下这个操作符是如何在 AIRCRAFT 表中使用的：

```
SELECT *
FROM AIRCRAFT
WHERE SEATING NOT BETWEEN 100 AND 400;

AircraftCode AircraftType                   FreightOnly Seating
------------ ------------------------------ ----------- ---------------------------
146          British Aerospace BAe146-100   0           82
742          Boeing 747-200                 0           420
743          Boeing 747-300                 0           420
747          Boeing 747 (all series)        0           420
74F          Boeing 747 Freighter           1           0
773          Boeing 777-300                 0           420
AR7          British Aerospace RJ70         0           76
BEH          Beachcraft 1900D               0           18
BEK          Beach 200                      0           13
CV5          Convair 500                    0           36
DH8          Bombardier DE HA               0           37
E12          Embraer (EMB) 120              0           30
EM2          Embraer 120                    0           26
F10          Fokker F100                    0           95
F28          Fokker F28-1000                0           65
M1F          McDonnell Douglas MD-11 Freigh 1           0
WWF          Westwind Freighter             1           0

(17 row(s) affected)
```

8.5.3 NOT IN

操作符 IN 的求反是 NOT IN。下面的示例表示座位数不在值列表中的记录会被返回：

```
WHERE SEATING NOT IN (100, 150, 200, 250, 300, 375, 400, 420)
```

下面的示例展示了如何使用操作符 NOT IN：

```
SELECT *
FROM AIRCRAFT

WHERE SEATING NOT IN (100, 150, 200, 250, 300, 375, 400, 420);
AircraftCode AircraftType                    FreightOnly Seating
------------ ------------------------------ ----------- ---------------------------
146          British Aerospace BAe146-100   0           82
310          Airbus A310                    0           198
313          Airbus A310-300                0           218
330          Airbus 330 (200 & 300) series  0           335
343          Airbus 340-300                 0           230
72S          Boeing 727                     0           153
733          Boeing 737-300                 0           106
734          Boeing 737-400                 0           129
735          Boeing 737-500                 0           108
738          Boeing 737-800                 0           114
74F          Boeing 747 Freighter           1           0
74L          Boeing 747SP                   0           314
74M          Boeing 747 Combi               0           246
763          Boeing 763-300                 0           228
AB6          Airbus 600 Series E            0           226
AR7          British Aerospace RJ70         0           76
BEH          Beachcraft 1900D               0           18
BEK          Beach 200                      0           13
CV5          Convair 500                    0           36
D10          McDonnell Douglas DC10         0           399
DH8          Bombardier DE HA               0           37
E12          Embraer (EMB) 120              0           30
EM2          Embraer 120                    0           26
F10          Fokker F100                    0           95
F28          Fokker F28-1000                0           65
M11          McDonnell Douglas MD-11        0           323
M1F          McDonnell Douglas MD-11 Freigh 1           0
WWF          Westwind Freighter             1           0

(28 row(s) affected)
```

可以看到，如果某条（些）记录的座位数出现在了 NOT IN 操作符后面的列表中，则这些记录没有显示在这个输出中。

8.5.4 NOT LIKE

操作符（通配符）LIKE 的求反是 NOT LIKE。在使用 NOT LIKE 时，输出只返回不相似的值。

下面的示例将返回不以 BOE 开头的值：

```
WHERE AIRCRAFTTYPE NOT LIKE 'BOE%'
```

下面的示例将返回任何位置都不包含 737 的值：

```
WHERE SALARY NOT LIKE '%737%'
```

下面的示例将返回从第二位起不以 cD 开头的值：

```
WHERE SALARY NOT LIKE '_cD%'
```

下面的条件将返回不以 2 开始，且不以 3 结尾的 5 位数：

```
WHERE PASSENGERID NOT LIKE '2___3'
```

下面的示例利用操作符 NOT LIKE 来显示一些值：

```
SELECT AIRCRAFTTYPE
FROM AIRCRAFT
WHERE AIRCRAFTTYPE NOT LIKE 'B%';

AIRCRAFTTYPE
------------------------------
Airbus A310
Airbus A310-300
Airbus 330 (200 & 300) series
Airbus 340-300
Airbus 600 Series E
Convair 500
McDonnell Douglas DC10
Embraer (EMB) 120
Embraer 120
Fokker F100
Fokker F28-1000
Lockheed L/1011 TR
McDonnell Douglas MD-11
McDonnell Douglas MD-11 Freigh
Westwind Freighter

(15 row(s) affected)
```

该示例的输出中不包括飞机描述以 B 开头的记录。

8.5.5 IS NOT NULL

操作符 IS NULL 的求反是 IS NOT NULL，表示测试值不是 NULL。下面的示例只返回 NOT NULL 的记录：

```
WHERE SEATING IS NOT NULL
```

下面的示例利用操作符 IS NOT NULL 返回座位数是 NOT NULL 的飞机记录：

```
SELECT *
FROM AIRCRAFT_TMP
WHERE SEATING IS NOT NULL;

AircraftCode AircraftType                   FreightOnly Seating
------------ ------------------------------ ----------- -----------
330          Airbus 330 (200 & 300) series  0           335
```

```
742          Boeing 747-200                0           420
743          Boeing 747-300                0           420
744          Boeing 747-400                0           400
747          Boeing 747 (all series)       0           420
74L          Boeing 747SP                  0           314
772          Boeing 777-200                0           375
773          Boeing 777-300                0           420
777          Boeing 777                    0           375
D10          McDonnell Douglas DC10        0           399
L10          Lockheed L/1011 TR            0           400
M11          McDonnell Douglas MD-11       0           323

(12 row(s) affected)
```

8.5.6 NOT EXISTS

操作符 EXISTS 的求反是 NOT EXISTS。

下面的示例用来判断 PASSENGERID 为 3333333333 的记录是否存在于表 PASSENGERS 中：

```
WHERE NOT EXISTS (SELECT EMP_ID FROM EMPLOYEE_TBL WHERE EMP_ID = '3333333333')
```

下面的示例展示了操作符 NOT EXISTS 与子查询的组合使用：

```
SELECT MAX(SEATING)
FROM AIRCRAFT A
WHERE NOT EXISTS ( SELECT *
                   FROM AIRCRAFT
                   WHERE AIRCRAFTCODE=A.AIRCRAFTCODE AND SEATING < 350 );

-------------------------------
420
Warning: Null value is eliminated by an aggregate or other SET operation.

(1 row(s) affected)
```

该输出中显示了表中最大的座位数，原因是我们查找的是座位数不低于 350 的记录。

8.6 算术操作符

算术操作符用于在 SQL 语句中执行算术功能，这与其他大多数语言是一样的。数学函数中的 4 个常规操作符是：

- + (加法)；
- - (减法)；
- * (乘法)；
- / (除法)。

8.6.1 加法

加法是使用加号（+）来实现的。

下面的示例把每条记录的 TRAVELTIME 字段和 30 分钟的延迟相加来得到一个总数：

```
SELECT TRAVELTIME + 30 AS DELAY_TIME FROM ROUTES;
```

下面的示例返回 TRAVELTIME 与 30 分钟的和大于 18 小时（即 1080 分钟）的全部记录：

```
SELECT * FROM ROUTES WHERE (TRAVELTIME + 30) > 1080;
```

8.6.2　减法

减法是使用减号（-）实现的。

下面的示例用来计算从 SALARY 字段减去 10000 后的值：

```
SELECT SALARY - 10000 FROM EMPLOYEES;
```

下面的示例返回 SALARY 减去 10000 后的值大于 40000 的全部记录：

```
SELECT SALARY FROM EMPLOYEES WHERE SALARY - 10000 > '40000';
```

8.6.3　乘法

乘法是使用星号（*）实现的。

下面的示例把 TRAVELTIME 字段乘以 FUELCOSTPERMINUTE：

```
SELECT TRAVELTIME * FUELCOSTPERMINUTE AS TOTAL_FUEL_COST FROM ROUTES;
```

下面的示例返回 TRAVELTIME 字段乘以 FUELCOSTPERMINUTE 之后大于 240000.00 的全部记录：

```
SELECT ROUTEID, ROUTECODE, AIRPLANECODE, DISTANCE, TRAVELTIME,
TRAVELTIME * FUELCOSTPERMINUTE AS TOTAL_COST
FROM ROUTES
WHERE (TRAVELTIME * FUELCOSTPERMINUTE)>240000.00;
```

```
ROUTEID     ROUTECODE              AIRPLANECODE   DISTANCE    TRAVELTIME  TOTAL_COST
----------- ---------------------- -------------- ----------- ----------- ----------
2719        SQL-MKF                EM2            16729       1079        242775.00
2720        MKF-SQL                EM2            16729       1079        242775.00
3223        MKF-LAX                E12            16786       1083        243675.00
3224        LAX-MKF                E12            16786       1083        243675.00

(4 row(s) affected)
```

8.6.4　除法

除法是使用斜线（/）实现的。

下面的示例把 TRAVELTIME 字段除以 60：

```
SELECT TRAVELTIME / 60 AS TRAVEL_HOURS FROM ROUTES;
```

下面的示例返回行程时间大于 17 的所有记录：

```
SELECT * FROM ROUTES WHERE (TRAVELTIME / 60) > 17;
```

8.6.5 算术操作符的组合

算术操作符可以彼此组合使用，并且遵循基本算术运算中的优先级：首先执行乘法和除法，然后是加法和减法。用户控制算术运算次序的唯一方式是使用圆括号，圆括号中包含的表达式会被当作一个整体进行优先求值。

优先级是表达式在算术表达式或与 SQL 内嵌函数结合时的求值次序。下表中的示例说明了操作符优先级对计算结果的影响。

表达式	结果
1+1*5	6
(1+1)*5	10
10–4/2+1	9
(10–4)/(2+1)	2

从下面的示例可以看出，如果表达式中只有乘法和除法，那么有没有圆括号以及它们的位置都不会影响最终结果，这时优先级没有影响。但是，有些 SQL 实现可能在这种情况下并不遵循 ANSI 标准。

表达式	结果
4*6/2	12
(4*6)/2	12
4*(6/2)	12

注意：确保表达式的准确性

By the Way

在组合使用算术操作符时，一定要考虑到优先级的规则。如果语句中没有圆括号可能会导致结果不准确，因为即使 SQL 语句本身的语法是正确的，也可能会导致逻辑错误。

下面这些示例的作用是将每分钟的燃料成本与 25 美元的附加费相加：

```
SELECT TRAVELTIME * FUELCOSTPERMINUTE + 25 AS TOTAL_COST
FROM ROUTES
WHERE (TRAVELTIME * FUELCOSTPERMINUTE + 25) > 240000;
SELECT TRAVELTIME * (FUELCOSTPERMINUTE + 25) AS TOTAL_COST
FROM ROUTES
WHERE (TRAVELTIME * (FUELCOSTPERMINUTE + 25)) > 240000;
```

由于没有使用圆括号，运算优先级开始发挥作用，TOTAL_COST 的值在条件子句中发生了极大变化。

8.7 小结

本章介绍了 SQL 中的各种操作符，展示了它们的工作方式和工作原理，通过示例说明了这些操作符的单独使用及组合使用（借助于连接操作符 AND 和 OR）。本章还介绍了基本的算术功能：加法、减法、乘法和除法。比较操作符可以测试相等、不相等、小于和大于关系，逻辑操作符包括 BETWEEN、IN、LIKE、EXISTS、ANY 和 ALL。本章还介绍了如何向 SQL 语句添加元素来进一步明确条件，以及更好地控制 SQL 检索和获取数据的能力。

8.8 问与答

问：WHERE 子句中可以包含多个 AND 操作符吗？

答：当然可以。事实上，任何操作符都可以多次使用，举例如下：

```
SELECT *
     FROM AIRCRAFT
     WHERE SEATING < 300
     AND FREIGHTONLY=0
     AND AIRCRAFTTYPE LIKE 'B%'
```

问：在 WHERE 子句中使用单引号包围一个 NUMBER 类型的数据会产生什么效果？

答：查询仍然会执行。对于 NUMBER 类型的字段来说，单引号是没有必要的。

8.9 实践

下面的内容包含一些测试问题和实战练习。这些测试问题的目的在于检验对学习内容的理解程度。实战练习有助于把学习的内容应用于实践，并且巩固对知识的掌握。在继续学习之前请先完成测试与练习，答案请见附录 C。

8.9.1 测验

1. 判断正误：在使用操作符 OR 时，两个条件都必须是 TRUE。
2. 判断正误：在使用操作符 IN 时，所有指定的值都必须匹配。
3. 判断正误：操作符 AND 可以用于 SELECT 和 WHERE 子句。
4. 判断正误：操作符 ANY 可以使用一个表达式列表。
5. 操作符 IN 的逻辑求反是什么？
6. 操作符 ANY 和 ALL 的逻辑求反是什么？
7. 下面的 SELECT 语句有错吗？错在何处？

a.
```
SELECT AIRCRAFTTYPE
FROM AIRCRAFT
WHERE SEATING BETWEEN 200, 300;
```

b.
```
SELECT DISTANCE + AIRPLANECODE
FROM ROUTES;
```

c.
```
SELECT FIRSTNAME, LASTNAME
FROM PASSENGERS
WHERE BIRTHDATE BETWEEN 1980-01-01
AND 1990-01-01
AND COUNTRYCODE = 'US'
OR COUNTRYCODE = 'GB'
AND PASSENGERID LIKE '%55%;
```

8.9.2 练习

1. 使用 ROUTE 表编写一个 SELECT 语句，使其返回从印第安阿波利斯出发，且航线代码为'IND'开头的所有路线。按照航线的名字对结果进行排序，排序规则先是按照字母顺序，然后再根据航线距离从远到近的顺序排序。
2. 重新编写练习 1 的查询语句，只显示航线距离在 1000 和 2000 英里之间的航班。
3. 假设在练习 2 中使用了操作符 BETWEEN，重新编写 SQL 语句，使用另一种操作符来得到相同的结果。如果没有使用 BETWEEN 操作符，可以现在进行尝试。
4. 重新编写查询语句，使其不再显示航线距离为 1000 和 2000 英里之间的航班，而是显示这个范围之外的航班。请使用两种方法来实现这个结果。
5. 编写一个 SELECT 语句，使其返回航线代码、距离、行程时间，然后为从印第安纳波利斯出发的所有航线计算其成本，方法是行程时间乘以每分钟的燃料费用。最后按照航线成本从高到低的顺序对结果进行排序。
6. 重新编写练习 5 的语句，在成本中添加 10%的燃油附加费。
7. 进一步修改练习 6 的语句，使其包含航线代码为 IND-MFK、IND-MYR 和 IND-MDA 的所有航线。至少使用两种方法来编写这个约束。
8. 重新编写练习 7 的语句，使其包含 COST_PER_MILE 列，并使用距离字段（单位是英里）来计算最终的值。要特别注意答案中的圆括号。

第9章

汇总查询得到的数据

本章的重点包括：

- 什么是函数；
- 使用聚合函数；
- 使用聚合函数来汇总数据；
- 使用函数得到结果。

本章介绍 SQL 的聚合函数。利用聚合函数可以执行多种有用的功能，例如获得销售数据的最高值，或者计算某一天处理的订单总数。聚合函数的真正用途将在下一章引入 GROUP BY 子句后进行介绍。

9.1 聚合函数

函数是 SQL 中的关键字，用于对字段中的值进行操作，其目的是输出。函数是一个命令，通常与字段名称或表达式一起使用，用于处理输入的数据并输出结果。SQL 包含多种类型的函数，本章介绍聚合函数。聚合函数为 SQL 语句提供汇总信息，比如计数、总和、平均值。

本章讨论的基本聚合函数包括：

- COUNT；
- SUM；
- MAX；
- MIN；
- AVG。

下面的查询显示了来自 EMPLOYEES 表中的雇员信息。注意有些雇员的某些字段中没有数据。本章的大多数示例将使用这里的数据。

```
SELECT TOP 10 EMPLOYEEID,LASTNAME,
 CITY,STATE,PAYRATE,SALARY
 FROM EMPLOYEES;

EMPLOYEEID  LASTNAME          CITY               STATE      PAYRATE       SALARY
----------- ----------------- ------------------ ---------- ------------- --------
1           Iner              Red Dog            NULL                     54000.00
```

```
2        Denty         Errol          NH      22.24       NULL
3        Sabbah        Errol          NH      15.29       NULL
4        Loock         Errol          NH      12.88       NULL
5        Sacks         Errol          NH      23.61       NULL
6        Arcoraci      Alexandria     LA      24.79       NULL
7        Astin         Espanola       NM      18.03       NULL
8        Contreraz     Espanola       NM      NULL        60000.00
9        Capito        Espanola       NM      NULL        52000.00
10       Ellamar       Espanola       NM      15.64       NULL

(10 row(s) affected)
```

9.1.1 COUNT 函数

可以使用 COUNT 函数来统计不包含 NULL 值的记录或字段值，在查询中使用该函数时，它返回一个数值。它也可以与 DISTINCT 命令一起使用，从而只统计数据集中不同记录的数量。命令 ALL（与 DISTINCT 相反）是默认的，在语句中不必明确指定。在没有指定 DISTINCT 的情况下，重复的行也被统计在内。使用 COUNT 函数的另一种方式是与星号配合。COUNT(*)会统计表中的全部记录数量，包括重复的记录，也不管字段中是否包含 NULL 值。

注意：DISTINCT 命令只能在特定情况下使用

DISTINCT 命令不能与 COUNT(*)一起使用，只能用于 COUNT(*column_name*)。

By the Way

COUNT 函数的语法如下所示：

```
COUNT [ (*) | (DISTINCT | ALL) ] ( COLUMN NAME )
```

下面的示例统计全部雇员的 ID：

```
SELECT COUNT(EMPLOYEEID) FROM EMPLOYEES
```

下面的示例只统计不相同的行：

```
SELECT COUNT(DISTINCT SALARY)FROM EMPLOYEES
```

下面的示例统计 SALARY 字段的全部行：

```
SELECT COUNT(ALL SALARY)FROM EMPLOYEES
```

下面的示例统计表 EMPLOYEES 的全部行：

```
SELECT COUNT(*) FROM EMPLOYEES
```

下面的示例使用 COUNT(*)来获得表 EMPLOYEES 中的全部记录数量。总计有 5611 名雇员。

```
SELECT COUNT(*)
FROM EMPLOYEES;
-----------
5611

(1 row(s) affected)
```

警告：COUNT(*)与其他计数形式不同

与其他计数形式相比，COUNT(*)返回的结果稍有不同。这是因为如果在 COUNT 函数中使用星号，将统计结果集中的所有行数，而不考虑记录是否有重复以及是否包含 NULL 值。这是一个很重要的差异。如果要统计某一字段的记录数，并且包括 NULL，则需要使用 ISNULL 函数来替代 NULL 值。

Watch Out!

下面的示例使用 COUNT(EMPLOYEEID)来统计表中雇员的标识 ID。返回的结果与前一个查询相同，因为全部雇员都有一个标识号。

```
SELECT COUNT(EMPLOYEEID)
FROM EMPLOYEES;
-----------
5611

(1 row(s) affected)
```

下面的示例使用 COUNT([STATE])统计指派了州名的所有雇员记录集。查看这两个统计的区别，可以发现不同之处在于 STATE 字段中具有 NULL 值的员工数量。

```
SELECT COUNT([STATE])
FROM EMPLOYEES;
-----------
5147
Warning: Null value is eliminated by an aggregate or other SET operation.

(1 row(s) affected)
```

下面的示例获取了所有薪水金额的统计数，然后获取了 EMPLOYEE 表中所有的不同薪水的统计数：

```
SELECT COUNT(SALARY )
FROM EMPLOYEES;
-----------
1359
Warning: Null value is eliminated by an aggregate or other SET operation.

(1 row(s) affected)


SELECT COUNT(DISTINCT SALARY )
FROM EMPLOYEES;
-----------
45
Warning: Null value is eliminated by an aggregate or other SET operation.

(1 row(s) affected)
```

SALARY 字段中具有很多相同的薪水金额，所以使用了DISTINCT 后，统计数值显著降低。

By the Way

注意：数据类型不影响统计结果

COUNT 函数统计的是行数，不涉及数据类型。行中可以包含任意类型的数据。唯一真正重要的是值是否为 NULL。

9.1.2 SUM 函数

SUM 函数返回一组记录中某一个字段值的总和。它也可以与 DISTINCT 一起使用，这时只会计算不同记录之和，这可能会使总数不准确，因为有些数据被忽略掉了。

SUM 函数的语法如下所示：

```
SUM ([ DISTINCT ] COLUMN NAME )
```

注意：SUM 函数只能处理数值型字段

By the Way

要使用 SUM 函数，参数的值必须是数值型的。如果所处理的字段类型不是数值型的，而是其他类型，比如字符或日期，则无法使用 SUM 函数。

下面的示例计算薪水的总和：

```
SELECT SUM(SALARY) FROM EMPLOYEES
```

下面的示例计算不同薪水的总和：

```
SELECT SUM(DISTINCT SALARY) FROM EMPLOYEES
```

下面的查询从表 EMPLOYEES 中获得了所有薪水的总和：

```
SELECT SUM(SALARY)
FROM EMPLOYEES;
--------------------------------
70791000.00
Warning: Null value is eliminated by an aggregate or other SET operation.

(1 row(s) affected)
```

注意，下面的示例使用了 DISTINCT 命令，其结果与前面的示例相差 6800 万美元，这也说明了为什么 SUM 函数很少使用 DISTINCT。

```
SELECT SUM(DISTINCT COST)
FROM EMPLOYEES;
--------------------------------
2340000.00
Warning: Null value is eliminated by an aggregate or other SET operation.

(1 row(s) affected)
```

下面的示例展示了虽然有些聚合函数要求使用数值型数据，但这也仅限于数据类型。这里使用了表 EMPLOYEES 中的 ZIP 字段，说明 Oracle 支持将 VARCHR 数据隐式转换为数值类型。

```
SELECT SUM(ZIP)
FROM EMPLOYEES;
SUM(ZIP)
-----------
280891448
```

如果数据可以进行隐式转换，例如可以将字符串‘12345’转换为整数，则可以使用聚合函数。如果使用的数据类型不能隐式转换为数值类型，比如 POSITION 字段，这将导致一个错误，如下面的示例所示：

```
SELECT SUM(POSITION)
FROM EMPLOYEES;
Msg 8117, Level 16, State 1, Line 1
Operand data type varchar is invalid for sum operator.
```

9.1.3 AVG 函数

AVG 函数可以计算一组指定记录的平均值。在与 DISTINCT 一起使用时，它返回不重复记录的平均值。AVG 函数的语法如下所示：

```
AVG ([ DISTINCT ] COLUMN NAME )
```

By the Way

注意：AVG 函数只能处理数值型字段

要想运行 AVG 函数，参数的值必须是数值类型。

下面的示例返回 EMPLOYEES 表中 SALARY 字段中所有值的平均值：

```
SELECT AVG(SALARY)
FROM EMPLOYEES;
------------------------------
52090.507726
Warning: Null value is eliminated by an aggregate or other SET operation.

(1 row(s) affected)
```

下面的示例返回不同薪水的平均值：

```
SELECT AVG(DISTINCT SALARY)
FROM EMPLOYEES;
------------------------------
52000.000000
Warning: Null value is eliminated by an aggregate or other SET operation.

(1 row(s) affected)
```

Watch Out!

警告：数据有时会被截断

在某些实现中，查询结果可能会被截断，以满足数据类型的精度。我们需要查看数据库系统的文档，确保不同数据类型的正常精度。这可以帮助我们免于截断数据，避免因为数据精度不够而得到预期之外的结果。

下面的示例在同一个查询中使用了两个聚合函数。由于有些雇员是按小时拿薪水的，有些是拿月薪，所以我们使用两个函数来分别计算 PAYRATE 和 SALARY 的平均值。

```
SELECT AVG(PAYRATE) AS AVG_PAYRATE, AVG(SALARY) AS AVG_SALARY
FROM EMPLOYEES;
AVG_PAYRATE                    AVG_SALARY
------------------------------ ------------------------------
18.473012                      52090.507726
Warning: Null value is eliminated by an aggregate or other SET operation.

(1 row(s) affected)
```

注意，别名的使用使得具有多个聚合值的输出更具有可读性。聚合函数只能处理数值数据，因此也可以在函数的圆括号内执行计算。如果想要得到月薪员工的平均小时薪水，并将其与小时员工的平均薪水进行比较，可以编写如下语句：

```
SELECT AVG(PAYRATE) AS AVG_PAYRATE, AVG(SALARY/2040) AS AVG_SALARY_RATE
FROM EMPLOYEES;
AVG_PAYRATE                    AVG_SALARY_RATE
------------------------------ ------------------------------
18.473012                      25.5345625
Warning: Null value is eliminated by an aggregate or other SET operation.

(1 row(s) affected)
```

9.1.4 MAX 函数

MAX 函数返回一组记录中某个字段的最大值。在使用 MAX 函数时，NULL 值不在计算范围之内。MAX 函数也可以与 DISTINCT 命令一起使用，但全部记录与所有不重复记录的最大值相同，所以不必使用 DISTINCT。

MAX 函数的语法如下所示：

```
MAX([ DISTINCT ] COLUMN NAME )
```

下面的示例返回 EMPLOYEES 表中的最大 SALARY 值：

```
SELECT MAX(SALARY)
FROM EMPLOYEES;
------------------------------
74000.00
Warning: Null value is eliminated by an aggregate or other SET operation.

(1 row(s) affected)
```

下面的示例返回不重复薪水中的最大值：

```
SELECT MAX(DISTINCT SALARY)
FROM EMPLOYEES;
------------------------------
74000.00
Warning: Null value is eliminated by an aggregate or other SET operation.

(1 row(s) affected)
```

也可以对字符数据使用聚合函数，例如 MAX 和 MIN。对于这种类型，数据库的排序规则再次发挥作用。大多数情况下，数据库系统的排序规则被设置为字典排序，所以查询结果会根据字典排序。例如，我们对 EMPLOYEES 表中的 CITY 字段执行 MAX 函数：

```
SELECT MAX(CITY) AS MAX_CITY
FROM EMPLOYEES;
MAX_CITY
------------------------------
Zwara


(1 row(s) affected)
```

在这个示例中，函数根据字典排序返回了列中的最大值。

9.1.5 MIN 函数

MIN 函数返回一组记录中某个字段的最小值。在使用 MIN 函数时，NULL 值不在计算范围之内。MIN 函数也可以与 DISTINCT 命令一起使用，但全部记录与所有不重复记录的最大值相同，所以不必使用 DISTINCT。

MIN 函数的语法如下所示：

```
MIN([ DISTINCT ] COLUMN NAME )
```

下面的示例返回 EMPLOYEES 表中最小的 SALARY 值：

```
SELECT MIN(SALARY)
FROM EMPLOYEES;
------------------------------
30000.00
Warning: Null value is eliminated by an aggregate or other SET operation.

(1 row(s) affected)
```

下面的示例返回不重复薪水中的最小值：

```
SELECT MIN(DISTINCT SALARY)
FROM EMPLOYEES;
------------------------------
30000.00
Warning: Null value is eliminated by an aggregate or other SET operation.

(1 row(s) affected)
```

Watch Out!

警告：聚合函数与 DISTINCT 命令通常不一起使用

在聚合函数与 DISTINCT 命令一起使用时，查询可能不会返回预期的结果。聚合函数的目的在于根据表中的全部记录进行数据统计。在使用 DISTINCT 时，它首先应用到结果上，然后这些结果传递到聚合函数中，从而会显著改变结果。在聚合函数中使用 DISTINCT 时，一定要确保自己了解这些特性。

与 MAX 函数类似，MIN 函数也可以根据数据的字典序列，返回字符数据的最小值。

```
SELECT MIN(CITY) AS MIN_CITY
FROM EMPLOYEES;
MIN_CITY
------------------------------
AFB MunicipalCharleston SC

(1 row(s) affected)
```

9.2 小结

聚合函数十分有用，而且用法很简单。本章介绍了如何统计字段中的值、统计表中的记录数量、获取字段的最大值和最小值、计算字段值的总和、计算字段值的平均值。记住，在使用聚合函数时，并不考虑 NULL 值，除非是以 COUNT(*)形式使用 COUNT 函数。

聚合函数是本书中介绍的第一个 SQL 函数，后面会介绍更多的函数。聚合函数也可以用于对值进行分组，详情在下一章介绍。在学习其他函数时，会发现大多数函数的语法是类似的，而且其用法也非常容易理解。

9.3 问与答

问：在使用 MAX 或 MIN 函数时，为什么会忽略 NULL 值？

答：NULL 值表示没有值，所以也就没有最大值和最小值。

问：在使用 COUNT 函数时，为什么数据类型是无关紧要的？

答：COUNT 函数只统计记录的数量。

问：在使用 SUM 或 AVG 函数时，数据类型是否很重要？

答：不完全是。如果数据可以被隐式转换为数值数据，则这两个函数依然可以工作。这两个函数与数据类型不相关，而是与所存储的数据有关。

问：是否只能在聚合函数中使用字段名称？

答：不是，可以使用任何类型的计算或公式，只要输出的数据类型与函数要求使用的数据类型一致即可。

9.4 实践

下面的内容包含一些测试问题和实战练习。这些测试问题的目的在于检验对学习内容的理解程度。实战练习有助于把学习的内容应用于实践，并且巩固对知识的掌握。在继续学习之前请先完成测试与练习，答案请见附录 C。

9.4.1 测验

1. 判断正误：AVG 函数返回全部行中指定字段的平均值，包括 NULL 值。
2. 判断正误：SUM 函数用于统计字段之和。
3. 判断正误：COUNT(*)函数统计表中的全部行。
4. 判断正误：COUNT([column name])函数统计 NULL 值。
5. 下面的 SELECT 语句能运行吗？如果不能，应该如何修改？

a.
```
SELECT COUNT *
FROM EMPLOYEES;
```
b.
```
SELECT COUNT(EMPLOYEEID), SALARY
FROM EMPLOYEES;
```
c.
```
SELECT MIN(PAYRATE), MAX(SALARY)
FROM EMPLOYEES
WHERE SALARY > 50000;
```
d.
```
SELECT COUNT(DISTINCT EMPLOYEEID) FROM EMPLOYEES;
```
e.
```
SELECT AVG(LASTNAME) FROM EMPLOYEES;
```
f.
```
SELECT AVG(CAST(ZIP AS INT)) FROM EMPLOYEES;
```

9.4.2 练习

1．利用表 EMPLOYEES 构造 SQL 语句，完成如下练习。

   A．平均薪水是多少？

   B．小时工的最高收入是多少？

   C．总薪水是多少？

   D．最低小时薪水是多少？

   E．表里有多少行记录？

2．编写一个查询来确定公司中有多少雇员的姓氏以 G 开头。

3．编写一个查询来确定雇员中的最低和最高薪水，以及每个城市的支付薪水的最低值和最高值。

4．编写两组查询，使得在以字母顺序列出雇员的姓名时，找到第一个雇员和最后一个雇员的名字。

5．编写一个查询，对雇员姓名列使用 AVG 函数。查询语句能运行吗？思考为什么会产生这样的结果。

6．编写一个查询，显示雇员工薪水的平均值，而且要考虑到 NULL 值。提示：这里不能使用 AVG 函数。

第 10 章

数据排序与分组

本章的重点包括：

- 为什么要对数据进行分组；
- 如何使用 GROUP BY 子句对结果分组；
- 分组估值函数；
- 分组函数的原理和使用方法；
- 根据字段进行分组；
- GROUP BY 与 ORDER BY 的对比；
- 使用 HAVING 子句减少分组。

前面介绍了如何对数据库进行查询，并且以一种有组织的方式返回数据，还介绍了如何对查询返回的数据进行排序。本章将介绍如何把查询返回的数据划分为组来提高可读性。

10.1　为什么要对数据进行分组

数据分组是按照逻辑次序把具有重复值的字段进行合并。举例来说，一个数据库包含雇员信息，雇员住在不同的城市里，但是有些雇员住在同一个城市里。我们可能需要进行一个查询，来显示每个特定城市中的雇员信息。这时就是在根据城市对雇员信息进行分组，并且创建一个汇总报告。

假设我们想了解每个城市的雇员的平均薪水，这时可以对 SALARY 字段使用 AVG 聚合函数（详见上一章），并且使用 GROUP BY 子句把结果按照城市进行分组。

数据分组是通过在 SELECT 语句（查询）中使用 GROUP BY 子句来实现的。第 9 章介绍了如何使用聚合函数，本章将讨论如何使用聚合函数与 GROUP BY 子句，从而更高效地显示查询结果。

10.2　GROUP BY 子句

GROUP BY 子句与 SELECT 语句配合使用，把相同的数据划分为组。在 SELECT 语句中，GROUP BY 子句在 WHERE 子句之后，在 ORDER BY 子句之前。

GROUP BY 子句在查询中的位置如下所示：

```
SELECT
FROM
WHERE
GROUP BY
ORDER BY
```

下面是包含了 GROUP BY 子句的 SELECT 语句的语法：

```
SELECT COLUMN1 , COLUMN2
FROM TABLE1 , TABLE2
WHERE CONDITIONS
GROUP BY COLUMN1 , COLUMN2
ORDER BY COLUMN1 , COLUMN2
```

在第一次使用 GROUP BY 子句编写查询语句时，要养成按顺序书写的习惯，以确保符合逻辑。GROUP BY 子句在运行时会长时间占用 CPU，如果我们不对提供给它的数据进行约束，那么后期很可能需要删除大量的无用数据。所以，需要使用 WHERE 子句来缩小数据集，从而确保只对需要的记录进行分组。

也可以使用 ORDER BY 子句，但 RDBMS 通常会使用 GROUP BY 子句中的列顺序对返回结果进行排序，本章后续内容将对此进行深入介绍。所以，除非用户对返回值的顺序有特殊要求，否则一般不会使用 ORDER BY 子句。但也有一些情况需要 ORDER BY 子句，比如用户在 SELECT 语句中使用了聚合函数，而且这个聚合函数位于 GROUP BY 子句外；或者用户的 RDBMS 与相关标准有微小差异等。

下文将介绍如何使用 GROUP BY 子句，并提供了该子句在各种场合中的使用示例。

10.2.1　分组函数

典型的分组函数即 GROUP BY 子句用来对数据进行分组的函数，包括 AVG、MAX、MIN、SUM 和 COUNT。它们是第 9 章介绍的聚合函数，当时它们作用于单个值，现在它们将作用于成组的值。

10.2.2　对选中的数据进行分组

对数据进行分组相当简单。被选中的字段（查询中 SELECT 关键字之后的字段列表）才能在 GROUP BY 子句里引用。如果字段未出现在 SELECT 语句中，就不能用于 GROUP BY 子句。这是合乎逻辑的，如果数据根本就不显示，我们如何对其进行分组呢？

如果字段名称符合要求，它就必须出现在 GROUP BY 子句中。字段名称也可以使用一个整数来表示。在对数据进行分组时，分组字段的次序不一定要与 SELECT 子句中的字段次序相同。

10.2.3　创建分组和使用聚合函数

SELECT 语句在使用 GROUP BY 子句时必须满足一定条件。具体来说，就是被选中的字段必须出现在 GROUP BY 子句中，聚合函数除外。只要 SELECT 子句的字段名称是符合条件的，它的名称就必须出现在 GROUP BY 子句中，下面来介绍一些使用 GROUP BY 子句的语法示例。

下面的 SQL 语句从表 EMPLOYEE_TBL 中选择字段 DISTANCE 和 SOURCECITY，并且先根据 SOURCECITY，再根据 DISTANCE 对返回的数据进行分组：

```
SELECT DISTANCE, SOURCECITY
FROM VW_FLIGHTINFO
GROUP BY SOURCECITY, DISTANCE;
```

下面的 SQL 语句返回 SOURCECITY 以及 DISTANCE 字段的总和，然后根据 SOURCECITY 对结果进行分组：

```
SELECT SOURCECITY, SUM(DISTANCE)
FROM VW_FLIGHTINFO
GROUP BY SOURCECITY;
```

下面的 SQL 语句返回在 2013 年 5 月份起飞的航班的飞行距离：

```
SELECT SUM(DISTANCE) AS TOTAL_DISTANCE
FROM VW_FLIGHTINFO
WHERE FLIGHTSTART BETWEEN '2013-05-01' AND '2013-06-01';

TOTAL_DISTANCE
--------------
62587932

(1 row(s) affected)
```

下面的 SQL 语句返回不同分组的飞行距离的总和：

```
SELECT SUM(DISTANCE) AS TOTAL_DISTANCE
FROM VW_FLIGHTINFO
GROUP BY SOURCECITY;
TOTAL_DISTANCE
--------------
1111579
1145224
1825544
276003
617604
.
.
.

(166 row(s) affected)
```

下面是使用一些实际数据的示例。在第一个示例中，可以在 VW_FLIGHTINFO 视图中看到 3 个不同的城市。从数据选择来看，视图与表没有区别。后续将详细介绍视图。

```
SELECT DISTINCT SOURCECITY
FROM VW_FLIGHTINFO;

SOURCECITY
------------------------------
Niagara Falls
```

```
Taylor
Fayetteville
Chicago
Hattiesburg/Laurel MS
Clovis
```

在下面的示例中，我们选择城市以及每个城市所有记录的总和。由于使用了GROUP BY子句，因此可以看到3个不同城市的记录总和：

```
SELECT SOURCECITY, COUNT(*)
FROM VW_FLIGHTINFO
WHERE SOURCECITY LIKE 'A%'
GROUP BY SOURCECITY;

SOURCECITY
------------------------------ -----------
Albany                         453
Algona                         135
Arcata                         253
Augusta GA                     211
Ardmore                        225
Athens                         427
Anchorage                      123
Atlanta                        61
Austin                         576
Alexandria                     810
Aiken                          396

(11 row(s) affected)
```

在下面的示例中，我们在表EMPLOYEES上使用聚合函数AVG，从而获得每个不同城市的平均小时薪水和平均月薪。ADRIAN没有平均月薪，原因是那里的员工的薪水不以月薪计算。

```
SELECT CITY, AVG(PAYRATE) AS AVG_PAYRATE, AVG(SALARY) AS AVG_SALARY
FROM EMPLOYEES
GROUP BY CITY;

CITY                           AVG_PAYRATE                     AVG_SALARY
------------------------------ ------------------------------- ---------------------
AFB MunicipalCharleston SC     NULL                            51000.000000
Downtown MemorialSpartanburg   19.320000                       56000.000000
Aberdeen                       19.326000                       63000.000000
Abilene                        13.065000                       66000.000000
Abingdon                       20.763333                       31000.000000
Adak Island                    20.545000                       56000.000000
Adrian                         21.865000                       NULL
.
.
.

Warning: Null value is eliminated by an aggregate or other SET operation.

(1865 row(s) affected)
```

在下一个示例中，我们在查询语句中组合使用多个子句，返回分组后的数据。针对INDIANAPOLIS、CHICAGO 和 NEW_YORK 这 3 个城市，我们依然想查看它们的平均小时薪水和平均月薪。由于要在其他字段上使用聚合函数，因此只能按照 CITY 字段来分组数据。最后，先按照 2 再按照 3 对结果排序，2 和 3 分别表示平均小时薪水和平均月薪。

```
SELECT CITY, AVG(PAYRATE) AS AVG_PAYRATE, AVG(SALARY) AS AVG_SALARY
FROM EMPLOYEES
WHERE CITY LIKE 'INDIANAPOLIS%'
OR CITY LIKE 'CHICAGO%'
OR CITY LIKE 'NEW YORK%'
GROUP BY CITY
ORDER BY 2,3;

CITY                           AVG_PAYRATE                    AVG_SALARY
------------------------------ ------------------------------ --------------------
Chicago                        19.642142                      35333.333333
New York                       19.701904                      42666.666666
Indianapolis IN                21.445000                      NULL
Chicago Il                     22.040000                      32000.000000
New York NY                    23.740000                      NULL
Warning: Null value is eliminated by an aggregate or other SET operation.

(5 row(s) affected)
40000
```

具体数值在排序时位于NULL值之前，因此首先显示CHICAGO的记录。如果交换ORDER BY 中的字段顺序，则先显示 NEW YORK 的记录，然后是 INDIANAPOLIS，而 NEW YORK NY 将在列表的最后显示。

最后一个例子是将 MAX 和 MIN 聚合函数与 GROUP BY 语句一起使用，获取INDIANAPOLIS、CHICAGO 和 NEW YORK 这 3 个城市的 PAYRATE 最大值和 SALARY 最小值，而且结果按照 CITY 进行分组：

本小节最后一个示例组合使用 MAX、MIN 函数与 GROUP BY 子句：

```
SELECT CITY, MAX(PAYRATE) AS MAX_PAYRATE, MIN(SALARY) AS MIN_SALARY
FROM EMPLOYEES
WHERE CITY LIKE 'INDIANAPOLIS%'
OR CITY LIKE 'CHICAGO%'
OR CITY LIKE 'NEW YORK%'
GROUP BY CITY;

CITY                           MAX_PAYRATE                    MIN_SALARY
------------------------------ ------------------------------ --------------------
Chicago                        24.31                          31000.00
Chicago Il                     22.04                          32000.00
Indianapolis IN                23.15                          NULL
New York                       24.69                          33000.00
New York NY                    23.74                          NULL
Warning: Null value is eliminated by an aggregate or other SET operation.

(5 row(s) affected)
```

10.3 GROUP BY 与 ORDER BY 的对比

我们应该理解的是，GROUP BY 和 ORDER BY 的相同之处在于它们都是对数据进行排序。ORDER BY 子句专门用于对查询得到的数据进行排序，GROUP BY 子句也可以把查询得到的数据进行排序，以便对数据进行正确的分组。

然而，在使用 GROUP BY 子句（而非 ORDER BY 子句）实现排序操作时，存在如下区别与缺点：

- 所有被选中的非聚合的字段必须出现在 GROUP BY 子句中；
- 除非需要使用聚合函数，否则通常没有必要使用 GROUP BY 子句。

下面的示例使用 GROUP BY 子句代替 ORDER BY 子句实现排序操作：

```
SELECT LASTNAME, FIRSTNAME, CITY
FROM EMPLOYEES
GROUP BY LASTNAME;

Msg 8120, Level 16, State 1, Line 1
```

列 EMPLOYEES.FirstName 在 SELECT 语句中是无效的，因为它既没有包含在聚合函数中，也没有出现在 GROUP BY 子句中。

> By the Way
>
> **注意：错误信息的返回方式不同**
>
> 不同的 SQL 实现返回错误信息的方式会有所不同。

在这个示例中，Oracle 数据库返回了一条错误信息，表示 FIRSTNAME 是无效的，这不是一个正确的 GROUP BY 表达式。记住，SELECT 语句中的所有字段和表达式都必须出现在 GROUP BY 子句中，聚合字段（聚合函数将要使用的字段）除外。

下面的示例通过将 SELECT 语句中的所有表达式添加到 GROUP BY 子句中，解决了上面出现的问题：

```
SELECT LASTNAME, FIRSTNAME, CITY
FROM EMPLOYEES
GROUP BY LASTNAME, FIRSTNAME, CITY;

LASTNAME                       FIRSTNAME                      CITY
------------------------------ ------------------------------ ---------------------
Aarant                         Sidney                         Columbia
Abbas                          Gail                           Port Hueneme CA
Abbay                          Demetrice                      Shangri-la
Abbington                      Gaynelle                       Forrest City
Abbington                      Gaynelle                       Sparta
Abdelal                        Marcelo                        Benson
.
.
.

(5611 row(s) affected)
```

这个示例从同一个表中选择相同的字段，但在 GROUP BY 子句中列出了 SELECT 关键字后面的全部字段。输出结果依次按照 LASTNAME、FIRSTNAME 和 CITY 进行排序。虽然使用 ORDER BY 子句能够更轻松地得到这种输出结果，但本例可以帮助我们更好地理解 GROUP BY 子句的工作方式，知道它必须首先对数据进行排序，然后才能实现分组。

下面的示例对于表 EMPLOYEES 执行了 SELECT 语句，然后使用 GROUP BY 语句根据 CITY 进行排序：

```
SELECT CITY, LASTNAME
FROM EMPLOYEES
GROUP BY CITY, LASTNAME;

CITY                              LASTNAME
--------------------------------- ------------------------------
AFB MunicipalCharleston SC        Tobey
Downtown MemorialSpartanburg      Bovey
Downtown MemorialSpartanburg      Fawbush
Downtown MemorialSpartanburg      Sundin
Downtown MemorialSpartanburg      Vignaux
Aberdeen                          Apkin
Aberdeen                          Blystone
.
.
.

(5611 row(s) affected)
```

注意上述结果中数据的次序，以及每个 CITY 中个人信息的 LASTNAME。

在下面的示例中，EMPLOYEES 表中的所有雇员记录都统计出来了，而且结果按照 CITY 进行了分组，但结果是先按照每个城市的统计量进行的排序。

```
SELECT CITY, COUNT(*)
FROM EMPLOYEES
GROUP BY CITY
ORDER BY 2 DESC,1;

CITY
--------------------------------- -----------
New York                          27
Columbus                          24
Greenville                        20
San Diego                         18
Chicago                           17
.
.
.

(1865 row(s) affected)
```

观察结果的次序，先按照每个城市的统计量进行了降序排序，然后再按照城市进行排序。

虽然 GROUP BY 和 ORDER BY 具有类似的功能，但它们有一个重要区别。GROUP BY 子句用于对相同的数据进行分组，而 ORDER BY 子句基本上只用于使数据形成次序。GROUP BY 和 ORDER BY 可以用于同一个 SELECT 语句中，但必须遵守一定的次序。

Did you Know?

提示：不能在视图中使用 ORDER BY 子句

GROUP BY 子句可以用于在 CREATE VIEW 语句中进行数据排序，而 ORDER BY 子句则不能用在 CREATE VIEW 语句中。CREATE VIEW 语句将在第 20 章介绍。

10.4 CUBE 和 ROLLUP 语句

在某些情况下，对分组数据进行小计是很有用的。例如，我们可能想要按照年度、国家和产品类型对销售总额进行分组，而且还想看到每年和每个国家的销售总额。ANSI SQL 标准使用 CUBE 和 ROLLUP 表达式提供了这些功能。

ROLLUP 表达式可以用来进行小计，通常称之为超级聚合行（super-aggregate row），也可以进行总计。ANSI 语法如下：

```
GROUP BY ROLLUP(ordered column list of grouping sets)
```

ROLLUP 表达式的工作方式是：对于分组集合中最后一个字段的每一个修改，都会在结果集中插入一个附加行，其中包含该字段的空值和这个分组中值的小计。此外，在结果集末尾插入一行，其中每个字段的值为空，聚合信息的值为总计。Microsoft SQL Server 和 Oracle 使用与 ANSI 兼容的格式。

下面首先来看一个简单的 GROUP BY 语句返回的结果集，其中我们根据 CITY 和 ZIP 来获得 INDIANAPOLIS 的雇员平均薪水：

```
SELECT CITY,LASTNAME, AVG(PAYRATE) AS AVG_PAYRATE, AVG(SALARY) AS AVG_SALARY
FROM EMPLOYEES
WHERE CITY LIKE 'INDIANAPOLIS%'
GROUP BY CITY,LASTNAME
ORDER BY CITY,LASTNAME;

CITY                              LASTNAME              AVG_PAYRATE           AVG_SALARY
--------------------------------- --------------------- --------------------- ----------
Indianapolis IN                   Maddry                19.740000             NULL
Indianapolis IN                   Wahl                  23.150000             NULL
Warning: Null value is eliminated by an aggregate or other SET operation.

(2 row(s) affected)
```

下面的示例使用了 ROLLUP 表达式来列出每小时薪水标准和平均薪水的小计：

```
SELECT CITY,LASTNAME, AVG(PAYRATE) AS AVG_PAYRATE, AVG(SALARY) AS AVG_SALARY
FROM EMPLOYEES
WHERE CITY LIKE 'INDIANAPOLIS%'
GROUP BY ROLLUP(CITY,LASTNAME);

CITY                         LASTNAME             AVG_PAYRATE              AVG_SALARY
---------------------------- -------------------- ------------------------ ----------
Indianapolis IN              Maddry               19.740000                NULL
Indianapolis IN              Wahl                 23.150000                NULL
Indianapolis IN              NULL                 21.445000                NULL
NULL                         NULL                 21.445000                NULL
```

```
Warning: Null value is eliminated by an aggregate or other SET operation.

(4 row(s) affected)
```

注意观察返回结果，我们获得了每一个城市的平均超级聚合行（即平均小计），并在最后一行获得了整个数据集的总体统计。

CUBE 表达式的工作方式与此不同。它对分组列表中的所有字段进行排列组合，并根据每一种组合结果，分别进行统计汇总。最后，CUBE 语句也会对全表进行统计。CUBE 表达式的语法结构如下：

```
GROUP BY CUBE(column list of grouping sets)
```

CUBE 语句的性质独特，因此通常被用来生成交叉报表。例如，如果需要在 GROUP BY CUBE 表达式列表中使用字段 CITY、STATE 和 REGION 来获得销售数据，则可以根据以下每一种字段组合获得统计结果。

```
CITY
CITY, STATE
CITY, REGION
CITY, STATE, REGION
REGION
STATE,REGION
STATE
<grand total row>
```

下面的示例演示了如何使用 CUBE 表达式：

```
SELECT CITY,LASTNAME, AVG(PAYRATE) AS AVG_PAYRATE, AVG(SALARY) AS AVG_SALARY
FROM EMPLOYEES
WHERE CITY LIKE 'INDIANAPOLIS%'
GROUP BY CUBE(CITY,LASTNAME);

CITY                       LASTNAME             AVG_PAYRATE            AVG_SALARY
-------------------------- -------------------- ---------------------- ----------
Indianapolis IN            Maddry               19.740000              NULL
NULL                       Maddry               19.740000              NULL
Indianapolis IN            Wahl                 23.150000              NULL
NULL                       Wahl                 23.150000              NULL
NULL                       NULL                 21.445000              NULL
Indianapolis IN            NULL                 21.445000              NULL
Warning: Null value is eliminated by an aggregate or other SET operation.

(6 row(s) affected)
```

从上述示例中可以看到，由于要根据分组列表中提供的所有字段的各种组合分别进行统计汇总，因此使用 CUBE 语句后返回的记录数会大大增加。

10.5 HAVING 子句

HAVING 子句在 SELECT 语句中与 GROUP BY 子句联合使用时，用于告诉 GROUP BY 子句在输出中包含哪些分组。HAVING 对于 GROUP BY 的作用相当于 WHERE 对于 SELECT 的作用。换句话说，WHERE 子句设定被选择字段的条件，而 HAVING 子句用来为 GROUP BY 子句创建分组设置条件。因此，使用 HAVING 子句可以使查询结果中包含或是去除整组的数据。

下面是 HAVING 子句在查询中的位置：

```
SELECT
FROM
WHERE
GROUP BY
HAVING
ORDER BY
```

下面是 SELECT 语句在包含 HAVING 子句时的语法：

```
SELECT COLUMN1 , COLUMN2
FROM TABLE1 , TABLE2
WHERE CONDITIONS
GROUP BY COLUMN1 , COLUMN2
HAVING CONDITIONS
ORDER BY COLUMN1 , COLUMN2
```

在下面的示例中，我们选择了所有城市的平均小时薪水和平均薪水。输出结果按照 CITY 进行分组，但只显示平均薪水等于 71000 美元的分组（城市），并且按照每个城市的平均薪水进行排序。

```
SELECT CITY, AVG(PAYRATE) AS AVG_PAYRATE, AVG(SALARY) AS AVG_SALARY
FROM EMPLOYEES
GROUP BY CITY
HAVING AVG(SALARY) =71000
ORDER BY 3;

CITY                           AVG_PAYRATE                    AVG_SALARY
------------------------------ ------------------------------ ---------------------
Amarillo                       14.070000                      71000.000000
Anaheim                        16.250000                      71000.000000
Butler                         15.730000                      71000.000000
Hidden Falls                   23.690000                      71000.000000
Hoffman                        NULL                           71000.000000
King Of Prussia                22.553333                      71000.000000
Kuparuk                        18.856666                      71000.000000
Linden                         19.003333                      71000.000000
Marquette                      17.350000                      71000.000000
Neosho                         16.565000                      71000.000000
New Haven                      15.236666                      71000.000000
Rome NY                        21.140000                      71000.000000
Sheffield                      NULL                           71000.000000
West Yellowstone               16.893333                      71000.000000
Warning: Null value is eliminated by an aggregate or other SET operation.

(14 row(s) affected)
```

10.6 小结

本章介绍了如何使用 GROUP BY 子句对查询结果进行分组。GROUP BY 子句主要与 SQL 的聚合函数一起使用，比如 SUM、AVG、MAX、MIN 和 COUNT。GROUP BY 的本质与 ORDER

BY 类似，也是对查询结果进行排序。GROUP BY 必须对数据进行排序，以按照逻辑对结果进行分组，虽然也可以实现单纯的数据排序，但不如使用 ORDER BY 方便。

HAVING 子句是 GROUP BY 子句的一个扩充，用于对查询中已建立的分组添加条件。WHERE 子句用于为查询的 SELECT 子句添加条件。下一章将介绍一些新的函数，进一步控制查询的结果。

10.7 问与答

问：当 SELECT 语句中使用 ORDER BY 子句时，是否一定要使用 GROUP BY 子句？

答：不是。GROUP BY 子句完全是可选的，但它与 ORDER BY 一起使用时会发挥很大的作用。

问：分组值是什么？

答：以表 EMPLOYEES 中的 CITY 字段为例。如果选择雇员的姓名与城市，然后按照城市对结果进行分组，那么相同的城市会被划分在一组。

问：字段必须出现在 SELECT 语句中，才能在上面使用 GROUP BY 子句吗？

答：是，字段必须出现在 SELECT 语句中，才能在上面使用 GROUP BY 子句。

问：SELECT 语句中出现的所有字段必须用在 GROUP BY 子句中吗？

答：是，出现在 SELECT 语句中的每一个字段（除了聚合函数要用的字段之外），必须用在 GROUP BY 子句中，否则会出现错误。

10.8 实践

下面的内容包含一些测试问题和实战练习。这些测试问题的目的在于检验对学习内容的理解程度。实战练习有助于把学习的内容应用于实践，并且巩固对知识的掌握。在继续学习之前请先完成测试与练习，答案请见附录 C。

10.8.1 测验

1．下面的 SQL 语句能正常执行吗？

a.
```
SELECT SUM(SALARY) AS TOTAL_SALARY, EMPLOYEEID
FROM EMPLOYEES
GROUP BY 1 and 2;
```

b.
```
SELECT EMPLOYEEID, MAX(SALARY)
FROM EMPLOYEES
GROUP BY SALARY, EMPLOYEEID;
```

c.
```
SELECT EMPLOYEEID, COUNT(SALARY)
```

```
FROM EMPLOYEES
ORDER BY EMPLOYEEID
GROUP BY SALARY;
```

d.
```
SELECT YEAR(DATE_HIRE) AS YEAR_HIRED,SUM(SALARY)
FROM EMPLOYEES
GROUP BY 1
HAVING SUM(SALARY)>20000;
```

2．HAVING 子句的用途是什么？它与哪个子句的功能最相近？

3．判断正误：在使用 HAVING 子句时必须使用 GROUP BY 子句。

4．判断正误：下面的 SQL 语句按照分组返回薪水的总和：

```
SELECT SUM(SALARY)
FROM EMPLOYEES;
```

5．判断正误：被选中的字段在 GROUP BY 子句中必须以相同次序出现。

6．判断正误：HAVING 子句指定 GROUP BY 子句要包括哪些分组。

10.8.2 练习

1．运行数据库，输入如下查询来显示表 EMPLOYEES 中的全部城市：

```
SELECT CITY
FROM EMPLOYEES;
```

2．输入如下查询，把结果与练习 1 的查询结果进行比较：

```
SELECT CITY, COUNT(*)
FROM EMPLOYEES
GROUP BY CITY;
```

3．HAVING 子句与 WHERE 子句的相似之处在于都可以指定返回数据的条件。WHERE 子句是查询的主过滤器，而 HAVING 子句是在 GROUP BY 子句对数据进行分组之后进行过滤。输入如下查询来了解 HAVING 子句的工作方式：

```
SELECT CITY, COUNT(*) AS CITY_COUNT
FROM EMPLOYEES
GROUP BY CITY
HAVING COUNT(*) > 15;
```

4．修改练习 3 中的查询语句，把结果按降序排序，也就是数值从大到小。

5．编写一个查询语句，按照职位从表 EMPLOYEESD 中列出平均小时薪水和平均薪水。

6．编写一个查询语句，按照职位从表 EMPLOYEES 中列出平均薪水，且平均薪水需要大于 40000。

7．编写与练习 6 中相同的查询语句，找出收入大于 40000 的平均薪水，并使结果按照城市和职位进行分组。比较结果，并解释不同。

第 11 章

重构数据的外观

本章的重点包括：

- 字符函数简介；
- 如何及何时使用字符函数；
- ANSI SQL 函数示例；
- 常见实现的特定函数示例；
- 转换函数概述；
- 如何及何时使用转换函数。

本章介绍如何使用函数来重构输出结果的外观，有些是 ANSI 标准函数，有些是基于该标准的函数，还有一些是由主流 SQL 实现所使用的函数。

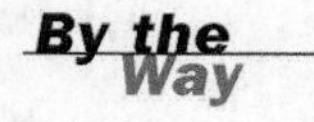

注意：ANSI 标准并不是死板的

书中介绍的 ANSI 概念只是概念而已。ANSI 中的标准只是针对如何在关系型数据库里使用 SQL 提供指导，因此书中介绍的某些函数不一定与用户所用 SQL 实现中的相同。它们的概念是相同的，工作方式通常也是相同的，但函数名称和实际的语法可能不同。

11.1 ANSI 字符函数

在使用字符函数转换 SQL 中的字符串时，采用的格式与字符串存储在表中的格式不同。本章首先讨论 ANSI 所涵盖的字符函数的概念，然后介绍一些真实的示例，这些示例使用了各种 SQL 实现中的特定函数。最常用的 ANSI 字符函数主要用于进行串接、子串和 TRANSLATE 等操作。

串接就是把两个单独的字符串组合为一个字符串的过程。举例来说，我们可以把个人的姓氏和名字串接在一起形成一个字符串来表示完整的姓名。JOHN 与 SMITH 串接在一起就构成了 JOHN SMITH。

子串就是从字符串中提取一部分。比如下面的值都是 JOHNSON 的子串：

- J；
- JOHN；
- JO；
- ON；
- SON。

TRANSLATE 函数用于逐字符地把一个字符串变换为另一个字符串。它通常有 3 个参数：要被转换的字符串、要转换的字符列表、替换字符的列表。稍后将介绍一些实际的示例。

11.2　常用字符函数

字符函数主要用于对字段中的字符串或值进行比较、连接、搜索、提取片断等。对于 SQL 程序员来说，可用的字符函数有很多。

下面将介绍 ANSI 概念在某些主流的 SQL 实现中的应用，这些实现包括 Microsoft SQL Server、MySQL 和 Oracle。

11.2.1　串接函数

串接函数及其他一些函数在不同实现中略有不同。下面的示例展示了如何在 Oracle 和 SQL Server 中使用串接操作。

假设要把 JOHN 和 SON 串接起来形成 JOHNSON。在 Oracle 中的代码是这样的：

```
SELECT 'JOHN' | | 'SON'
```

在 SQL Server 中的代码是这样的：

```
SELECT 'JOHN' + 'SON'
```

在 SQL Server 或 Oracle 中，使用了 CONCAT 的代码是这样的：

```
SELECT CONCAT('JOHN' , 'SON')
```

现在来了解一下语法。Oracle 中串接函数的语法如下：

```
COLUMN_NAME | | [ '' | | ] COLUMN_NAME [ COLUMN_NAME ]
```

在 SQL Server 中串接函数的语法是：

```
COLUMN_NAME + [ '' + ] COLUMN_NAME [ COLUMN_NAME ]
```

CONCAT 函数的语法是：

```
CONCAT( COLUMN_NAME , [ '' , ] COLUMN_NAME [ COLUMN_NAME ])
```

SQL Server 和 Oracle 中都有 CONCAT 函数，用来把字符串片段连接起来，其作用相当于 SQL Server 中的“+”和 Oracle 中的双管道（||）。这两个版本的主要区别在于，Oracle 中的串接函数只能用于两个字符串，而 MySQL 中的串接函数可以连接多个字符串。此外，需要注意的一点是，串接函数用于连接字符串，如果要连接数字，则需要将数字首先转换为字符串。以下是进行串接操作的一些示例。

下面的 SQL Server 语句把城市与州字段的值串接在一起，形成一个值：

```
SELECT CITY + STATE FROM EMPLOYEES;
```

下面的 Oracle 语句把城市与州字段的值串接在一起，并且在两个值之间放置一个逗号：

```
SELECT CITY | |', '| | STATE FROM EMPLOYEES;
```

如果想在 Oracle 中使用 CONCAT 语句来实现上面的结果，则无法成功，因为它连接了多个字符串。

> **注意：对特殊字符使用引号**
>
> 注意单引号与逗号在前面的 SQL 语句中的使用。绝大多数字符和符号使用单引号包围起来后，就可以使用。有些实现可能使用双引号来得到直义字符串的值。

By the Way

下面的 SQL Server 语句把城市与州字段的值串接在一起，并且在两个原始值之间放置一个空格：

```
SELECT CITY + '' + STATE FROM EMPLOYEES;
```

下面的 SQL Server 语句把一个人的姓氏和名字接在一起，并且在两个原始值之间放置一个逗号：

```
SELECT LASTNAME + ', ' + FIRSTNAME NAME
FROM EMPLOYEES
ORDER BY LASTNAME;

NAME
--------------------------------
Aarant, Sidney
Abbas, Gail
Abbay, Demetrice
Abbington, Gaynelle
Abbington, Gaynelle
Abdelal, Marcelo
Abdelal, Marcelo
Abdelwahed, Scarlet
.
.
.
.
(5611 row(s) affected)
```

11.2.2 UPPER 函数

大多数实现都提供了控制数据大小写的函数。UPPER 函数可以把字符串中的小写字母转换为大写字母。

语法如下所示：

```
UPPER( character string )
```

下面的 SQL 语句把字段中所有的字符都转换为大写：

```
SELECT DISTINCT UPPER(CITY) AS CITY
FROM EMPLOYEES
WHERE STATE='IN'
AND ( CITY LIKE 'A%'
OR CITY LIKE 'B%'
```

```
OR CITY LIKE 'C%'
);

CITY
------------------------------
ANDERSON
ANDREWS
ANGOLA
BATESVILLE
BEDFORD
BLOOMINGTON
COATESVILLE
CONNERSVILLE
CRANE

(9 row(s) affected)
```

Microsoft SQL Server、MySQL 和 Oracle 全都支持这一语法。此外，在 MySQL 中还有一个 UCASE 函数来实现 UPPER 函数的功能。由于这两个函数的功能相同，用户应尽量遵循 ANSI 语法。

11.2.3　LOWER 函数

与 UPPER 函数相反，LOWER 函数用来把字符串中的大写字母转换为小写字母。

语法如下所示：

```
LOWER( character string )
```

下面的 SQL 语句把字段中所有的字符都转换为小写：

```
SELECT DISTINCT LOWER(CITY) AS CITY
FROM EMPLOYEES
WHERE STATE='IN'
AND ( CITY LIKE 'A%'
OR CITY LIKE 'B%'
OR CITY LIKE 'C%'
);

CITY
------------------------------
anderson
andrews
angola
batesville
bedford
bloomington
coatesville
connersville
crane

(9 row(s) affected)
```

Microsoft SQL Server、MySQL 和 Oracle 都支持该函数。与 UPPER 函数类似，MySQL 中也存在一个 LCASE 函数，但用户应尽量遵循 ANSI 标准。

11.2.4 SUBSTR 函数

在大多数 SQL 实现中，获取表达式的子串是很常见的，但实现该功能的函数名可能不同，下面是 Oracle 和 SQL Server 中的示例。

在 Oracle 中 SUBSTR 函数的语法如下：

```
SUBSTR( COLUMN NAME , STARTING POSITION , LENGTH )
```

在 SQL Server 中 SUBSTR 函数的语法如下：

```
SUBSTRING( COLUMN NAME , STARTING POSITION , LENGTH )
```

对于这个函数来说，上面两个实现之间的唯一差别就是函数的名称。

下面的 SQL 语句返回 LASTNAME 的前 3 个字符：

```
SELECT SUBSTRING(LASTNAME,1,3) FROM EMPLOYEES
```

下面的 SQL 语句返回 LASTNAME 的第 4 个和第 5 个字符：

```
SELECT SUBSTRING(LASTNAME,4,2) FROM EMPLOYEES
```

下面的 SQL 语句返回 LASTNAME 的第 6 个到第 9 个字符：

```
SELECT SUBSTRING(LASTNAME,6,4) FROM EMPLOYEES
```

下面的示例在 Microsoft SQL Server 和 MySQL 中都可以使用：

```
SELECT TOP 10 EMPLOYEEID, SUBSTRING(UPPER(LASTNAME),1,3)
FROM EMPLOYEES;

EMPLOYEEID
----------- ----
1           INE
2           DEN
3           SAB
4           LOO
5           SAC
6           ARC
7           AST
8           CON
9           CAP
10          ELL

(10 row(s) affected)
```

下面的 SQL 语句是用于 Oracle 的：

```
SELECT EMPLOYEEID, SUBSTR(UPPER(LASTNAME),1,3)
FROM EMPLOYEES
WHERE ROWNUM<=10;

EMPLOYEEID
----------- ----
1           INE
2           DEN
3           SAB
4           LOO
5           SAC
```

```
6        ARC
7        AST
8        CON
9        CAP
10       ELL

10 rows selected.
```

By the Way

注意：不同实现之间的输出语句有所不同

注意最后两个查询的反馈信息。第一个示例返回的信息是“1 row(s) affected”，第二个示例是“10 rows selected”。在不同的 SQL 实现中都会看到类似这样的差别。

11.2.5　TRANSLATE 函数

TRANSLATE 函数搜索一串字符并查找特定的字符，标记找到的位置，然后在这个位置搜索替代字符串，并使用替代字符串中的字符来替代原来的字符。语法如下所示：

```
TRANSLATE( CHARACTER SET , VALUE1 , VALUE2 )
```

下面的 SQL 语句把字符串中的每个 I 都替换为 A，每个 N 都替换为 B，每个 D 都替换为 C：

```
SELECT TRANSLATE (CITY,'IND','ABC' FROM EMPLOYEES) CITY_TRANSLATION
```

下面的示例阐释了 TRANSLATE 在真实数据上的使用：

```
SELECT DISTINCT UPPER(CITY) CITY, TRANSLATE(UPPER(CITY),'ACE','XYZ') CITY_
TRANSLATION
FROM EMPLOYEES
WHERE CITY LIKE ('C%');

CITY           CITY TRANSLATION
----------    -----------------
COATESVILLE    YOXTZSVILLZ
CONNERSVILLE   YONNZRSVILLZ
CRANE          YRXNZ

3 rows selected.
```

在这个示例里，所有的 A 都被替换为 X、C 替换为 Y、E 替换为 Z。

MySQL 和 Oracle 都支持 TRANSLATE 函数，但是 Microsoft SQL Server 还不支持。

11.2.6　REPLACE 函数

REPLACE 函数用于把某个字符或字符串替换为指定的一个字符（或字符串），其用法类似于 TRANSLATE 函数，区别只在于它是把一个字符或字符串替换为另一个字符串。语法如下：

```
REPLACE( 'VALUE' , 'VALUE' , [ NULL ] 'VALUE' )
```

下面的语句返回全部的名字，并且把全部 T 都替换为 B：

```
SELECT REPLACE(FIRSTNAME,'T', 'B') FROM EMPLOYEES
```

下面的语句返回表 EMPLOYEES 中的全部城市，并且把城市名称中的 I 都替换为 Z：

```
SELECT TOP 10 CITY, REPLACE(CITY,'I','Z') AS REPLACE_CITY
FROM EMPLOYEES
WHERE CITY LIKE '%I%';

CITY                             REPLACE_CITY
-------------------------------- --------------------------------
Alexandria                       AlexandrZa
Eunice                           EunZce
Eunice                           EunZce
Eunice                           EunZce
Evansville IN                    EvansvZlle ZN
Evansville IN                    EvansvZlle ZN
Evansville IN                    EvansvZlle ZN
Union City                       UnZon CZty
Union City                       UnZon CZty
Union City                       UnZon CZty

(10 row(s) affected)
```

Microsoft SQL Server、MySQL 和 Oracle 全都支持该函数的 ANSI 语法结构。

11.2.7 LTRIM 函数

LTRIM 函数是另一种截取部分字符串的方式，它与 SUBSTRING 函数属于同一家族。LTRIM 用于从左边开始剪除字符串中的字符。语法如下：

```
LTRIM( CHARACTER STRING [ , 'set' ])
```

然而，在 SQL Server 中，我们不需要提供待修剪的字符集。LTRIM 函数只是从字符串的左边开始修剪空格。所以 LTRIM 函数在 SQL Server 中的语法如下：

```
LTRIM( CHARACTER STRING )
```

下面的 SQL 语句从 KIM 打头的所有名字的左侧开始修剪字符 KIM：

```
SELECT LTRIM(UPPER(FIRSTNAME),'KIM') FROM CUSTOMERS WHERE UPPER(FIRSTNAME)
LIKE 'KIM%';
```

在 Oracle 中，下面的 SQL 语句返回雇员的名字，以及从名字字符串的左侧修剪 KIM 前缀之后的结果：

```
SELECT FIRSTNAME, LTRIM(UPPER(FIRSTNAME),'KIM') TRIMMED
FROM EMPLOYEES
WHERE ROWNUM<=10;

FIRSTNAME                        TRIMMED
-------------------------------- --------------------------------
Kimberly                         BERLY
Kimbra                           BRA
Kimiko                           IKO
Kimberli                         BERLI
Kimberlie                        BERLIE
```

```
Kimberlee                      BERLEE
Kimberlie                      BERLIE
Kimbery                        BERY
Kim
Kimiko                         IKO

10 rows selected.
```

同样的查询语句在 SQL Server 中运行时，只会从字符串的左侧修剪空白字符：

```
SELECT TOP 10 FIRSTNAME, LTRIM(UPPER(FIRSTNAME)) TRIMMED
FROM EMPLOYEES;

FIRSTNAME                      TRIMMED
------------------------------ ------------------------------
Kimberly                       KIMBERLY
Kimbra                         KIMBRA
Kimiko                         KIMIKO
Kimberli                       KIMBERLI
Kimberlie                      KIMBERLIE
Kimberlee                      KIMBERLEE
Kimberlie                      KIMBERLIE
Kimbery                        KIMBERY
Kim                            KIM
Kimiko                         KIMIKO

(10 row(s) affected)
```

Microsoft SQL Server、MySQL 和 Oracle 都支持该函数。

11.2.8 RTRIM 函数

类似于 LTRIM，RTRIM 也用于剪除字符，但它是从字符串的右侧开始修剪。语法如下：

```
RTRIM( CHARACTER STRING [ , 'set' ])
```

需要知道的是，SQL Server 版本的 RTRIM 函数从字符串的右侧修剪空格，因此不需要语法中的[,'set']部分。

```
RTRIM( CHARACTER STRING )
```

下面的 SQL 语句在 Oracle 中返回名字 STEPHEN，并修剪掉 HEN，只剩下 STEP：

```
SELECT FIRSTNAME,LASTNAME,RTRIM(UPPER(FIRSTNAME), 'HEN') TRIMMED
FROM EMPLOYEES
WHERE UPPER(FIRSTNAME) = 'STEPHEN';

FIRSTNAME                      LASTNAME                       TRIMMED
------------------------------ ------------------------------ --------------------
---------
Stephen                        Carrick                        STEP
Stephen                        Basurto                        STEP

2 rows selected.
```

全部符合条件的字符串中最右侧的 HEN 都被修剪掉了。

Microsoft SQL Server、MySQL 和 Oracle 都支持该函数。

11.3 其他字符函数

下面介绍其他一些比较重要的函数，它们在主流的 SQL 实现中也是很常见的。

11.3.1 LENGTH 函数

LENGTH 函数很常见，用于获取字符串、数字、日期或表达式的长度，单位是字节。语法如下所示：

```
LENGTH( CHARACTER STRING )
```

下面的 SQL 语句在 Oracle 中运行时，返回产品描述及其长度：

```
SELECT AIRCRAFTTYPE, LENGTH(AIRCRAFTTYPE)
FROM AIRCRAFT
WHERE ROWNUM<=10;

AIRCRAFTTYPE                      NAMELENGTH
--------------------------------- -----------
British Aerospace BAe146-100      28
Airbus A310                       11
Airbus A310-300                   15
Airbus 330 (200 & 300) series     29
Airbus 340-300                    14
Boeing 727                        10
Boeing 737-300                    14
Boeing 737-400                    14
Boeing 737-500                    14
Boeing 737                        10

10 rows selected.
```

MySQL 和 Oracle 都支持该函数。而 Microsoft SQL Server 则使用 LEN 函数来实现相同的功能。

11.3.2 ISNULL 函数（NULL 值检查程序）

ISNULL 函数用于在一个表达式是 NULL 时从另一个表达式获得数据。它可以用于大多数数据类型，但值与替代值必须是同一数据类型。语法如下所示：

```
ISNULL( 'VALUE' , 'SUBSTITUTION' )
```

下面的 SQL 语句用来寻找 NULL 值，并且使用 ZZ 代替 NULL 值：

```
SELECT TOP 10 CITY, IFNULL(STATE,'ZZ') STATE
FROM EMPLOYEES;

CITY                              STATE
--------------------------------- ----------
Red Dog                           ZZ
Falls Bay                         ZZ
```

```
False Island                  ZZ
False Island                  ZZ
Sandy River                   ZZ
Sandy River                   ZZ
Sandy River                   ZZ
Sandy River                   ZZ
Fin Creek                     ZZ
Fin Creek                     ZZ

(10 row(s) affected)
```

只有 NULL 值被替换为 ZZ。

只有 SQL Server 支持 ISNULL 函数。Oracle 使用的是 COALESCE 函数。

11.3.3 COALESCE 函数

COALESCE 函数与 ISNULL 函数类似，它也可以在结果集中替换 NULL 值。与 ISNULL 函数不同的是，它可以接受一个数据集，依次检查其中每一个值，直到发现一个非 NULL 值。如果没有找到非 NULL 值，它会返回一个 NULL 值。

下面的示例使用 COALESCE 函数返回 STATE 值中的第一个非空值，或者返回 ZZ 的字符串值：

```
SELECT TOP 10 CITY, COALESCE(STATE,'ZZ') STATE
FROM EMPLOYEES;

CITY                          STATE
----------------------------- ----------
Red Dog                       ZZ
Falls Bay                     ZZ
False Island                  ZZ
False Island                  ZZ
Sandy River                   ZZ
Sandy River                   ZZ
Sandy River                   ZZ
Sandy River                   ZZ
Fin Creek                     ZZ
Fin Creek                     ZZ

(10 row(s) affected)
```

Microsoft SQL Server、MySQL 和 Oracle 都支持该函数。

11.3.4 LPAD 函数

LPAD（左填充）函数用于在字符串左侧添加字符或空格。语法如下：

```
LPAD( CHARACTER SET )
```

下面的示例在每个产品描述左侧添加句点，使得真实值与填充的句点之间有 30 个字符：

```
SELECT DISTINCT LPAD(UPPER(CITY),20,'.') CITY
FROM EMPLOYEES WHERE STATE='RI';

CITY
------------------------------
........BLOCK ISLAND
........PAWTUCKET RI
..........PROVIDENCE
............WESTERLY

4 rows selected.
```

MySQL 和 Oracle 都支持该函数。遗憾的是，Microsoft SQL Server 中没有对应的函数。

11.3.5 RPAD 函数

RPAD（右填充）函数在字符串右侧添加字符或空格。语法如下：

```
RPAD( CHARACTER SET )
```

下面的示例在每个产品描述的右侧添加句点，使得真实值与填充的句点之间有 30 个字符：

```
SELECT DISTINCT RPAD(UPPER(CITY),20,'.') CITY
FROM EMPLOYEES WHERE STATE='RI';
CITY
------------------------------
BLOCK ISLAND........
PAWTUCKET RI........
PROVIDENCE..........
WESTERLY............

4 rows selected.
```

MySQL 和 Oracle 全都支持该函数。遗憾的是，Microsoft SQL Server 中没有对应的函数。

11.3.6 ASCII 函数

ASCII 函数返回字符串最左侧字符的 ASCII 表示。语法如下：

```
ASCII( CHARACTER SET )
```

下面是一些示例：

- ASCII('A')返回 65；
- ASCII('B')返回 66；
- ASCII('C')返回 67；
- ASCII('a')返回 97。

Microsoft SQL Server、MySQL 和 Oracle 都支持该函数。

11.4 算术函数

在多个不同实现之间，算术函数是比较标准的。算术函数可以根据数学运算规则对数据库中的数值进行运算。

最常见的算术函数包括：

- 绝对值（ABS）
- 舍入（ROUND）
- 平方根（SQRT）
- 符号（SIGN）
- 幂（POWER）
- 上限和下限（CEIL(ING)、FLOOR）
- 指数（EXP）
- SIN、COS、TAN

大多数算术函数的语法是：

```
FUNCTION( EXPRESSION )
```

Microsoft SQL Server、MySQL 和 Oracle 都支持所有的算术函数。

11.5 转换函数

转换函数用来把一种数据类型转换为另一种数据类型。举例来说，我们的数据通常是以字符格式保存的，为了计算需要把它转换为数值。算术函数和计算不能应用于以字符格式表示的数据。

下面是一些常见的数据转换类型：

- 字符到数值；
- 数值到字符；
- 字符到日期；
- 日期到字符。

本章将介绍前两种转换类型，剩余两种在第 12 章介绍。

11.5.1 字符串转换为数值

数值数据类型与字符串数据类型有两个主要的区别：

- 算术表达式和函数可以用于数值；
- 在输出结果中，数值是右对齐的，而字符串是左对齐的。

By the Way

注意：转换为数值

对于要转换为数值的字符串来说，字符必须是 0~9。另外加号、减号和句点可以分别用来表示正数、负数和小数。举例来说，字符串“STEVE”不能转换为数值，而个人的社会保险号码能够以字符串形式保存，并可以利用转换函数方便地转换为数值。

当字符串被转换为数值时，它就具有了上述两个特点。

有些实现中不包含把字符串转换为数值的函数，有些实现则包含这样的转换函数。无论是何种情况，请查看相应的文档来了解转换的语法和规则。

> **注意：某些实现可以自动转换**
>
> *By the Way*
>
> 有些实现在需要时会隐式地转换数据类型，这意味着当在数据类型之间进行变换时，系统会自动进行转换，不必使用转换函数。有关 SQL 实现支持哪些类型的隐式转换，请参阅其文档。

下面是使用 Oracle 转换函数的一个数值转换示例：

```
SELECT EMPLOYEEID, TO_CHAR(EMPLOYEEID) AS CONVERTEDNUM
FROM EMPLOYEES
WHERE EMPLOYEEID<=10;

EMPLOYEEID  CONVERTEDNUM
----------- ------------
1           1
2           2
3           3
4           4
5           5
6           6
7           7
8           8
9           9
10          10

10 rows selected.
```

雇员标识号在转换后变成了右对齐的。

11.5.2 数值转换为字符串

将数值转换为字符串的过程就是将字符串转换为数值的逆过程。

下面的示例使用 Microsoft SQL Server 中两个不同的 Transact-SQL 转换函数将数值转换为字符串：

```
SELECT TOP 10 PAY = PAYRATE, NEW_PAY = STR(PAYRATE), NEWER_PAY = CAST(PAYRATE AS
VARCHAR(10))
FROM EMPLOYEES
WHERE PAYRATE IS NOT NULL;

PAY                              NEW_PAY     NEWER_PAY
-------------------------------- ----------- ----------
22.24                            22          22.24
15.29                            15          215.29
12.88                            13          212.88
23.61                            24          223.61
24.79                            25          224.79
18.03                            18          218.03
```

```
15.64                           16           215.64
23.09                           23           223.09
21.25                           21           221.25
14.94                           15           214.94

(10 row(s) affected)
```

Did you Know?

提示：数据不同，输出方式也不同

数字对齐是判断字段的数据类型的最简单方式。字符串数据通常是左对齐的，而数值数据通常是右对齐的。这可以使我们快速判断查询语句返回的数据类型。

下面的示例使用 Oracle 的转换函数实现完全相同的转换：

```
SELECT PAYRATE, TO_CHAR(PAYRATE)
FROM EMPLOYEES
WHERE PAY_RATE IS NOT NULL
AND ROWNUM<=10;

PAYRATE        TO_CHAR(PAYRATE)
----------    -----------------
22.24          22.24
15.29          15.29
12.88          12.88
23.61          23.61
24.79          24.79
18.03          18.03
15.64          15.64
23.09          23.09
21.25          21.25
14.94          14.94

10 rows selected.
```

11.6　字符函数的组合使用

大多数函数可以在 SQL 语句中组合使用。如果不允许函数组合使用，SQL 会有很大的局限性。下面的示例在一个查询中组合使用两个函数（串接和子串）。通过把 EMPLOYEEID 字段扩展为 9 个字符，然后再将该字段分为 3 部分，最后用短划线把它们连接起来，从而得到更清晰易读的社会保险号码。示例使用了 CONCAT 函数来组合输出的字符串。

```
SELECT CONCAT(LASTNAME,', ',FIRSTNAME) NAME,
       CONCAT(SUBSTRING(CAST(100000000 + EMPLOYEEID AS VARCHAR(9)),1,3),'-',
       SUBSTRING(CAST(100000000 + EMPLOYEEID AS VARCHAR(9)),4,2),'-',
       SUBSTRING(CAST(100000000 + EMPLOYEEID AS VARCHAR(9)),6,4)) AS ID
FROM EMPLOYEES
WHERE EMPLOYEEID BETWEEN 4000 AND 4009;

NAME                           ID
------------------------------ -----------
Waltermire, Jessie             100-00-4000
```

```
Calcao, Kitty                  100-00-4001
Aracena, Fabian                100-00-4002
Neason, Hana                   100-00-4003
Vanner, Tonie                  100-00-4004
Usina, Annabell                100-00-4005
Tegenkamp, Thanh               100-00-4006
Stage, Laure                   100-00-4007
Allam, Irma                    100-00-4008
Saulters, Ruby                 100-00-4009

(10 row(s) affected)
```

下面的示例使用 LEN 函数和加法算术操作符（+）把每个字段的姓氏和名字的长度加在一起，然后 SUM 函数返回所有姓氏和名字的长度之和。

```
SELECT SUM(LEN(LASTNAME) + LEN(FIRSTNAME)) TOTAL
FROM EMPLOYEES;

TOTAL
-----------
71571

(1 row(s) affected)
```

> **注意：内嵌函数的处理**
> 当 SQL 语句的函数内部嵌有函数时，最内层的函数首先被处理，然后从内向外依次执行各个函数。

By the Way

11.7 小结

本章介绍了在 SQL 语句（通常是查询语句）中使用各种函数来修改或增强输出结果的外观。这些函数包括字符函数、算术函数和转换函数。需要明确的是，ANSI 标准用来指导供应商如何实现 SQL，它没有规定准确的语法，也不会限制供应商的创新。大多数厂商提供了标准函数，并且遵循 ANSI 标准，但也都有自己的函数。函数名和语法可能有所不同，但其概念都是相同的。

11.8 问与答

问：所有的函数都符合 ANSI 标准吗？

答：并不是所有函数都严格遵守 ANSI 标准。函数像数据类型一样，通常依赖于具体实现。大多数实现具有 ANSI 函数的超集，有些实现包含大量具有扩展功能的函数，而有些实现则有所局限。本章展示了一些常用实现的函数示例，但在具体使用时，由于很多实现具有类似的函数（尽管会略有区别），用户应该查看相应的文档来了解可用的函数及其用法。

问：在使用函数时，数据库中的数据是否实际发生了改变？

答：没有。在使用函数时，数据库中的数据没有改变。函数通常是在查询语句中重构输出的外观。

11.9 实践

下面的内容包含一些测试问题和实战练习。这些测试问题的目的在于检验对学习内容的理解程度。实战练习有助于把学习的内容应用于实践，并且巩固对知识的掌握。在继续学习之前请先完成测试与练习，答案请见附录 C。

11.9.1 测验

1. 匹配函数与其描述。

描述	函数
a. 从字符串里选择一部分	||
b. 从字符串左侧或右侧修剪字符串	RPAD
c. 把全部字母都改变为小写	LPAD
d. 确定字符串的长度	UPPER
e. 连接字符串	RTRIM
	LTRIM
	LENGTH
	LOWER
	SUBSTR
	LEN

2. 判断正误：在 SELECT 语句中使用函数重构输出的数据外观时，会影响数据在数据库中的存储方式。
3. 判断正误：当查询中出现函数嵌套时，最外层的函数会首先被处理。

11.9.2 练习

1. 在 SQL Server 中输入如下代码，把每个雇员的姓氏和名字连接起来：

```
SELECT CONCAT(LASTNAME, ', ', FIRSTNAME) AS FULLNAME
FROM EMPLOYEES;
```

   如何在 Oracle 中应用相同的语句？

2. 输入以下 MySQL 命令，显示每个雇员拼接后的完整姓名和区域代码：

```
SELECT CONCAT(LASTNAME, ', ', FIRSTNAME) AS FULLNAME, SUBSTRING(LASTNAME, 1,
3) AS SUBNAME
FROM EMPLOYEES;
```

   尝试在 Oracle 中编写功能相同的代码。

3. 编写一个 SQL 语句，列出雇员的电子邮件地址。电子邮件地址并不是数据库中的一个字段，雇员的电子邮件地址应该如下所示：

```
FIRST.LAST@PERPTECH.COM
```

举例来说，John Smith 的电子邮件地址是 JOHN.SMITH@PERPTECH.COM。

4. 编写一个 SQL 语句，以如下格式列出雇员的姓名、雇员 ID 和电话号码。

   a. 姓名应该显示为 SMITH, JOHN。

   b. 雇员 ID 应该显示为雇员姓氏的前三个字母（大写），后面紧跟一个连字符，最后是雇员的号码。格式类似于 SMI-4203。

   c. 电话号码应该显示为(999)999-9999。

第 12 章

日期和时间

本章的重点包括：

- 日期和时间是如何存储的；
- 典型的日期和时间格式；
- 如何使用日期函数；
- 如何使用日期转换。

本章介绍 SQL 中的日期和时间，不仅会详细讨论 DATETIME 数据类型，还会讨论某些实现如何使用日期、如何以特定格式提取日期和时间，以及其他一些常见规则。

By the Way

注意：SQL 语法的不同实现

众所周知，SQL 的实现有多种。本书介绍 ANSI 标准及最常见的非标准函数、命令和操作符。本书的示例使用 MySQL，但即使是在 MySQL 中，日期的保存格式也有多种，用户必须查看相应的文档来了解日期存储的实际情况。但无论以何种格式存储日期，SQL 实现中都有转换数据格式的函数。

12.1 日期是如何存储的

每个实现都有一个默认的日期和时间存储格式，与其他数据类型一样，这种默认格式在不同的实现中通常也是不同的。下文首先回顾 DATETIME 数据格式的标准格式及其元素，然后介绍某些常见 SQL 实现中的日期和时间数据类型，包括 Oracle、MySQL 和 Microsoft SQL Server。

12.1.1 日期和时间的标准数据类型

用于存储日期和时间（DATETIME）的标准 SQL 数据类型有 3 种。

- DATE：直接存储日期。DATE 的格式是 YYYY-MM-DD，范围为 0001-01-01 到 9999-12-31。
- TIME：直接存储时间。TIME 的格式是 HH:MI:SS.nn...，范围为 00:00:00... 到 23:59:61.999...。

➢ TIMESTAMP：直接存储日期和时间。TIMESTAMP 的格式是 YYYY-MM-DD HH:MI:SS.nn...，范围为 0001-01-01 00:00:00...到 9999-12-31 23:59:61.999...。

12.1.2 DATETIME 元素

DATETIME 元素是与日期和时间相关的元素，包含在 DATETIME 定义中。下面列出了 DATETIME 元素及其取值范围。

DATETIME 元素	有效范围
YEAR	0001~9999
MONTH	01~12
DAY	01~31
HOUR	00~23
MINUTE	00~59
SECOND	00.000...~61.999...

这些元素很常见。秒是以小数表示的，表达式的值是可以是 1/10 秒、1/100 秒、毫秒等。根据 ANSI 标准，61.999 秒用于插入或略去闰秒，但这种情况非常少见。不同实现中日期和时间的存储可能差别很大，请参考具体实现的文档。

注意：数据库处理闰年

如果数据以 DATETIME 数据类型存储在数据库中，像闰秒和闰年这样的日期差异是在数据库内部处理的。

By the Way

12.1.3 不同实现的日期类型

与其他数据类型一样，每种实现都有自己的形式和语法来处理日期和时间。表 12.1 列出了 3 种实现（Microsoft SQL Server、MySQL 和 Oracle）的日期和时间。

表 12.1 不同平台的 DATETIME 类型

产品	数据类型	用途
Oracle	DATE	存储日期和时间信息
SQL Server	DATETIME	存储日期和时间信息
	SMALLDATETIME	存储日期和时间信息，但取值范围小于 DATETIME
	DATE	存储日期值
	TIME	存储日间值
MySQL	DATETIME	存储日期和时间信息
	TIMESTAMP	存储日期和时间信息
	DATE	存储日期值
	TIME	存储时间值
	YEAR	单字节，表示年

Did you Know?

提示：日期和时间类型在不同的实现中有所不同

每种实现都使用特定的数据类型来存储日期和时间信息，但大多数实现遵循ANSI标准，即日期和时间的全部元素都保存在相关的数据类型中。日期在内部的存储方式取决于具体实现。

12.2 日期函数

SQL 中可用的日期函数在每个不同实现中是有所区别的。类似于字符串函数，日期函数用于调整日期和时间数据的外观。日期函数通常用来以适当的方式来格式化日期和时间数据的输出、进行比较、计算日期之间的间隔等。

12.2.1 当前日期

如何从数据库获取当前日期呢？很多情况下都可能需要从数据库获取当前日期，通常是为了将其与存储的日期进行比较，或是将当前日期的值作为某种时间戳返回。

从根本上来说，当前日期保存在数据库所在的计算机上时，被称为系统日期。数据库通过与操作系统进行交互可以获取系统日期，从而满足自身需要或是满足数据库请求（比如查询）。

下面介绍几种使用命令从不同实现中获取系统日期的一些方法。

Microsoft SQL Server 使用名为 GETDATE()的函数获取系统日期。该函数在查询中的用法如下所示：

```
SELECT GETDATE()

2015-06-01 19:23:38.167
```

MySQL 使用 NOW 函数获取当前日期和时间。NOW 被称为伪字段，因为它的行为与表中的其他字段类似，能够从数据库里的任意表中进行选择，但它实际上并不存在于任何表的定义中。

下面是使用 MySQL 语句获取当前日期和时间的示例（假设今天是 2015 年 6 月 1 日）：

```
SELECT NOW ();

01-JUN-15 13:41:45
```

Oracle 使用 SYSDATE 函数，下面的示例使用了 Oracle 中的 DUAL 表（这是 Oracle 中的哑表）：

```
SELECT SYSDATE FROM DUAL;

01-JUN-15 13:41:45
```

12.2.2 时区

在处理日期和时间信息时，可能要考虑时区。举例来说，美国中部时间下午 6:00 并不等同于澳大利亚的同一时间。另外，在使用夏令时的地区，每年都要调整两次时间。如果在维护数据时需要考虑时区问题，我们就需要考虑时区并进行时间转换（如果 SQL 实现中有这样的函数）。

下面是一些常见时区及其缩写。

缩写	定义
AST、ADT	大西洋标准时间、大西洋夏令时
BST、BDT	白令标准时间、白令夏令时
CST、CDT	中部标准时间、中部夏令时
EST、EDT	东部标准时间、东部夏令时
GMT	格林威治标准时间
HST、HDT	阿拉斯加/夏威夷标准时间、阿拉斯加/夏威夷夏令时
MST、MDT	山区标准时间、山区夏令时
NST	纽芬兰标准时间、纽芬兰夏令时
PST、PDT	太平洋标准时间、太平洋夏令时
YST、YDT	育空标准时间、育空夏令时

下面是在某个给定时间不同时区之间的差别：

时区	时间
AST	2015年6月12日，1:15 pm
BST	2015年6月12日，6:15 am
CST	2015年6月12日，11:15 am
EST	2015年6月12日，12:15 pm
GMT	2015年6月12日，5:15 pm
HST	2015年6月12日，7:15 am
MST	2015年6月12日，10:15 am
NST	2015年6月12日，1:45 pm
PST	2015年6月12日，9:15 am
YST	2010年6月12日，8:15 am

注意：处理时区

有些实现中包含能够处理不同时区的函数，但并不是所有实现都支持使用时区，实际应用中要考虑特定的实现及数据库的处理需求。

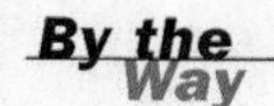

12.2.3 时间与日期相加

日、月以及时间的其他组成部分可以添加到日期中，从而进行日期比较或是在查询的WHERE子句中提供更精确的条件。

可以为DATETIME值增加时间间隔。根据标准的定义，时间间隔用于调整DATETIME值，如下例所示：

```
DATE '2015-12-31' + INTERVAL '1' DAY
'2016-01-01'
DATE '2015-12-31' + INTERVAL '1' MONTH
'2016-01-31'
```

下面是使用SQL Server的DATEADD函数的示例：

```
SELECT FLIGHTSTART, DATEADD(MONTH, 1, FLIGHTSTART) AS MONTHADDED
FROM FLIGHTS
WHERE FLIGHTID<=10;
```

```
FLIGHTSTART             MONTHADDED
----------------------- -----------------------
2013-05-01 07:00:00.000 2013-06-01 07:00:00.000
2013-05-01 07:00:00.000 2013-06-01 07:00:00.000
2013-05-01 07:00:00.000 2013-06-01 07:00:00.000
2013-05-01 07:00:00.000 2013-06-01 07:00:00.000
2013-05-01 07:00:00.000 2013-06-01 07:00:00.000
2013-05-01 07:00:00.000 2013-06-01 07:00:00.000
2013-05-01 07:00:00.000 2013-06-01 07:00:00.000
2013-05-01 07:00:00.000 2013-06-01 07:00:00.000
2013-05-01 07:00:00.000 2013-06-01 07:00:00.000
2013-05-01 07:00:00.000 2013-06-01 07:00:00.000

(10 row(s) affected)
```

下面是使用 Oracle 的 ADD_MONTHS 函数的示例：

```
SELECT FLIGHTSTART, ADD_MONTHS(FLIGHTSTART,1)
FROM FLIGHTS
WHERE FLIGHTID<=10;

FLIGHTSTART                    MONTHADDED
------------------------------ ------------------------------
01-MAY-13                      01-JUN-13
01-MAY-13                      01-JUN-13
01-MAY-13                      01-JUN-13
01-MAY-13                      01-JUN-13
01-MAY-13                      01-JUN-13
01-MAY-13                      01-JUN-13
01-MAY-13                      01-JUN-13
01-MAY-13                      01-JUN-13
01-MAY-13                      01-JUN-13
01-MAY-13                      01-JUN-13

10 rows selected.
```

在 Oracle 中，如果想为日期增加一天，处理方式如下所示：

```
SELECT FLIGHTSTART, FLIGHTSTART + 1 AS DAYADDED
FROM FLIGHTS
WHERE FLIGHTID=1;

FLIGHTSTART                    DAYADDED
------------------------------ ------------------------------
01-MAY-13                      02-MAY-13

1 row selected.
```

如果想在 MySQL 中进行同样的查询，可以使用 ANSI 标准的 INTERVAL 命令，如下所示。否则，MySQL 会把日期转换为整数再进行加法运算。

```
SELECT FLIGHTSTART, DATE_ADD(FLIGHTSTART, INTERVAL 1 DAY) AS DAYADDED,
FLIGHTSTART + 1 AS ALTDATE
FROM FLIGHTS
WHERE FLIGHTID=1;
```

```
FLIGHTSTART        DAYADDED           ALTDATE
-----------        ---------------    -----------------
01-MAY-13          02-MAY-13          2013602

1 row selected.
```

从 MySQL、SQL Server 和 Oracle 的这些示例中可以看出，虽然它们从句法上都与 ANSI 标准有所区别，但都是基于 SQL 标准所描述的同一概念来获得结果。

12.2.4 其他日期函数

表 12.2 列出了 SQL Server、Oracle 和 MySQL 中存在的其他一些日期函数。

表 12.2　　不同平台的日期函数

产品	日期函数	用途
SQL Server	DATEPART	返回日期的 DATEPART 的整数值
	DATENAME	返回日期的 DATENAME 的文本值
	GETDATE()	返回系统日期
	DATEDIFF	返回两个日期之间的间隔，可以是天数、分钟数和秒数
Oracle	NEXT_DAT	返回指定日期（比如 FRIDAY）之后的一天
	MONTHS_BETWEEN	返回两个日期之间相差的月数
MySQL	DAYNAME(date)	显示星期几
	DAYOFMONTH(date)	显示几日
	DAYOFWEEK(date)	显示星期几
	DAYOFYEAR(date)	显示一年中的第几天

12.3 日期转换

出于多种原因，我们需要进行日期转换。日期转换主要用于改变定义为 DATETIME 的数据类型，或是具体实现中的其他有效的数据类型。

进行日期转换的主要原因有：

- 比较不同数据类型的日期值；
- 把日期值格式化为字符串；
- 把字符串转换为日期格式。

ANSI 的 CAST 操作符可以把一种数据类型转换为另一种数据类型，其基本语法如下所示：

```
CAST ( EXPRESSION AS NEW_DATA_TYPE )
```

下文会介绍一些特定实现中的具体语法，包括：

- DATETIME 值中元素的表示；
- 日期转换为字符串；
- 字符串转换为日期。

12.3.1 日期描述

日期描述（date picture）由格式元素组成，用于以特定格式从数据库提取日期和时间信息。日期描述并非在所有的 SQL 实现中都可用。

如果不使用日期描述和某种转换函数，日期和时间信息都是以默认格式从数据库中提取的，如下所示：

```
2010-12-31
31-DEC-10
2010-12-31 23:59:01.11
...
```

如果要以如下方式显示日期该如何操作呢？

```
December 31, 2010
```

这时我们需要把日期从 DATETIME 格式转换为字符串格式，这是由一些专用函数完成的，稍后将加以介绍。

表 12.3 展示了很多实现中使用的常见日期元素，它们可以帮助我们使用日期描述，从数据库中获取适当的 DATETIME 信息。

表 12.3　不同平台的日期元素

产品	语法	日期元素
SQL Server	yy	年
	qq	季度
	mm	月
	dy	一年中的第几天
	wk	星期
	dw	工作日
	hh	小时
	mi	分钟
	ss	秒
	ms	毫秒
Oracle	AD	公元
	AM	正午以前
	BC	公元前
	CC	世纪
	D	星期中的第几天
	DD	月份中的第几天
	DDD	年中的第几天
	DAY	某天的拼写（比如 MONDAY）
	Day	某天的拼写（比如 Monday）
	day	某天的拼写（比如 Monday）
	DY	某天的三字母缩写（比如 MON）
	Dy	某天的三字母缩写（比如 Mon）
	dy	某天的三字母缩写（比如 mon）

续表

产品	语法	日期元素
Oracle	HH	小时
	HH12	小时
	HH24	小时（24 小时制）
	J	自公元前 4713 年 12 月 31 日起至今的日子
	MI	分钟数
	MM	月份
	MON	月份的三字母缩写（比如 JAN）
	Mon	月份的三字母缩写（比如 Jan）
	mon	月份的三字母缩写（比如 jan）
	MONTH	月份的拼写（比如 JANUARY）
	Month	月份的拼写（比如 January）
	month	月份的拼写（比如 january）
	PM	正午之后
	Q	季度数
	RM	以罗马数字表示的月份
	RR	两位数字表示的年份
	SS	秒数
	SSSSS	自午夜起累积的秒数
	SYYYY	以符号数表示的年份，比如公元前 500 年就表示为-500
	W	一个月中的第几个星期
	WW	一年中的第几个星期
	Y	年份的最后一位数字
	YY	年份的最后两位数字
	YYY	年份的最后三位数字
	YYYY	年份
	YEAR	年份的拼写（TWO-THOUSAND-TEN）
	Year	年份的拼写（Two-Thousand-Ten）
	year	年份的拼写（two-thousand-ten）
MySQL	SECOND	秒
	MINUTE	分钟
	HOUR	小时
	DAY	天
	MONTH	月
	YEAR	年
	MINUTE_SECOND	分和秒
	HOUR_MINUTE	小时和分
	DAY_HOUR	天和小时
	YEAR_MONTH	年和月
	HOUR_SECOND	小时、分和秒
	DAY_MINUTE	天和分钟
	DAY_SECOND	天和秒

By the Way

注意：MySQL 中的日期元素

上表列出了 MySQL 中最常见的日期元素，不同版本的 MySQL 中还有其他一些可以使用的日期元素。

12.3.2 日期转换为字符串

将 DATETIME 值转换为字符串是为了改变日期在查询中的输出形式，它是通过使用转换函数实现的。下面展示了把日期和时间数据转换为字符串的两个示例。首先使用 SQL Server：

```
SELECT DISTINCT FLIGHTSTART = DATENAME(MONTH, FLIGHTSTART)
FROM FLIGHTS;

FLIGHTSTART
------------------------------
June
August
May
September
July

(5 row(s) affected)
```

第二个示例是使用 TO_CHAR 函数的 Oracle 日期转换：

```
SELECT DISTINCT FLIGHTSTART, TO_CHAR(FLIGHTSTART,'Month dd, yyyy') FLIGHT
FROM FLIGHTS
WHERE FLIGHTID<=10;

FLIGHTSTART                    FLIGHT
------------------------------ ------------------------------
01-MAY-13                      May 01, 2013
02-MAY-13                      May 02, 2013
03-MAY-13                      May 03, 2013
04-MAY-13                      May 04, 2013
05-MAY-13                      May 05, 2013
06-MAY-13                      May 06, 2013
07-MAY-13                      May 07, 2013

(7 row(s) affected)
```

12.3.3 字符串转换为日期

下面的示例展示了来自 MySQL 或 Oracle 实现的一个方法，它可以将字符串转换为日期格式。在转换完成之后，数据可以保存到定义为某种 DATETIME 数据类型的字段中。

```
SELECT STR_TO_DATE('01/01/2010 12:00:00 AM', '%m/%d/%Y %h:%i:%s %p') AS FORMAT_DATE
FROM FLIGHTS
WHERE FLIGHTID<=6;

FORMAT_DATE
-----------
01-JAN-10
```

```
01-JAN-10
01-JAN-10
01-JAN-10
01-JAN-10
01-JAN-10

6 rows selected.
```

这个查询中只提供了一个日期值，为什么会选择 6 条记录呢？这是因为被转换的字符串来自于表 FLIGHTS，而查询语句设置为返回 FLIGHTID 小于或等于 6 的所有记录。因此，对从查询中返回的所有记录进行了字符串的转换。

在 Microsoft SQL Server 中，我们使用 CONVERT 函数：

```
SELECT CONVERT(DATETIME,'02/25/2010 12:00:00 AM') AS FORMAT_DATE
FROM FLIGHTS
WHERE FLIGHTID<=6;

FORMAT_DATE
-----------------------
2010-02-25 00:00:00.000
2010-02-25 00:00:00.000
2010-02-25 00:00:00.000
2010-02-25 00:00:00.000
2010-02-25 00:00:00.000
2010-02-25 00:00:00.000

6 rows selected.
```

12.4 小结

本章介绍了 DATATIME 值的概念。ANSI 提供了标准的 DATETIME，就像很多 SQL 元素一样，大多数实现偏离了标准 SQL 命令的名称与语法，但其基本表示与操作日期和时间信息的基本概念没有改变。第 11 章介绍了函数在不同实现中的区别，而本章介绍了日期和时间数据类型、函数和操作符之间的不同。记住，本章介绍的示例并不是在所有 SQL 实现中都能执行，但日期和时间的基本概念是相同的，适用于任何实现。

12.5 问与答

问：为什么不同实现中的数据类型和函数会与标准集有所差别？

答：不同实现在数据类型和函数外观方面有所区别，主要是因为不同的厂商使用不同的方式保存数据，追求用最有效的方式提供数据检索。但是，所有实现都应该根据 ANSI 描述的必要元素来提供保存日期和时间的相同方式，比如年、月、日、小时、分钟、秒等。

问：如果想用不同于实现所提供的方式来保存日期和时间信息，应该如何操作？

答：如果把保存日期的字段定义为变长字符串类型，我们几乎可以用任何格式来保存日期。需要注意的是，如果想进行日期值的比较，我们首先要把日期的字符串形式转换为有效的 DATETIME 格式（前提是有适当的转换函数可供使用）。

12.6　实践

下面的内容包含一些测试问题和实战练习。这些测试问题的目的在于检验对学习内容的理解程度。实战练习有助于把学习的内容应用于实践，并且巩固对知识的掌握。在继续学习之前请先完成测试与练习，答案请见附录 C。

12.6.1　测验

1. 系统日期和时间源自于哪里？
2. 列出 DATETIME 值的标准内部元素。
3. 如果是国际公司，在处理日期和时间的比较与表示时，应该考虑的一个重要因素是什么？
4. 字符串表示的日期值能不能与定义为某种 DATETIME 类型的日期值进行比较？
5. 在 SQL Server 和 Oracle 中，使用什么函数获取当前日期和时间？

12.6.2　练习

1. 在不同 SQL 实现的 sql 提示符下输入以下 SQL 代码，显示服务器的当前日期：

```
SQL Server: SELECT GETDATE();
Oracle: SELECT SYSDATE FROM DUAL;
```

2. 输入以下 SQL 代码，显示每名雇员的受雇日期：

```
SELECT EMPLOYEEID, HIREDATE
FROM EMPLOYEES;
```

3. 在 SQL Server 中，通过使用 YEAR 和 MONTH 等函数，可以将日期划分成不同的部分。输入下述代码，显示每位雇员的受雇年份和月份：

```
SELECT EMPLOYEEID, YEAR(HIREDATE) AS YEAR_HIRED, MONTH(HIREDATE) AS MONTH_HIRED
FROM EMPLOYEES;
```

4. 输入类似于下面 SQL Server 实现的语句，显示每位雇员的雇佣日期以及今天的日期：

```
SELECT EMPLOYEEID, HIREDATE, GETDATE() as TODAYSDATE
FROM EMPLOYEES;
```

5. 在练习 4 的基础上，确定每位雇员是在周几被雇佣的。
6. 编写与练习 4 类似的查询语句，显示雇员已经工作了多少天以及工作了多少年。注意，不要使用函数。
7. 编写一个查询语句，确定今天的儒略日期（一年中的第几天）。

第 13 章

在查询中连接表

本章的重点包括：

- 表的连接；
- 不同类型的连接；
- 如何以及何时使用连接；
- 表连接的示例；
- 不正确的表连接的影响；
- 在查询中利用别名对表进行重命名。

到目前为止，我们执行的数据库查询只是从一个表中获取数据。本章将介绍如何在一个查询中连接多个表来获取数据。

13.1 从多个表获取数据

能够从多个表中选择数据是 SQL 最强大的特性之一。如果没有这种能力，关系型数据库的整个概念就无法实现。有时单表查询就可以得到有用的信息，但在现实世界中，最实用的查询是要从数据库的多个表中获取数据。

第 4 章已经介绍过，关系型数据库为达到简单和易于管理的目的，被分解为较小的、更方便管理的表。正是由于表被分解为较小的表，它们通过共有字段（主键和外键）形成相互关联的表。这些键用来将相关联的表连接在一起。

可能有人会问，既然最终是通过重新连接表来获取需要的数据，为什么还要对表进行规格化呢？在实际应用中，我们很少会从表中选择全部数据，因此最好是根据每个查询的需求来挑选数据。虽然数据库的规格化会对性能造成一点影响，但从整体来说，编程和维护都更加容易。需要注意的是，数据库规格化的主要目的是减少冗余和提高数据完整性。数据库管理员的最终目标是确保数据安全。

13.2 连接

连接是把两个或多个表组合在一起来获取数据。不同的实现具有多种连接表的方式，本章将介绍最常用的连接，它们的类型如下所示：

- 等值连接或内部连接；
- 非等值连接；
- 外部连接；
- 自连接。

如前所述，SELECT 和 FROM 是 SQL 语句的必要元素；而在连接表时，WHERE 子句是 SQL 语句的必要元素。要连接的表包含在 FROM 子句中，而连接是在 WHERE 子句里完成的。多个操作符可以用于连接表，比如=、<、>、<>、<=、>=、!=、BETWEEN、LIKE 和 NOT，其中最常用的操作符是等于号。

13.2.1　等值连接

最常用且最重要的连接就是等值连接，也被称为内部连接。等值连接利用通用字段连接两个表，而这个字段通常是每个表中的主键。

等值连接的语法如下所示：

```
SELECT TABLE1.COLUMN1 , TABLE2.COLUMN2 ...
FROM TABLE1 , TABLE2 [, TABLE3 ]
WHERE TABLE1.COLUMN_NAME = TABLE2.COLUMN_NAME
[ AND TABLE1.COLUMN_NAME = TABLE3.COLUMN_NAME ]
```

具体示例如下：

```
SELECT EMPLOYEES.EMPLOYEEID,EMPLOYEES.FIRSTNAME,EMPLOYEES.LASTNAME,
       AIRPORTS.AIRPORTID,AIRPORTS.AIRPORTNAME
FROM EMPLOYEES,
       AIRPORTS
WHERE EMPLOYEES.AIRPORTID = AIRPORTS.AIRPORTID;
```

这个 SQL 语句返回雇员标识号、姓名以及他们所供职的机场的名称。我们需要在查询的 WHERE 子句中列出表的关联方式。这里指定两个表通过 AIRPORTID 字段连接。由于两个表中都有 AIRPORT 字段，因此在字段列中必须指明字段的表名，从而使数据库服务器获悉到哪里获取数据。

在下面的示例中，数据是从表 EMPLOYEES 和 AIRPORTS 中获取的，因为想要的数据位于这两个表中。这里使用了等值连接。

```
SELECT EMPLOYEES.EMPLOYEEID,EMPLOYEES.FIRSTNAME,EMPLOYEES.LASTNAME,
       AIRPORTS.AIRPORTID,AIRPORTS.AIRPORTNAME
FROM EMPLOYEES,
       AIRPORTS
WHERE EMPLOYEES.AIRPORTID = AIRPORTS.AIRPORTID
AND EMPLOYEEID<=10;
```

```
EMPLOYEEID  FIRSTNAME              LASTNAME                AIRPORTID    AIRPORTNAME
----------- ---------------------- ----------------------- ------------ -----------
1           Erlinda                Iner                    27           Red Dog
2           Nicolette              Denty                   1209         Errol
3           Arlen                  Sabbah                  1209         Errol
```

```
4       Yulanda      Loock       1209   Errol
5       Tena         Sacks       1209   Errol
6       Inocencia    Arcoraci    1210   Esler Field
7       Christa      Astin       1211   Espanola
8       Tamara       Contreraz   1211   Espanola
9       Michale      Capito      1211   Espanola
10      Kimberly     Ellamar     1211   Espanola

(10 row(s) affected)
```

注意，SELECT 子句中每个字段名称都以相关联的表名作为前缀，从而准确标识各个字段。在查询中，这被称为限定字段，只有当字段存在于查询语句引用的多个表中时才会用到。在调试或修改 SQL 代码时，我们通常会对全部字段进行限定，从而提高一致性并避免发生问题。

另外，SQL 通过引用 JOIN 语法提高了上一个示例的可读性。JOIN 语法如下所示：

```
SELECT TABLE1.COLUMN1 , TABLE2.COLUMN2 ...
FROM TABLE1
INNER JOIN TABLE2 ON TABLE1.COLUMN_NAME = TABLE2.COLUMN_NAME
```

可以看到，JOIN 操作符被从 WHERE 子句中移除，取而代之的是关键字 JOIN 语法。要连接的表位于 JOIN 语法之后，而 JOIN 操作符位于限定符 ON 之后。在下面的示例中，用来查询雇员识别号和雇佣日期的语句，使用 JOIN 语法进行了重写：

```
SELECT EMPLOYEES.EMPLOYEEID,EMPLOYEES.FIRSTNAME,EMPLOYEES.LASTNAME,
       AIRPORTS.AIRPORTID,AIRPORTS.AIRPORTNAME
FROM EMPLOYEES
     INNER JOIN AIRPORTS
ON EMPLOYEES.AIRPORTID = AIRPORTS.AIRPORTID
WHERE EMPLOYEEID<=10;
```

上述查询语句返回的结果集与上一个语句相同，尽管语法不同。因此，我们可以使用任何一个查询语句，而不用担心返回的结果不同。

13.2.2 使用表的别名

在特定的 SQL 语句中，可以给表起一个别名。这是一种临时性的改变，表在数据库中的实际名称不会发生改变。稍后我们就会发现，表具有别名是完成自连接的必要条件。为表起别名一般是为了减少键盘输入，从而使 SQL 语句更短、更易读。另外，输入越少就意味着输入错误也随之减少。而且，在对别名进行引用时，由于它一般比较短，而且能更准确地描述所使用的数据，所以编程错误也会更少。为表起别名同时也意味着被选择字段必须用表的别名加以限定。下面是使用表的别名和相应字段的一些示例：

```
SELECT E.EMPLOYEEID,E.FIRSTNAME,E.LASTNAME,
       A.AIRPORTNAME, E.SALARY
FROM EMPLOYEES E
     INNER JOIN AIRPORTS A
ON E.AIRPORTID = A.AIRPORTID
WHERE E.SALARY=73000
AND A.AIRPORTNAME LIKE 'N%';
```

在这个 SQL 语句中，表 EMPLOYEES 被重命名为 E，表 AIRPORTS 被重命名为 A。选择什么名称作为别名没有限制，这里之所以分别使用 E 和 A，是因为 EMPLOYEES 和 AIRPORTS 分别以这两个字母打头。被选择的字段由相应表的别名加以修饰。注意 WHERE 子句中使用的 SALARY 字段也必须用表的别名加以修饰。

13.2.3　不等值连接

不等值连接基于指定的字段值连接两个或多个表，且这个字段值与其他表中的指定字段值不相等。不等值连接的语法如下：

```
FROM TABLE1 , TABLE2 [, TABLE3 ]
WHERE TABLE1.COLUMN_NAME != TABLE2.COLUMN_NAME
[ AND TABLE1.COLUMN_NAME != TABLE2.COLUMN_NAME ]
```

具体示例如下：

```
SELECT A.AIRPORTID, A.AIRPORTNAME, A.COUNTRYCODE
FROM AIRPORTS A
     INNER JOIN EMPLOYEES E
ON A.AIRPORTID<>E.AIRPORTID;
```

这个 SQL 语句返回两个表中没有相应记录的所有机场的机场信息。下面的示例使用了不等值连接：

```
SELECT TOP 10 A.AIRPORTID, A.AIRPORTNAME, A.COUNTRYCODE
FROM AIRPORTS A
     INNER JOIN EMPLOYEES E
ON A.AIRPORTID<>E.AIRPORTID;

AIRPORTID   AIRPORTNAME                    COUNTRYCODE
----------- ------------------------------ -----------
1           Bamiyan                        AF
2           Bost                           AF
3           Chakcharan                     AF
4           Darwaz                         AF
5           Faizabad                       AF
6           Farah                          AF
7           Gardez                         AF
8           Ghazni                         AF
9           Herat                          AF
10          Jalalabad                      AF

(10 row(s) affected)
```

Watch Out!

警告：不等值组合可能会产生多余数据

在使用不等值连接时，可能会得到很多无用的数据，其结果需要仔细检查。

我们可能想要删除 SELECST 语句中的 TOP 10 子句，从而获取返回的真实记录数。当返回 5100 万条记录时，可能会使所有人惊讶。因为使用的是不等值匹配，所以 AIRPORTSW 表中的每一条记录都需要为 EMPLOYEES 表中每一条不匹配的记录返回一条记录。由于有 9100 多个机场和 5600 多名雇员，因此存在大量的不匹配记录。

在前面小节使用等值连接的示例中，第一个表中的每条记录都只与第二个表中的一行记录相匹配（其对应的记录）。

13.2.4 外部连接

外部连接会返回一个表中的全部记录，即使对应的记录在连接表中不存在。加号（+）用于在查询中表示外部连接，放在 WHERE 子句中表名的后面。包含加号的表应该是没有匹配记录的表。在很多实现中，外部连接被划分为左外部连接、右外部连接和全外部连接。外部连接在这些实现中通常是可选的。

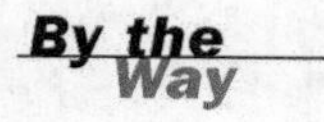

注意：连接的语法结构多变

关于外部连接的使用与语法请查看具体实现的文档。很多主流实现都使用“+”表示外部连接，但这并不是标准。在不同版本的 SQL 实现中，其相关规定也不尽相同。例如，Microsoft SQL Server 2000 支持这种连接语法，但 SQL Server 2005 及以上版本却不支持。所以，在使用这种语法时务必要小心。

外部连接的一般语法如下所示：

```
FROM TABLE1
{RIGHT | LEFT | FULL} [OUTER] JOIN
ON TABLE2
```

Oracle 的语法如下：

```
FROM TABLE1, TABLE2 [, TABLE3 ]
WHERE TABLE1.COLUMN_NAME[(+)] = TABLE2.COLUMN_NAME[(+)]
[ AND TABLE1.COLUMN_NAME[(+)] = TABLE3.COLUMN_NAME[(+)]]
```

首先，在下面的查询中创建并使用一个名为 HIGH_SALARIES 的临时表，用来获取等于或大于 70000 美元的薪水列表，且薪水值不可以重复。

在 SQL Server 中，语句如下所示：

```
SELECT DISTINCT Salary
INTO HIGH_SALARIES
FROM Employees
WHERE Salary>=70000;

(5 row(s) affected)
```

在 Oracle 中，语句如下所示：

```
INSERT INTO HIGH_SALARIES
SELECT DISTINCT Salary
FROM Employees
WHERE Salary>=70000;

5 rows selected
```

外部连接的概念将在下面的两个示例中加以解释。第一个示例选择了雇员名字、城市和高薪；这些值来自两个单独的表中。需要注意的是，并不是每位雇员在 HIGH_SALARIES 表中都有相应的记录。执行一个常规的等值连接：

```
SELECT E.FIRSTNAME,E.LASTNAME,E.CITY,H.SALARY AS HIGH_SALARY
FROM EMPLOYEES E ,
     HIGH_SALARIES H
WHERE E.SALARY=H.SALARY
AND E.STATE='IN';

FIRSTNAME                 LASTNAME             CITY                       HIGH_SALARY
------------------------- -------------------- -------------------------- -----------
Carletta                  Farrelly             Rensselaer                 71000.00
Latashia                  Trussell             Crane                      72000.00

(2 row(s) affected)
```

这里列出了两条记录和两个薪水，但是在印第安纳工作的雇员有很多。我们想显示全部雇员，不管他们是否有高薪。

下面的示例通过使用外部连接来达到我们的目的，这里使用的是 Oracle 语法：

```
SELECT E.FIRSTNAME,E.LASTNAME,E.CITY,H.SALARY AS HIGH_SALARY
FROM EMPLOYEES E ,
     HIGH_SALARIES H
WHERE E.SALARY=H.SALARY(+)
AND E.STATE='IN'
ORDER BY H.SALARY DESC;

FIRSTNAME            LASTNAME             CITY                 HIGH_SALARY
-------------------- -------------------- -------------------- --------------------
Latashia             Trussell             Crane                72000.00
Carletta             Farrelly             Rensselaer           71000.00
Nelle                Mocco                Rensselaer           NULL
Caterina             Bourgeault           Richmond IN          NULL
Lannie               Geldmacher           Richmond IN          NULL
Neil                 Golda                Andrews              NULL
.
.
.
.
94 rows selected.
```

这里也可以使用前面介绍的标准连接语法，来实现同样的结果。而且输出清晰易懂：

```
SELECT E.FIRSTNAME,E.LASTNAME,E.CITY,H.SALARY AS HIGH_SALARY
FROM EMPLOYEES E ,
     LEFT OUTER JOIN HIGH_SALARIES H
     ON E.SALARY=H.SALARY
WHERE E.STATE='IN'
ORDER BY H.SALARY DESC;

FIRSTNAME            LASTNAME             CITY                 HIGH_SALARY
-------------------- -------------------- -------------------- --------------------
Latashia             Trussell             Crane                72000.00
Carletta             Farrelly             Rensselaer           71000.00
Nelle                Mocco                Rensselaer           NULL
Caterina             Bourgeault           Richmond IN          NULL
```

```
Lannie          Geldmacher          Richmond IN          NULL
Neil            Golda               Andrews              NULL
.
.
.

(94 row(s) affected)
```

这个查询返回了印第安纳的所有雇员，尽管这些人的薪水可能不满足表中的高薪标准。外部连接会包含表 EMPLOYEES 中的全部记录，不管表 HIGH_SALARIES 中是否有对应的记录。

> **提示：外部连接的使用**
>
> 可以在 JOIN 条件的单侧使用外部连接。但是，在 JOIN 条件中，可以将外部连接应用到同一个表中的多个字段上。

Did you Know?

可以在 JOIN 条件的单侧使用外部连接。但是，在 JOIN 条件中，可以将外部连接应用到同一个表中的多个字段上。

13.2.5 自连接

自连接使用表的别名对 SQL 语句中的表（至少一个）进行临时重命名，像处理两个表一样将表连接到自身。

自连接利用表的别名在 SQL 语句对表进行重命名，像处理两个表一样把表连接到自身。语法如下所示：

```
SELECT A. COLUMN_NAME , B. COLUMN_NAME , [ C. COLUMN_NAME ]
FROM TABLE1 A, TABLE2 B [, TABLE3 C ]
WHERE A. COLUMN_NAME = B. COLUMN_NAME
[ AND A. COLUMN_NAME = C. COLUMN_NAME ]
```

具体示例如下：

```
SELECT A.LASTNAME, B.LASTNAME, A.FIRSTNAME
FROM EMPLOYEES A,
     EMPLOYEES B
WHERE A.LASTNAME = B.LASTNAME;
```

这个 SQL 语句返回表 EMPLOYEES 中所有姓氏相同的雇员的名字。当需要的数据都位于同一个表中，而我们又必须对同一个表中的记录进行一些比较时，就可以使用自连接。

还可以像下面这样利用 INNER JOIN 语法来得到同样的结果：

```
SELECT A.LASTNAME, B.LASTNAME, A.FIRSTNAME
FROM EMPLOYEES A
INNER JOIN EMPLOYEES B
ON A.LASTNAME = B.LASTNAME;
```

另外一个解释自连接的示例是：假设有一个表保存了雇员的标识号、姓名、雇员主管的标识号。我们想列出所有雇员及其主管的姓名，问题在于雇员主管的姓名并不是表中的一个字段：

```
SELECT E.EmployeeID,E.FirstName,E.LastName,
CASE WHEN E.EmployeeID%3=0 THEN 3 WHEN E.EmployeeID%2=0 THEN 2 ELSE 1 END AS MGR_ID
INTO EMPLOYEE_MGR
FROM EMPLOYEES E
WHERE E.EmployeeID<=10;

(10 row(s) affected)

SELECT * FROM EMPLOYEE_MGR;

EmployeeID  FirstName                      LastName                       MGR_ID
----------- ------------------------------ ------------------------------ ---------
1           Erlinda                        Iner                           1
2           Nicolette                      Denty                          2
3           Arlen                          Sabbah                         3
4           Yulanda                        Loock                          2
5           Tena                           Sacks                          1
6           Inocencia                      Arcoraci                       3
7           Christa                        Astin                          1
8           Tamara                         Contreraz                      2
9           Michale                        Capito                         3
10          Kimberly                       Ellamar                        2

(10 row(s) affected)
```

在下面的语句中，我们在查询的 FROM 子句中两次引用了表 EMPLOYEE_MGR，使表具有两个别名，以满足查询的用途。这样我们就可以像使用两个不同的表一样进行操作。所有的主管也都是雇员，所以两个表之间的 JOIN 条件会比较第一个表中的雇员标识号与第二个表中的主管标识号。第一个表充当保存雇员信息的表，而第二个充当保存主管信息的表：

```
SELECT E1.FIRSTNAME, E2.FIRSTNAME
FROM EMPLOYEE_MGR E1, EMPLOYEE_MGR E2
WHERE E1.MGR_ID = E2.EMPLOYEEID;

FIRSTNAME                      FIRSTNAME
------------------------------ ------------------------------
Erlinda                        Erlinda
Nicolette                      Nicolette
Arlen                          Arlen
Yulanda                        Nicolette
Tena                           Erlinda
Inocencia                      Arlen
Christa                        Erlinda
Tamara                         Nicolette
Michale                        Arlen
Kimberly                       Nicolette

(10 row(s) affected)
```

13.2.6 连接多个主键

大多数连接操作都会基于一个表中的主键和另一个表中的主键来合并数据。根据数据库的设计结构，有时我们需要连接多个主键来描述数据库中的数据。比如某个表的主键可能由多个字段组成，或者某个表的外键由多个字段组成，我们需要分别引用多个主键。

考虑下面的 Oracle 表：

```
SQL> desc prod
Name                                       Null?    Type
------------------------------------------ -------- ------------------------------
SERIAL_NUMBER                              NOT NULL NUMBER(10)
VENDOR_NUMBER                              NOT NULL NUMBER(10)
PRODUCT_NAME                               NOT NULL VARCHAR2(30)
COST                                       NOT NULL NUMBER(8,2)
SQL> desc ord
Name                                       Null?    Type
------------------------------------------ -------- ------------------------------
ORD_NO                                     NOT NULL NUMBER(10)
PROD_NUMBER                                NOT NULL NUMBER(10)
VENDOR_NUMBER                              NOT NULL NUMBER(10)
QUANTITY                                   NOT NULL NUMBER(5)
ORD_DATE                                   NOT NULL DATE
```

PROD 里的主键是由字段 SERIAL_NUMBER 和 VENDOR_NUMBER 组成的。也许两个产品在销售公司具有相同的序列号，但在每个商家的序列号都是唯一的。

ORD 中的外键也是由字段 SERIAL_NUMBER 和 VENDOR_NUMBER 组成的。

在从两个表（PROD 和 ORD）中选择数据时，连接操作可能是这样的：

```
SELECT P.PRODUCT_NAME, O.ORD_DATE, O.QUANTITY
FROM PROD P, ORD O
WHERE P.SERIAL_NUMBER = O.SERIAL_NUMBER
   AND P.VENDOR_NUMBER = O.VENDOR_NUMBER;
```

与之类似，如果要使用 INNER JOIN 语法，只需要在关键字 ON 之后列出多个连接操作，如下所示：

```
SELECT P.PRODUCT_NAME, O.ORD_DATE, O.QUANTITY
FROM PROD P,
INNER JOIN ORD O ON P.SERIAL_NUMBER = O.SERIAL_NUMBER
  AND P.VENDOR_NUMBER = O.VENDOR_NUMBER;
```

13.3 需要考虑的连接事项

在使用连接之前需要考虑一些因素：基于什么字段进行连接、是否有公用字段进行连接、性能问题。查询中的连接越多，数据库服务器需要完成的工作就越多，意味着需要越多的时间来获取数据。在从规格化的数据库中获取数据时，连接是不可避免的，但需要从逻辑角度来确定连接是否正确执行。不正确的连接会导致严重的性能下降和不准确的查询结果。关于性能的问题将在第 18 章详细介绍。

13.3.1 使用基表

如果需要从两个表中获取数据，但它们之间没有公用字段，我们就必须连接另一个表，这个表与前两个表都有公用字段，这个表就被称为基表。基表用于连接具有公用字段的一个或多个表，或是连接没有公用字段的多个表。

假设我们要使用表 FLIGHTS 和 AIRPORTS，但它们之间没有公用字段。现在来看表 ROUTES，它与表 FLIGHTS 可以通过 ROUTEID 字段连接，与表 AIRPORTS 可以通过 AIRPORTID 字段连接。这两个字段在 ROUTES 表中的名字分别为 SOURCEAIRPORTID 和 DESTINATIONAIRPORTID。JOIN 条件及结果如下所示：

```
SELECT F.FLIGHTID,A.AIRPORTNAME,F.FLIGHTSTART
FROM FLIGHTS F
INNER JOIN ROUTES R ON F.RouteID=R.RouteID
INNER JOIN Airports A ON R.SourceAirportID=A.AirportID
WHERE F.FlightID=1;

FLIGHTID    AIRPORTNAME                     FLIGHTSTART
----------- ------------------------------- -----------------------
1           Blue Grass                      2013-05-01 07:00:00.000

(1 row(s) affected)
```

注意，WHERE 子句的字段中使用了表的别名。

13.3.2 笛卡儿积

笛卡儿积是笛卡儿连接或“无连接”的结果。如果从两个或多个没有连接的表中获取数据，输出结果就是所有被选表中的全部记录。如果表的规模很大，返回的结果可能是几十万，甚至是数百万行数据。因此，在从两个或多个表中获取数据时，强烈建议使用 WHERE 子句。笛卡尔积通常也被称为交叉连接。

语法如下所示：

```
FROM TABLE1, TABLE2 [, TABLE3 ]
WHERE TABLE1, TABLE2 [, TABLE3 ]
```

下面是交叉连接（或称为可怕的笛卡儿积）的示例：

```
SELECT E.EMPLOYEEID, E.LASTNAME, A.AIRPORTNAME
FROM EMPLOYEES E,
     AIRPORTS A;
EMPLOYEEID   LASTNAME                        AIRPORTNAME
----------- ------------------------------- ------------------------------
1            Iner                            Bamiyan
1            Iner                            Bost
1            Iner                            Chakchara
.
.
.

(51537035 row(s) affected)
```

由于没有执行 JOIN 操作，数据取自两个单独的表。由于我们没有指定第一个表中的记录如何与第二个表中的记录相连接，数据库服务器把第一个表中的每行记录与第二个表中的全部记录相匹配。因为每个表都包含有数千条数据，所以最终结果是 5611 乘以 9185 共计 51537035 条记录。

为了更好地理解笛卡儿积是如何得到的，观察下面的示例：

```
SQL> SELECT X FROM TABLE1;

X
-
A
B
C
D

4 rows selected.

SQL> SELECT V FROM TABLE2;

X
-
A
B
C
D

4 rows selected.

SQL> SELECT TABLE1.X, TABLE2.X
   2* FROM TABLE1, TABLE2;

X X
- -
A A
B A
C A
D A
A B
B B
C B
D B
A C
B C
C C
D C
A D
B D
C D
D D

16 rows selected
```

Watch Out!

警告：务必确保所有的表都连接完毕

在查询中连接多个表时要特别小心。如果查询中的两个表没有连接，而且每个表都包含1000行数据，那么笛卡儿积就是1000乘以1000，也就是1000000行数据。在处理大量数据时，因为主机的资源利用率增加，笛卡儿积有时会导致主机停止或崩溃。因此，对于DBA和系统管理员来说，密切监视长时间运行的查询是很重要的工作。

13.4 小结

本章介绍了SQL最强大的特性之一：表的连接。如果在单个查询中只能从一个表获取数据，将受到非常大的局限。这里介绍了多种连接类型，它们根据查询中的条件来执行主机的功能。内部连接可以根据相等或不相等的条件连接多个表中的数据。外部连接相当强大，即使在被连接的表没有匹配数据时，也能从中获取数据。自连接用于把表与自身相连接。对于交叉连接，也就是笛卡儿积，要特别小心，它是多个表没有进行任何连接的结果，经常会产生大量不必要的输出。因此，在从多个表中获取数据时，一定要根据相关联的字段（通常是主键）连接表。如果没有对表进行正确连接，可能会产生不完整或不正确的输出结果。

13.5 问与答

问：在连接表时，它们的连接次序必须与它们在FROM子句中出现的次序相同吗？

答：它们不必以同样的次序出现。但是，表在FROM子句中的次序和表被连接的次序可能会对性能有所影响。

问：在使用基表连接没有关联的表时，必须从基表中选择字段吗？

答：使用基表连接不相关的表并不要求从基表中选择字段。

问：在连接表时可以基于多个字段吗？

答：可以。有些查询要求基于每个表的多个字段进行连接，以便提供连接表中数据之间的完整关系。

13.6 实践

下面的内容包含一些测试问题和实战练习。这些测试问题的目的在于检验对学习内容的理解程度。实战练习有助于把学习的内容应用于实践，并且巩固对知识的掌握。在继续学习之前请先完成测试与练习，答案请见附录C。

13.6.1 测验

1．如果无论相关表中是否存在匹配的记录，都要从表中返回记录，应该使用什么类型的连接？
2．JOIN 条件位于 SQL 语句的什么位置？
3．使用什么类型的 JOIN 来判断关联表的记录之间的相等关系？
4．如果从两个不同的表中获取数据，但它们之间没有连接，会产生什么结果？
5．使用下面的表回答问题。

```
ORDERS_TBL
ORD_NUM         VARCHAR(10)         NOT NULL      primary key
CUST_ID         VARCHAR(10)         NOT NULL
PROD_ID         VARCHAR(10)         NOT NULL
QTY        Integer(6)               NOT NULL
ORD_DATE   DATETIME
PRODUCTS_TBL
PROD_ID         VARCHAR(10)         NOT NULL      primary key
PROD_DESC       VARCHAR(40)         NOT NULL
COST            DECIMAL(,2)              NOT NULL
```

下面使用外部连接的语法正确吗？

```
SELECT C.CUST_ID, C.CUST_NAME, O.ORD_NUM
FROM CUSTOMER_TBL C, ORDERS_TBL O
WHERE C.CUST_ID(+) = O.CUST_ID(+)
```

如果使用繁琐的 JOIN 语法，上述查询语句会是什么样子？

13.6.2 练习

1．在数据库中输入以下代码，研究得到的结果（笛卡儿积）：

```
SELECT E.LASTNAME, E.FIRSTNAME, A.AIRPORTNAME
FROM EMPLOYEES E,
      AIRPORTS A
WHERE E.STATE='IN';
```

2．输入以下命令来连接表 EMPLOYEES 和 AIRPORTS：

```
SELECT E.LASTNAME, E.FIRSTNAME, A.AIRPORTNAME
FROM EMPLOYEES E,
      AIRPORTS A
WHERE E.AIRPORTID=A.AIRPORTID
AND E.STATE='IN';
```

3．使用 INNER JOIN 语法重新编写练习 2 中的 SQL 查询语句。
4．编写一个 SQL 语句，从表 AIRPORTS 中返回 FLIGHTID、AIRPORTNAME 和 CITY 字段，从 FLIGHTS 表中返回 FLIGHTDURATION 和 FLIGHTSTART 字段。使用两种类型的 INNER JOIN 技术。完成上述查询以后，再使用查询来确定 2013 年 5 月份每个城市的平均飞行时间。
5．尝试编写几条使用连接操作的查询语句。

第 14 章

使用子查询定义未知数据

本章的重点包括：

- 子查询的定义；
- 使用子查询的理由；
- 在常规数据库查询中使用子查询的示例；
- 组合使用子查询与数据操作命令；
- 使用关联子查询从而使子查询更具体。

本章介绍子查询的概念。用户可以在 SQL 语句中使用子查询来执行额外的信息查询。子查询可以帮助用户方便地执行可能依赖于数据库中复杂数据子集的复杂查询。

14.1 什么是子查询

子查询也被称为嵌套查询，是位于另一个查询的 WHERE 子句中的查询，用来对查询返回的数据进行进一步限制。子查询返回的数据通常在主查询中作为一个条件，从而进一步限制返回的数据。子查询可以用于 SELECT、INSERT、UPDATE 和 DELETE 语句。

在某些情况下，子查询能够基于一个或多个条件间接地把多个表中的数据关联起来，从而代替连接操作。当查询中使用子查询时，首先执行子查询，然后再根据子查询返回的结果执行主查询。子查询的结果用于在主查询的 WHERE 子句中处理表达式。子查询可以用于主查询的 WHERE 子句或 HAVING 子句。逻辑操作和关系操作符，例如=、>、<、<>、!=、IN、NOT IN、AND、OR，可以用于子查询中，也可以在 WHERE 或 HAVING 子句中对子查询进行操作。

子查询必须遵循以下规则。

- 子查询必须位于圆括号中。
- 除非主查询中有多个字段供子查询进行比较，否则子查询的 SELECT 子句中只能有一个字段。
- 尽管主查询可以使用 ORDER BY 子句，但是子查询不能使用。在子查询中，可以利用 GROUP BY 子句实现与 ORDER BY 子句相同的功能。

- 返回多条记录的子查询只能与多值操作符（比如 IN 操作符）配合使用。
- SELECT 列表中不能引用任何 BLOB、ARRAY、CLOB 或 NCLOB 类型的值。
- 子查询不能直接被包含在 SET 函数中。
- 操作符 BETWEEN 不能用于子查询，但子查询内部可以使用它。

注意：子查询规则

标准查询的规则同样也适用于子查询。连接操作、函数、转换和其他选项都可以在子查询中使用。

子查询的基本语法如下所示：

```
SELECT COLUMN_NAME
FROM TABLE
WHERE COLUMN_NAME = (SELECT COLUMN_NAME
                     FROM TABLE
                     WHERE CONDITIONS );
```

下面的示例展示了操作符 BETWEEN 与子查询的关系。首先是在子查询中正确使用 BETWEEN 的示例。

```
SELECT COLUMN_NAME
FROM TABLE_A
WHERE COLUMN_NAME OPERATOR (SELECT COLUMN_NAME
                            FROM TABLE_B )
                            WHERE VALUE BETWEEN VALUE )
```

不能在子查询外使用 BETWEEN 操作符。下面是在子查询中非法使用 BETWEEN 的示例：

```
SELECT COLUMN_NAME
FROM TABLE_A
WHERE COLUMN_NAME BETWEEN VALUE AND (SELECT COLUMN_NAME
                                     FROM TABLE_B )
```

14.1.1 子查询与 SELECT 语句

虽然子查询也可以用于数据操作语句，但它最主要还是用于 SELECT 语句中。在 SELECT 语句中使用子查询时，其目的是获取数据供主查询使用。

基本语法如下所示：

```
SELECT COLUMN_NAME [, COLUMN_NAME ]
FROM TABLE1 [, TABLE2 ]
WHERE COLUMN_NAME OPERATOR
                 (SELECT COLUMN_NAME [, COLUMN_NAME ]
                 FROM TABLE1 [, TABLE2 ]
                 [ WHERE ])
```

下面是一个示例：

```
SELECT E.EMPLOYEEID,E.LASTNAME,
       A.AIRPORTNAME, E.SALARY
FROM EMPLOYEES E
     INNER JOIN AIRPORTS A
ON E.AIRPORTID = A.AIRPORTID
WHERE E.SALARY=
```

```
        ( SELECT SALARY
          FROM EMPLOYEES
          WHERE EMPLOYEEID=3908);
```

只要雇员的薪水等于雇员标识号为 3908 的薪水，上面的 SQL 语句就会返回这些雇员的雇员识别号、姓氏和薪水。在这里，我们没有必要知道（也不关心）这位特定雇员精确的小时薪水，因为我们只想知道哪些雇员的小时薪水与子查询中指定的雇员相同。

By the Way

注意：使用子查询来查找未知的值

当查询中不知道精确条件时，通常使用子查询来设置条件。在上面的示例中，标识号为 3908 的雇员的薪水是未知的，但子查询可以帮我们完成这些辅助工作。

下面的查询用来选择某个雇员的小时薪水：

```
SELECT SALARY
FROM EMPLOYEES
WHERE EMPLOYEEID=3908;
SALARY
------------------------------
71000.00

(1 row(s) affected)
```

上述查询在下面查询的 WHERE 子句中充当一个子查询：

```
SELECT E.EMPLOYEEID,E.LASTNAME,
       A.AIRPORTNAME, E.SALARY
FROM EMPLOYEES E
     INNER JOIN AIRPORTS A
ON E.AIRPORTID = A.AIRPORTID
WHERE E.SALARY=
            ( SELECT SALARY
              FROM EMPLOYEES
              WHERE EMPLOYEEID=3908);

EMPLOYEEID  LASTNAME                      AIRPORTNAME                     SALARY
----------- ----------------------------- ------------------------------- ---------
407         Graaf                         Greater Wilmington              71000.00
438         Bueckers                      Griffiss AFB                    71000.00
581         Mazon                         Hidden Falls                    71000.00
912         Glory                         Kern County                     71000.00
934         Pion                          King Of Prussia                 71000.00
991         Mateen                        Kuparuk                         71000.00
1075        Otukolo                       Lawrence J Timmerman            71000.00
1138        Yarrito                       Linden                          71000.00
1231        Saxby                         Mackall AAF                     71000.00
2216        Zahri                         Neosho                          71000.00
2239        Ylonen                        New Haven Rail                  71000.00
2406        Almos                         Orange County Steel Salvage He  71000.00
2470        Eblen                         Palm Beach County Park          71000.00
2863        Farrelly                      Rensselaer                      71000.00
2889        Lebeck                        Richards-Gebaur                 71000.00
3628        Cocco                         Butler County - Kenny Scholter  71000.00
```

```
3908     Withers          City Of Industry H/P     71000.00
4112     Deltufo          Dade Collier             71000.00
4575     Weisenfluh       Sawyer International     71000.00
4906     Mccollum         State                    71000.00
5110     Sammis           Tradewind                71000.00
5572     Dentremont       Yellowstone              71000.00

(22 row(s) affected)
```

子查询的结果是 71000（见前一个示例），所以上述 WHERE 子句的条件实际是：

```
AND EP.PAY_RATE = 71000
```

在执行这个查询时，我们不知道特定雇员的小时薪水是多少，但主查询可以把每个雇员的小时薪水与子查询的结果进行比较。

14.1.2 子查询与 INSERT 语句

子查询可以与数据操作语言（DML）配合使用。首先是 INSERT 语句。它将子查询返回的结果插入到另一个表中。我们可以使用字符函数、日期函数或数值函数对子查询中选择的数据进行修改。

> **注意：记得要提交 DML 命令**
> 在使用 INSERT 语句等 DML 命令时，要记得使用 COMMIT 和 ROLLBACK 命令。

By the Way

基本语法如下：

```
INSERT INTO TABLE_NAME [ ( COLUMN1 [, COLUMN2 ]) ]
SELECT [ *| COLUMN1 [, COLUMN2 ]
FROM TABLE1 [, TABLE2 ]
[ WHERE VALUE OPERATOR ]
```

下面是在 INSERT 语句中使用子查询的示例：

```
INSERT INTO RICH_EMPLOYEES
SELECT E.EMPLOYEEID,E.LASTNAME,E.FIRSTNAME,
       A.AIRPORTNAME, E.SALARY
FROM EMPLOYEES E
     INNER JOIN  AIRPORTS A
ON E.AIRPORTID = A.AIRPORTID
WHERE E.SALARY>
           ( SELECT SALARY
             FROM EMPLOYEES
             WHERE EMPLOYEEID=3908);


(89 row(s) affected)
```

这个 INSERT 语句把小时薪水高于雇员 3908 的所有雇员的 EMPLOYEEID、LASTNAME、FIRSTNAME 和 SALARY 插入到一个名为 RICH_EMPLOYEES 的表中。

14.1.3 子查询与 UPDATE 语句

子查询可以与 UPDATE 语句配合使用来更新一个表中的一个或多个字段。基本语法如下所示：

```
UPDATE TABLE
SET COLUMN_NAME [, COLUMN_NAME) ] =
    (SELECT ] COLUMN_NAME [, COLUMN_NAME) ]
    FROM TABLE
    [ WHERE ]
```

下面的示例展示了如何在 UPDATE 语句中使用子查询。第一个查询返回居住在印第安纳波利斯的全部雇员的标识号。我们可以看到共有 2 人满足条件。

```
SELECT EMPLOYEEID
FROM EMPLOYEES
WHERE CITY = 'Indianapolis IN';

EMPLOYEEID
-----------
681
682

(2 row(s) affected)
```

上述查询作为一个子查询用于下面的 UPDATE 语句中。前面的示例已经证明它可以返回多少个雇员的标识号：

```
UPDATE EMPLOYEES
SET PAYRATE = PAYRATE * 1.1
WHERE EMPLOYEEID IN (SELECT EMPLOYEEID
                  FROM EMPLOYEES
                  WHERE CITY = 'Indianapolis IN');

(2 row(s) affected)
```

果然有 2 条记录被更新。与前文中的子查询示例不同的是，这个子查询返回了多条记录。我们期望返回多条记录，因此使用了操作符 IN 而不是等号。而操作符 IN 可以把一个表达式与列表里的多个值进行比较。如果这里使用了等号，数据库会返回一个错误消息。

14.1.4　子查询与 DELETE 语句

子查询也可以与 DELETE 语句配合使用。基本语法如下所示：

```
DELETE FROM TABLE_NAME
[ WHERE OPERATOR [ VALUE ]
         (SELECT COLUMN_NAME
          FROM TABLE_NAME )
          [ WHERE) ]
```

下面的示例从表 RICH_EMPLOYEES 中删除 Heather Vanzee 的记录。尽管我们不知道 Heather 的标识号，但可以利用一个子查询根据 FIRSTNAME 和 LASTNAME 字段从表 EMPLOYEES 中获取其标识号。

```
DELETE FROM RICH_EMPLOYEES
WHERE EMPLOYEEID IN (SELECT EMPLOYEEID
                  FROM EMPLOYEES
                  WHERE LASTNAME = 'Vanzee'
```

```
AND FIRSTNAME = 'Heather');
```

```
1 row deleted.
```

有趣的是，尽管子查询在根据姓氏和名字搜索表 EMPLOYEES 时返回了两条记录，但是这个示例值删除了一条记录。子查询只获得一组数据，然后将这组数据传递给主查询。由于 RICH_EMPLOYEES 表中只有两条记录中的一条，因此只删除了该条记录。

14.2 嵌套的子查询

子查询可以嵌入到另一个子查询中，就像子查询嵌套在常规查询中一样。在使用子查询时，子查询先于主查询执行。同样，在嵌套的子查询中，最内层的子查询先被执行，然后再依次执行外层的子查询，直到主查询。

注意：查询系统对子查询的限制

一个语句中可以使用的子查询的数量取决于具体的实现，请查看相应的文档。厂商不同，限制也可能不同。

By the Way

嵌套子查询的基本语法如下：

```
SELECT COLUMN_NAME [, COLUMN_NAME ]
FROM TABLE1 [, TABLE2 ]
WHERE COLUMN_NAME OPERATOR (SELECT COLUMN_NAME
                            FROM TABLE
                            WHERE COLUMN_NAME OPERATOR
                                  (SELECT COLUMN_NAME
                                  FROM TABLE
                                  [ WHERE COLUMN_NAME OPERATOR VALUE ]))
```

下面的示例使用了两个子查询，一个嵌套在另一个之内。在该示例中，我们想要了解哪些机场的雇员的薪水高于雇员的平均薪水。

```
SELECT AIRPORTNAME,CITY
FROM AIRPORTS
WHERE AIRPORTID IN (SELECT AIRPORTID
                    FROM EMPLOYEES E
                    WHERE E.SALARY > (SELECT AVG(SALARY)
                                                         FROM
                                                         RICH_EMPLOYEES));
```

```
AIRPORTNAME                    CITY
------------------------------ ------------------------------
Holy Cross                     Holy Cross
Huntsville International - Car Huntsville AL
Marin County                   Sausalito CA
Mountain Home                  Mountain Home
Mt Pocono                      Mt Pocono
Municipal                      Macomb
Municipal                      Sumter
Municipal                      Troy
North Bend                     North Bend
```

```
North Shore                     Umnak Island
Onion Bay                       Onion Bay
Ontario International           Ontario
Parker County                   Weatherford
Pecos County                    Fort Stockton
Pedro Bay                       Pedro Bay
Pike County                     Mccomb
Preston-Glenn Field             Lynchburg
Princeton
Atqasuk                         Atqasuk
Berz-Macomb                     Utica
Beverly Municiple Airport       Beverly
Blythe                          Blythe
Cabin Creek                     Cabin Creek
Chan Gurney                     Yankton
Cortland                        Cortland
Culberson County                Van Horn
Dobbins Afb                     Marietta
Downtown                        Ardmore
Salina                          Salina
Sioux Gateway                   Sioux City
Skagit Regional                 Mount Vernon
Telfair-Wheeler                 Mc Rae
Wash. County Regional           Hagerstown
Yampa Valley                    Hayden

(34 row(s) affected)
```

总共有34条记录满足这两个子查询的条件。

为了理解主查询是如何执行的，请看下面两个示例，这两个示例展示了每个子查询的结果：

```
SELECT AVG(SALARY) FROM RICH_EMPLOYEES;
-------------------------------
73125.000000

(1 row(s) affected)


SELECT AIRPORTID
       FROM EMPLOYEES E
       WHERE E.SALARY >73125.00;

AIRPORTID
-----------
1446
1467
1731
1861
1865
1981
2037
```

```
2040
2132
2140
2173
2174
2214
2227
2228
2252
2313
2314
3139
3203
3206
3240
3310
3369
3460
3484
3539
3550
3645
3721
3725
3853
3971
4059

(34 row(s) affected)
```

实际上，在替换第二个子查询后，主查询的执行如下所示：

```
SELECT AIRPORTNAME,CITY
FROM AIRPORTS
WHERE AIRPORTID IN (SELECT AIRPORTID
                    FROM EMPLOYEES E
                    WHERE E.SALARY > 73125.00);
```

下面的示例展示了在替换第一个子查询后，主查询是如何执行的：

```
SELECT AIRPORTNAME, CITY
FROM AIRPORTS
WHERE AIRPORTID IN (1446,1467,1731,1861,1865,1981,2037,2040,2132,2140,2173,
                    2174,2214,2227,2228,2252,2313,2314,3139,3203,3206,3240,
                    3310,3369,3460,3484,3539,3550,3645,3721,3725,3853,3971,
                    4059);
```

最终结果如下所示：

```
AIRPORTNAME                     CITY
------------------------------- ------------------------------
Holy Cross                      Holy Cross
Huntsville International - Car Huntsville AL
Marin County                    Sausalito CA
```

```
Mountain Home                   Mountain Home
Mt Pocono                       Mt Pocono
Municipal                       Macomb
Municipal                       Sumter
Municipal                       Troy
North Bend                      North Bend
North Shore                     Umnak Island
Onion Bay                       Onion Bay
Ontario International           Ontario
Parker County                   Weatherford
Pecos County                    Fort Stockton
Pedro Bay                       Pedro Bay
Pike County                     Mccomb
Preston-Glenn Field             Lynchburg
Princeton                       Princeton
Atqasuk                         Atqasuk
Berz-Macomb                     Utica
Beverly Municiple Airport       Beverly
Blythe                          Blythe
Cabin Creek                     Cabin Creek
Chan Gurney                     Yankton
Cortland                        Cortland
Culberson County                Van Horn
Dobbins Afb                     Marietta
Downtown                        Ardmore
Salina                          Salina
Sioux Gateway                   Sioux City
Skagit Regional                 Mount Vernon
Telfair-Wheeler                 Mc Rae
Wash. County Regional           Hagerstown
Yampa Valley                    Hayden

(34 row(s) affected)
```

Watch Out!

警告：多个子查询可能会产生问题

使用多个子查询可能会延长响应时间，还可能降低结果的准确性，因为代码中可能存在错误。

14.3 关联子查询

关联子查询在SQL实现中非常常见。它的概念属于ANSI标准。关联子查询是依赖主查询中的信息的子查询。这意味着子查询中的表可以与主查询中的表相关联。

在下面这个示例中，子查询中结合的表AIRCRAFTFLEET和FLIGHTS依赖于主查询中AIRCRAFTFLEET的别名（AF）。该查询返回飞行时间大于120000分钟的飞机的代码（code）和代号（designator）。

```
SELECT AF.AircraftCode,AF.AircraftDesignator
FROM AircraftFleet AF
WHERE 120000 <=
    (SELECT SUM(F.FlightDuration) FROM Flights F
```

```
    WHERE AF.AircraftFleetID=F.AircraftFleetID
    );

AircraftCode AircraftDesignator
------------ ------------------
E12          MMEK-270
E12          BIOA-249
F28          AGTX-691
F28          LXUT-830
EM2          IEQF-918
BEK          SKQU-790
M11          CIVG-217

(7 row(s) affected)
```

我们可以从上面的语句中提取并略微修改子查询，使其显示每一架飞机的总飞行时间，并验证上面语句的结果：

```
SELECT AF.AircraftCode,AF.AircraftDesignator,SUM(F.FlightDuration) as MinutesFlown
FROM AircraftFleet AF
INNER JOIN Flights F ON AF.AircraftFleetID=F.AircraftFleetID
GROUP BY AF.AircraftCode,AF.AircraftDesignator
HAVING SUM(F.FlightDuration)>120000;

AircraftCode AircraftDesignator MinutesFlown
------------ ------------------ ------------
F28          AGTX-691           138231
E12          BIOA-249           122138
M11          CIVG-217           123374
EM2          IEQF-918           129297
F28          LXUT-830           127180
E12          MMEK-270           133764
BEK          SKQU-790           149810

(7 row(s) affected)
```

这个示例中使用了 GROUP BY 子句，因为聚合函数 SUM 使用了另一个字段。这样我们就得到了每一架飞机的总和。在最初的子查询中，因为 SUM 函数获得了整个查询的总和，而且这个查询是针对飞机队列中每架飞机的记录运行的，所以无须使用 GROUP BY 子句。

注意：适当使用关联子查询

在运行关联子查询之前，必须先在主查询中引用表。

By the Way

14.4 子查询的效率

在查询中使用子查询时，会对系统性能产生影响。在生产环境中实施子查询时，必须先考虑好它所带来的影响。由于子查询会在主查询之前进行，所以子查询花费的时间会直接影响整个查询所需要的时间。我们来看下面的示例：

```
SELECT AirportID, AirportName
FROM Airports
```

```
WHERE AirportID IN (SELECT AF.HomeAirportID
                    FROM AircraftFleet AF
                    WHERE 120000 <= (SELECT SUM(F.FlightDuration)
                                     FROM Flights F
                                     WHERE AF.AircraftFleetID=F.AircraftFleetID
                    ));
```

如果 AIRCRAFTFLEET 表中包含有数以千计的飞机，而 FLIGHTS 表中则保存了过去几年几百万行飞行数据，这意味着对 FLIGHTS 表进行 SUM 操作，并与 AIRCRAFTFLEET 进行关联，可能会大大降低查询速度。所以，在需要使用子查询从数据库中获得相应信息的时候，务必考虑子查询的执行效率。

14.5 小结

简单来说，子查询就是在另一个查询中执行的查询，用于进一步设置查询的条件。子查询可以用于 SQL 语句的 WHERE 子句或 HAVING 子句。子查询通常在其他查询中使用（数据查询语言），但是也可以在 DML 语句中使用，比如 INSERT、UPDATE 和 DELETE。当子查询与 DML 命令一起使用时，DML 的所有基本规则都适用。

实质上子查询的语法与独立查询相同，只是有一些细微的限制。限制之一是子查询中不能使用 ORDER BY 子句，但可以使用 GROUP BY 子句，也能得到同样的效果。子查询可以为查询设置不必事先确定的条件，增强了 SQL 的功能和灵活性。

14.6 问与答

问：一个查询中可以使用的嵌套子查询的数量是否有限制？

答：允许嵌套的子查询数量、查询中能够结合的表的数量等限制，都取决于具体实现。有些实现可能没有限制，但子查询嵌套太多可能会显著降低 SQL 语句的性能。大多数限制受到实际的硬件、CPU 速度和系统内存等因素的影响。

问：具有子查询，特别是嵌套子查询的语句似乎很不好理解，有什么好方法可以用来调试具有子查询的语句？

答：调试具有子查询的语句的最好方法是分几个部分对查询进行求值。首先，运算最内层的子查询，然后逐步扩展到主查询（与数据库执行查询的次序相同）。在单独运行每个子查询之后，就可以把子查询的返回值代入到主查询，检查主查询的逻辑是否正确。子查询发生的错误经常是由使用的操作符造成的，比如=、IN、<、>等。

14.7 实践

下面的内容包含一些测试问题和实战练习。这些测试问题的目的在于检验对学习内容的理解程度。实战练习有助于把学习的内容应用于实践，并且巩固对知识的掌握。在继续学习之前请先完成测试与练习，答案请见附录 C。

14.7.1 测验

1. 在用于 SELECT 语句时，子查询的功能是什么？
2. 在子查询与 UPDATE 语句配合使用时，能够更新多个字段吗？
3. 下面的语法正确吗？如果不正确，正确的语法应该是怎样的？

a.
```
SELECT PASSENGERID, FIRSTNAME,LASTNAME,COUNTRYCODE
        FROM PASSENGERS
        WHERE PASSENGERID IN
                         (SELECT PASSENGERID
                                  FROM TRIPS
                                  WHERE TRIPID BETWEEN 2390 AND 2400);
```

b.
```
SELECT EMPLOYEEID, SALARY
        FROM EMPLOYEES
        WHERE SALARY BETWEEN '20000'
                      AND (SELECT SALARY
                            FROM EMPLOYEES
                            WHERE SALARY = '40000');
```

c.
```
UPDATE PASSENGERS
    SET COUNTRYCODE = 'NZ'
    WHERE PASSENGERID =
                  (SELECT PASSENGERID
                   FROM TRIPS
                  WHERE TRIPID = 2405);
```

4. 下面语句执行的结果是什么？

```
DELETE FROM EMPLOYEES
WHERE EMPLOYEEID IN
                (SELECT EMPLOYEEID
                FROM RICH_EMPLOYEES);
```

14.7.2 练习

1. 编写 SQL 的子查询代码，将结果与书中的结果进行比较。
2. 使用子查询编写一个 SQL 语句来更新表 PASSENGERS，找到 TripID 为 3120 的乘客，然后将乘客的名字修改为 RYAN STEPHENS。
3. 使用子查询编写一个 SQL 语句，按照国家返回于 2013 年 7 月 4 日离开的所有乘客。
4. 使用子查询编写一个 SQL 语句，列出旅行时间始终小于 21 天的所有乘客的信息。

第 15 章

将多个查询组合成一个

本章的重点包括：

- 用于组合查询的操作符；
- 何时使用命令组合查询；
- 使用 GROUP BY 子句与组合操作符；
- 使用 ORDER BY 子句与组合操作符；
- 如何获取准确的数据。

本章介绍如何使用 UNION、UNION ALL、INTERSECT 和 EXCEPT 操作符组合多个 SQL 查询。由于 SQL 用来处理集合中的数据，因此需要组合并比较多种查询数据集。UNION、INTERSECT 和 EXCEPT 操作符可以用来处理不同的 SELECT 语句，并采用不同的方法组合和比较结果。有关这些操作符的具体使用方法，请参考特定的 SQL 实现。

15.1 单查询与组合查询

单查询使用一个 SELECT 语句，而组合查询则包含两个或多个 SELECT 语句。

可以使用某些类型的操作符来连接两个查询，从而形成组合查询。下面的示例使用 UNION 操作符来连接两个查询。

单个 SQL 语句如下所示：

```
SELECT EmployeeID, Salary, PayRate
FROM Employees
WHERE Salary IS NOT NULL OR
PayRate IS NOT NULL;
```

下面是使用了 UNION 操作符的同一个语句：

```
SELECT EmployeeID, Salary
FROM Employees
WHERE Salary IS NOT NULL
UNION
SELECT EmployeeID, PayRate
FROM Employees
WHERE PayRate IS NOT NULL;
```

上面的语句返回按照小时领取薪水或者领取月薪的所有雇员的支付信息。

组合操作符用于组合和限制两个 SELECT 语句的结果。用户可以使用这些操作符返回重复记录的输出，或者禁止输出这些重复记录。组合操作符可以将存储在不同字段中的类似数据组合在一起。

注意：UNION 操作符是如何工作的

By the Way

如果执行第二个查询，则输出中有两个字段标题：EmployeeID 和 Salary。每一位雇员的薪水标准都由 SALARY 字段表示。在使用 UNION 操作符时，字段标题是由第一个 SELECT 语句中使用的字段名称或字段别名决定的。

组合查询可以把多个查询的结果返回到单个数据集。这种类型的查询通常比使用复杂条件的单查询更容易编写。另外，组合查询对于数据检索也具有更强的灵活性。

15.2 组合查询操作符

不同数据库厂商提供的组合操作符略有不同。ANSI 标准包括 UNION、UNION ALL、EXCEPT 和 INTERSECT 操作符，下文将分别讨论这些操作符。

15.2.1 UNION 操作符

UNION 操作符可以组合两个或多个 SELECT 语句的结果，而且不包含重复的记录。换句话说，如果某行的输出存在于一个查询结果中，那么其他查询结果中不会再输出同一行记录。在使用 UNION 操作符时，每个 SELECT 语句中必须选择相同数量的字段、相同数量的字段表达式、相同的数据类型、相同的次序，但长度不必相同。

语法如下：

```
SELECT COLUMN1 [, COLUMN2 ]
FROM TABLE1 [, TABLE2 ]
[ WHERE ]
UNION
SELECT COLUMN1 [, COLUMN2 ]
FROM TABLE1 [, TABLE2 ]
[ WHERE ]
```

比如下面这个示例：

```
SELECT EmployeeID FROM Employees
UNION
SELECT EmployeeID FROM Employees;
```

尽管我们从 Employees 表中选择了两次雇员 ID，但是它在结果中只出现了一次。

本章的示例由从两个表获取数据的简单 SELECT 语句开始：

```
SELECT DISTINCT Position FROM Employees;

Position
------------------------------
Ground Operations
Security Officer
Ticket Agent
```

```
Baggage Handler

(4 row(s) affected)

SELECT Position FROM EmployeePositions;

Position
------------------------------
Baggage Handler
Ground Operations
Security Officer
Ticket Agent

(4 row(s) affected)
```

现在使用 UNION 操作符组合上述两个查询，构造一个组合查询：

```
SELECT DISTINCT Position FROM Employees
UNION
SELECT Position FROM EmployeePositions;

Position
------------------------------
Baggage Handler
Ground Operations
Security Officer
Ticket Agent

(4 row(s) affected)
```

第一个查询返回了 4 条数据，第二个查询也返回了 4 条数据。在使用 UNION 操作符组合两个查询之后也同样返回了 4 条数据，这是因为使用 UNION 操作符时，不会返回重复的数据。

下面的示例使用 UNION 操作符组合两个不相关的查询：

```
SELECT Position FROM EmployeePositions
UNION
SELECT Country FROM Countries WHERE Country LIKE 'Z%';

Position
------------------------------
Baggage Handler
Ground Operations
Security Officer
Ticket Agent
Zambia
Zimbabwe

(6 row(s) affected)
```

Position 和 Country 的值被列在一起，字段标题来自于第一个查询的字段名称。

15.2.2 UNION ALL 操作符

用户可以使用 UNION ALL 操作符组合两个 SELECT 语句的结果，并且包含重复的结果。UNION ALL 的使用规则与 UNION 操作符相同，只是一个返回重复的结果，一个不返回。

基本语法如下所示：

```
SELECT COLUMN1 [, COLUMN2 ]
FROM TABLE1 [, TABLE2 ]
[ WHERE ]
UNION ALL
SELECT COLUMN1 [, COLUMN2 ]
FROM TABLE1 [, TABLE2 ]
[ WHERE ]
```

下面的 SQL 语句从两个表中返回全部雇员的 ID，并且包含重复的记录：

```
SELECT DISTINCT Position FROM Employees
UNION ALL
SELECT Position FROM EmployeePositions;
```

下面的示例使用 UNION ALL 操作符改写前一小节的组合查询：

```
SELECT DISTINCT Position FROM Employees
UNION ALL
SELECT Position FROM EmployeePositions;

Position
------------------------------
Ground Operations
Security Officer
Ticket Agent
Baggage Handler
Baggage Handler
Ground Operations
Security Officer
Ticket Agent

(8 row(s) affected)
```

注意，查询结果中返回了 8 条记录（4+4），原因是 UNION ALL 操作符会返回重复的数据。

15.2.3 INTERSECT 操作符

可以使用 INTERSECT 操作符来组合两个 SELECT 语句，但只返回第一个 SELECT 语句中与第二个 SELECT 语句中相同的记录。INTERSECT 的使用规则与 UNION 操作符相同。

基本语法如下：

```
SELECT COLUMN1 [, COLUMN2 ]
FROM TABLE1 [, TABLE2 ]
[ WHERE ]
INTERSECT
SELECT COLUMN1 [, COLUMN2 ]
FROM TABLE1 [, TABLE2 ]
[ WHERE ]
```

下面的示例返回已经下单的乘客的标识号：

```
SELECT PassengerID FROM Passengers
INTERSECT
SELECT PassengerID FROM Trips;
```

下面的示例演示了使用两个原始查询的 INTERSECT 操作符：

```
SELECT DISTINCT Position FROM Employees
INTERSECT
SELECT Position FROM EmployeePositions;

Position
------------------------------
Ground Operations
Security Officer
Ticket Agent
Baggage Handler

(4 row(s) affected)
```

结果只返回了 4 条记录，因为两个原始查询的输出中有 4 条记录是相同的。

15.2.4　EXCEPT 操作符

EXCEPT 操作符组合两个 SELECT 语句，返回第一个 SELECT 语句中包含但第二个 SELECT 语句中不包含的记录。同样，它的使用规则与 UNION 操作符相同。在 Oracle 中，通过使用 MINUS 操作符来引用 EXCEPT，实现相同的功能。

其语法如下所示：

```
SELECT COLUMN1 [, COLUMN2 ]
FROM TABLE1 [, TABLE2 ]
[ WHERE ]
EXCEPT
SELECT COLUMN1 [, COLUMN2 ]
FROM TABLE1 [, TABLE2 ]
[ WHERE ]
```

观察下面的示例，该示例可以在 SQL Server 实现中运行：

```
SELECT DISTINCT Position FROM Employees
EXCEPT
SELECT Position FROM EmployeePositions WHERE PositionID<=2;

Position
------------------------------
Security Officer
Ticket Agent

(2 row(s) affected)
```

从结果可以看到，有 2 条记录存在于第一个查询的结果中，但不存在于第二个查询的结果中。

下面的示例演示了如何使用 MINUS 操作符来代替 EXCEPT 操作符：

```
SELECT DISTINCT Position FROM Employees
MINUS
SELECT Position FROM EmployeePositions WHERE PositionID<=2;
```

```
Position
------------------------------
Security Officer
Ticket Agent

2 rows selected.
```

15.3 在组合查询中使用 ORDER BY

可以将 ORDER BY 子句与组合查询一起使用，但 ORDER BY 子句只能对全部查询结果进行排序，因此虽然组合查询中可能包含多个查询或 SELECT 语句，但只能有一个 ORDER BY 子句，而且它只能以别名或数字来引用字段。

其语法如下所示：

```
SELECT COLUMN1 [, COLUMN2 ]
FROM TABLE1 [, TABLE2 ]
[ WHERE ]
OPERATOR {UNION | EXCEPT | INTERSECT | UNION ALL}
SELECT COLUMN1 [, COLUMN2 ]
FROM TABLE1 [, TABLE2 ]
[ WHERE ]
[ ORDER BY ]
```

下面这个示例从 Employees 表和 EMPLOYEE_MGR 表中返回雇员 ID，但是不显示重复记录，返回结果根据 EmployeeID 排序：

```
SELECT EmployeeID FROM Employees
UNION
SELECT EmployeeID FROM EMPLOYEE_MGR
ORDER BY 1;
```

注意：在 ORDER BY 子句中使用数字

ORDER BY 子句中的字段是以数字 1 进行引用的，而不是使用真实的字段名称。

组合查询的结果以每个查询的第一个字段进行排序。在排序之后，重复的记录就很明显了。

下面的示例在组合查询中使用了 ORDER BY 子句。如果排序的字段在全部查询语句中都具有相同的名称，它的名称就可以用于 ORDER BY 子句。

```
SELECT DISTINCT Position FROM Employees
UNION
SELECT Position FROM EmployeePositions
ORDER BY Position;

Position
------------------------------
Baggage Handler
Ground Operations
Security Officer
Ticket Agent

(4 row(s) affected)
```

下面的查询在 ORDER BY 子句中以数据代表真实的字段名：

```
SELECT DISTINCT Position FROM Employees
UNION
SELECT Position FROM EmployeePositions
ORDER BY 1;

Position
------------------------------
Baggage Handler
Ground Operations
Security Officer
Ticket Agent

(4 row(s) affected)
```

15.4 在组合查询中使用 GROUP BY

与 ORDER BY 不同的是，GROUP BY 子句可以用于组合查询中的每一个 SELECT 语句，也可以用于所有的单个查询。另外，HAVING 子句（有时与 GROUP BY 子句一起使用）也可以用于组合查询中的每个 SELECT 语句。

语法如下所示：

```
SELECT COLUMN1 [, COLUMN2 ]
FROM TABLE1 [, TABLE2 ]
[ WHERE ]
[ GROUP BY ]
[ HAVING ]
OPERATOR {UNION | EXCEPT | INTERSECT | UNION ALL}
SELECT COLUMN1 [, COLUMN2 ]
FROM TABLE1 [, TABLE2 ]
[ WHERE ]
[ GROUP BY ]
[ HAVING ]
[ ORDER BY ]
```

在下面的 Oracle 示例中，我们使用一个字符串来表示乘客记录、雇员记录和飞机记录。每个查询用来统计相应表中的记录总数。GROUP BY 子句使用数值 1 对整个统计的结果进行分组，数值 1 表示每一个查询中的第一个字段。

```
SELECT 'PASSENGERS' AS RECORDTYPE, COUNT(*)
FROM Passengers
UNION
SELECT 'EMPLOYEES' AS RECORDTYPE, COUNT(*)
FROM Employees
UNION
SELECT 'AIRCRAFT' AS RECORDTYPE, COUNT(*)
FROM AircraftFleet
GROUP BY 1;
```

```
RECORDTYPE COUNT(*)
---------- ----------
PASSENGERS 135001
EMPLOYEES  5611
AIRCRAFT   350

3 rows selected.
```

在 SQL Server 中，因为使用了字面量值，因此不需要使用 GROUP BY 子句：

```
SELECT 'PASSENGERS' AS RECORDTYPE, COUNT(*)
FROM Passengers
UNION
SELECT 'EMPLOYEES' AS RECORDTYPE, COUNT(*)
FROM Employees
UNION
SELECT 'AIRCRAFT' AS RECORDTYPE, COUNT(*)
FROM AircraftFleet;

RECORDTYPE
---------- ----------
PASSENGERS 135001
EMPLOYEES  5611
AIRCRAFT   350

(3 row(s) affected)
```

下面的查询与上一个查询相似，只不过它使用了 ORDER BY 子句：

```
SELECT 'PASSENGERS' AS RECORDTYPE, COUNT(*)
FROM Passengers
UNION
SELECT 'EMPLOYEES' AS RECORDTYPE, COUNT(*)
FROM Employees
UNION
SELECT 'AIRCRAFT' AS RECORDTYPE, COUNT(*)
FROM AircraftFleet
ORDER BY 2;

RECORDTYPE COUNT(*)
---------- ----------
AIRCRAFT   350
EMPLOYEES  5611
PASSENGERS 135001

3 rows selected.
```

它根据每个表的第二个字段进行排序，因此最终的输出结果根据统计结果从小到大排列。

15.5 获取准确的数据

使用组合查询时要小心。在使用 INTERSECT 操作符时，如果使用了错误的 SELECT 语句作为第一个查询，就可能得到不正确或不完整的数据。另外，在使用 UNION 和 UNION ALL 操作符时，要考虑是否需要返回重复的数据。那 EXCEPT 呢？我们是否需要不存在于第二个查询中的数据？很明显，如果组合查询中存在错误的组合查询操作符，或多个单独查询的次序有误，都会返回不正确的数据。

15.6 小结

本章介绍了组合查询。前面介绍的 SQL 语句只包含单个查询，而组合查询可以将多个单独的查询组合起来当作一个查询，输出预期的数据集。这里讨论的组合查询操作符包括 UNION、UNION ALL、INTERSECT 和 EXCEPT（MINUS）。UNION 返回两个查询的结果，不包含重复记录。UNION ALL 会返回两个查询的全部结果，不管数据是否重复。INTERSECT 返回两个查询结果中重复的记录。EXCEPT（在 Oracle 中是 MINUS）返回一个查询结果中不存在于另一个查询结果中的记录。组合查询具有很大的灵活性，能够满足各种查询的要求。如果不使用组合查询，可能需要很复杂的查询语句才能得到相同的结果。

15.7 问与答

问：组合查询中的 GROUP BY 子句如何引用字段？

答：如果被引用的字段在两个查询中都有相同的名称，就可以通过真实的字段名称来引用字段；否则就要使用字段在查询中的次序进行引用。

问：在使用 EXCEPT 操作符时，如果颠倒 SELECT 语句的次序是否会改变输出结果呢？

答：是的。在使用 EXCEPT 或 MINUS 操作符时，单个查询的次序是很重要的。返回的数据是存在于第一个查询结果中但不存在于第二个查询结果中的记录，所以在组合查询中改变单个查询的次序肯定会影响结果。

问：在组合查询中，单个查询的字段是否一定要具有相同的数据类型和长度？

答：不是，要求数据类型相同，长度可以不同。

问：使用 UNION 操作符时，字段名称是由什么决定的？

答：在使用 UNION 操作符时，由第一个查询决定返回数据的字段名称。

15.8 实践

下面的内容包含一些测试问题和实战练习。这些测试问题的目的在于检验对学习内容的理解程度。实战练习有助于把学习的内容应用于实践，并且巩固对知识的掌握。在继续学习之前请先完成测试与练习，答案请见附录 C。

15.8.1 测验

在下面的练习中使用 INTERSECT 或 EXCEPT 操作符时，可以参考本章介绍的语法。请注意，MySQL 目前还不支持这两个操作符。

1. 下列组合查询的语法正确吗？如果不正确，请修改它们。使用的表是 PASSENGERS 和 TRIPS。

   a.
   ```
   SELECT PASSENGERID, BIRTHDATE, FIRSTNAME
   FROM PASSENGERS
   UNION
   SELECT PASSENGERID, LEAVING, RETURNING
   FROM TRIPS;
   ```
   b.
   ```
   SELECT PASSENGERID FROM PASSENGERS
   UNION ALL
   SELECT PASSENGERID FROM TRIPS
   ORDER BY PASSENGERID;
   ```
   c.
   ```
   SELECT PASSENGERID FROM TRIPS
   INTERSECT
   SELECT PASSENGERID FROM PASSENGERS
   ORDER BY 1;
   ```

2. 匹配操作符与相应的描述。

描述	操作符
a．显示重复记录	UNION
b．返回第一个查询里与第二个查询匹配的结果	INTERSECT
c．返回不重复的记录	UNION ALL
d．返回第一个查询里有但第二个查询没有的结果	EXCEPT

15.8.2 练习

1. 使用 PASSENGERS 和 TRIPS 表编写一个组合查询，查找曾经旅行过的乘客。
2. 编写一个组合查询，查找未旅行过的乘客。
3. 编写一个使用 EXCEPT 的查询，列出所有已经旅行过的乘客，但始发自 Albany 的乘客除外。

第 16 章

利用索引改善性能

本章的重点包括：

- 索引如何工作；
- 如何创建索引；
- 不同类型的索引；
- 何时使用索引；
- 何时不使用索引。

本章介绍如何通过创建和使用索引来改善 SQL 语句的性能，首先介绍 CREATE INDEX 命令，然后介绍如何使用表中的索引。

16.1 什么是索引

简单来说，索引就是一个指向表中数据的指针。数据库中的索引与图书索引十分类似。举例来说，如果想查阅书中关于某个主题的内容，我们会首先查看索引，索引会以字母顺序列出全部主题，标明一个或多个特定的书页号码。索引在数据库中也起到这样的作用，指向数据在表中的准确物理位置。实际上，我们被引导到数据在数据库底层文件中的位置，但从表面看来我们引用的是一个表。

在查找信息时，查看索引来获取信息所在的准确页码比逐页查找所需信息的速度更快。因此，使用索引是最有效的方法。特别是当书很厚时，这样做会节省大量时间。假设书只有几页，那么直接查找信息可能会比先查看索引再返回到某页更快一些。当数据库没有使用索引时，它所进行的操作通常被称为全表扫描，就像是逐页翻看一本书。关于全表扫描的具体介绍请见第 17 章。

索引通常与相应的表分开保存，其主要目的是提高数据检索的性能。索引的创建与删除不会影响到数据本身，但在删除索引后，数据检索的速度会降低。索引也会占据物理存储空间，而且可能会比表本身还大。因此在考虑数据库的存储空间时，需要考虑索引占用的空间。

16.2 索引是如何工作的

索引可以记录与被索引字段相关联的值在表中的位置。当用户向表中添加新数据时，索引中也会添加新项。当数据库执行查询，而且 WHERE 条件中指定的字段已经设置了索引时，数据库会首先在索引中搜索 WHERE 子句中指定的值。如果在索引中找到了这个值，索引就可以返回被搜索数据在表中的准确位置。图 16.1 展示了索引的工作过程。

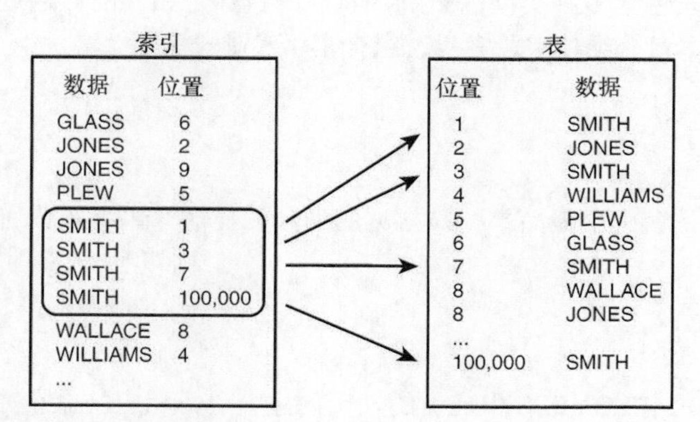

图 16.1
使用索引访问表

假设执行了如下查询：

```
SELECT *
FROM TABLE_NAME
WHERE NAME = 'SMITH';
```

如图 16.1 所示，这里引用了索引 NAME 来寻找‘SMITH’的位置；在找到了位置之后，数据就能迅速地从表中检索出来。在索引中，数据（本例中是姓名）是按字母顺序排序的。

注意：索引的不同创建方式

By the Way

在某些实现中，用户可以在创建表的过程中创建索引。但大多数实现提供了一个单独的命令（独立于 CREATE TABLE 命令）来创建索引，其详细语法请查询相关实现。

如果表中没有索引，在执行这个查询时，数据库就会进行全表扫描，也就是说表中的每行数据都会被读取，来获取名字为 SMITH 的所有人员的记录。

索引通常以一种有序的树形格式来存储信息，因此速度较快。假设我们对一个书名列表设置了索引，这个索引具有一个根节点，也就是每个查询的起始点。根节点具有分支，在本例中可以有两个分支，一个代表字母 A 到 L，另一个代表字母 M 到 Z。如果要查询以字母 M 开头的书名，我们就会从根节点进入索引，并且立即转到包含字母 M 到 Z 的分支。这种方式可以排除大约 1/2 的可能性，从而用更短的时间找到准确的书名。

16.3 CREATE INDEX 命令

与 SQL 中的其他语句一样，CREATE INDEX 语句在不同关系型数据库实现中也是不同的。CREATE INDEX 语句用来为表创建多种类型的索引。大多数关系型数据库的实现使用 CREATE INDEX 语句：

```
CREATE INDEX INDEX_NAME ON TABLE_NAME
```

不同厂商的 CREATE INDEX 语句在语法方面是有差别的，有些实现允许指定存储子句（例如 CREATE TABLE 语句）、允许排序（DESC||ASC）、允许使用簇。详细语法请查询具体的实现。

16.4 索引的类型

用户可以对数据库中的表创建多种类型的索引，它们的目标是相同的：通过提高数据检索速度来改善数据库性能。本章介绍单字段索引、组合索引和唯一索引。

16.4.1 单字段索引

对表中单个字段的索引是索引中最简单、最常见的形式。显然，单字段索引是基于一个字段创建的。基本语法如下：

```
CREATE INDEX INDEX_NAME_IDX
ON TABLE_NAME (COLUMN_NAME)
```

举例来说，如果想对表EMPLOYEES中雇员的姓氏创建索引，相应的命令如下所示：

```
CREATE INDEX NAME_IDX
ON EMPLOYEES (LASTNAME);
```

Did you Know?

提示：单字段索引的最佳位置

如果某个字段经常在WHERE子句中单独用作查询条件，它的单字段索引是最有效的。适合作为单字段索引的值有个人标识号、序列号或系统指派的键值。

16.4.2 唯一索引

唯一索引用于改善性能和保证数据的完整性。唯一索引不允许表中具有重复值，除此之外，它与普通索引的功能相同。语法如下：

```
CREATE UNIQUE INDEX INDEX_NAME
ON TABLE_NAME (COLUMN_NAME)
```

如果要对表EMPLOYEES中雇员的姓氏创建唯一索引，相应的命令如下：

```
CREATE UNIQUE INDEX NAME_IDX
ON EMPLOYEES (LASTNAME);
```

需要注意的问题是，唯一索引要求表EMPLOYEES中每个人的姓氏都必须是唯一的，这通常是不现实的。但是，类似个人识别号这样的字段可以设置为唯一索引，因为每个人的识别号码都是唯一的。

有人也许会问，“如果雇员的个人识别号是表的主键，应该怎么办呢？”当我们定义表的主键时，通常会隐式地创建一个索引。因此，通常不必在表上创建唯一索引。

当处理唯一索引对象时，一个比较可取的方法是，在创建数据库结构的同时，基于空白表来创建索引。这样做可以确保后续输入的数据完全满足表的约束。如果要在既有数据中创建索引，就必须进行相应的分析工作，来确定是否需要调整数据以便符合索引的要求。

> **提示：唯一索引的约束**
> 我们只能在其值唯一的字段上创建唯一索引。也就是说，如果现有的表已经包含被索引关键字的记录，且不唯一，则无法在这个表中创建唯一索引。与之相似，也无法在允许 NULL 值的字段上创建唯一索引。如果在创建唯一索引时，相应的字段违反了这里的规则，则创建语句会失败。

Did you Know?

16.4.3 组合索引

组合索引是基于一个表中两个或多个字段的索引。在创建组合索引时，我们要考虑性能的问题，因为字段在索引中的次序对数据检索速度有很大的影响。一般来说，最具有限制性的值应该排在前面，从而得到最好的性能。但是，总是在查询中指定的字段应该放在首位。组合索引的语法如下：

```
CREATE INDEX INDEX_NAME
ON TABLE_NAME ( COLUMN1 , COLUMN2 )
```

组合索引的示例如下：

```
CREATE INDEX FLIGHT_IDX
ON FLIGHTS (ROUTEID, AIRCRAFTFLEETID);
```

在这个示例中，我们基于表 FLIGHTS 中的两个字段（ROUTEID 和 AIRCRAFTFLEETID）创建组合索引。这是因为我们认为这两个字段经常会在查询的 WHERE 子句中一起使用。

在选择创建单字段索引或组合索引时，要考虑在查询的 WHERE 子句中使用频率高的字段，并将该字段用作过滤条件。如果经常使用一个字段，单字段索引就是最适合的；如果经常使用两个或多个字段，组合索引就是最好的选择。

16.4.4 隐式索引

隐式索引是数据库服务器在创建对象时自动创建的。隐式索引通常是为主键约束和唯一性约束自动创建。

为什么要为这些约束自动创建索引？从一个数据库服务器的角度来看，当用户向数据库中添加一个新产品时，产品标识是表中的主键，表示它必须是唯一值。为了确保新值在成千上万条记录中是唯一的，必须对表中的产品标识创建索引。因此，在创建主键约束或唯一性约束时，数据库会自动为它们创建索引。

16.5 何时考虑使用索引

唯一索引隐式地与主键共同实现主键的功能。外键经常用于连接父表，所以也适合设置索引。一般来说，大多数用于表连接的字段都应该设置索引。

经常在 ORDER BY 和 GROUP BY 中引用的字段也应该考虑设置索引。举例来说，如果根据个人姓名进行排序，对姓名字段设置索引非常有好处。它会对每个姓名自动按字母顺序排序，简化实际的排序操作，提高输出结果的速度。

另外，具有大量唯一值的字段，或是在 WHERE 子句用作过滤条件，从而返回少量记录的字段，都可以考虑设置索引。这样做是为了方便检测或避免错误。就像产品代码和数据库结构在投入使用之前需要反复进行测试一样，索引也是如此。我们应该分别尝试不同的索引组合、没有索引、单字段索引和组合索引。关于索引的使用没有特定的规则，只有对表的关系、查询和事务需求以及数据本身有透彻的了解，才能有效地使用索引。

By the Way

注意：在使用索引时要事先规划

表和索引都应该进行事先的规划。不要认为使用索引就能解决所有的性能问题。索引可能根本不会改善性能，甚至可能降低性能，从而浪费磁盘空间。

16.6 何时应该避免使用索引

虽然使用索引的初衷是提高数据库性能，但有时也要避免使用它们。下面是使用索引时应该考虑的因素。

- 索引不适用于小规模的表。因为查询索引会增加额外的查询时间。对于小规模的表，使用搜索引擎进行全表扫描，往往比查询索引的速度更快。
- 当字段在查询的 WHERE 子句中用作过滤条件，并返回表中的大部分记录时，该字段就不适合设置索引。举例来说，图书索引不会包括像 the 或 and 这样的单词。
- 经常会被批量更新的表可以设置索引，但批量操作的性能会由于索引而降低。对于经常会被加载或批量操作的表来说，可以在执行批量操作之前删除索引，在完成操作之后再重新创建索引。这是因为当表中插入数据时，索引也会被更新，从而增加额外的开销。
- 不应该对包含大量 NULL 值的字段设置索引。索引对在不同记录中包含不同数据的字段特别有效。字段中过多的 NULL 值会严重影响索引的运行效率。
- 经常被操作的字段不应该设置索引，因为对索引的维护会变得很繁重。

从图 16.2 可以看出，对性别字段设置索引没有什么好处。举例来说，向数据库提交如下查询：

```
SELECT *
FROM TABLE_NAME
WHERE GENDER = 'FEMALE';
```

从图 16.2 可以看出，在运行上述查询时，表与索引之间有一个持续的行为。由于 WHERE GENDER = ‘FEMALE’（或‘MALE’）子句会返回大量记录，数据库服务器必须持续地读取索引，然后读取表的内容，再读取索引，再读取表，如此反复。在这个示例中，由于表中的大部分数据肯定是要被读取的，所以使用全表扫描可能会效率更高。

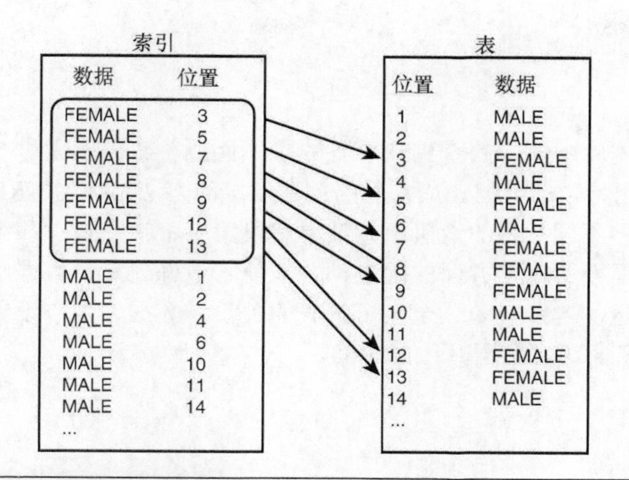

图 16.2

低效索引的例子

警告：索引也会带来性能问题

对特别长的关键字创建索引时要十分谨慎，因为大量 I/O 开销会不可避免地降低数据库性能。

Watch Out!

一般来说，当字段作为查询条件会返回表中的大部分数据时，我们不会对它设置索引。换句话说，不要对像性别这样只包含很少不同值的字段设置索引。这通常被称为字段的基数（cardinality），或数据的唯一性。高基数意味着较高的唯一性，比如像识别号这样的数据。低基数的唯一性则较低，比如像性别这样的字段。

16.7 修改索引

创建索引后，可以使用类似于 CREATE INDEX 的语法来修改索引。能够修改的索引内容在不同的数据库实现中有所不同，但基本上修改的都是字段、顺序等内容。语法如下：

```
ALTER INDEX INDEX_NAME
```

在生产系统中修改索引时要特别小心。这是因为在大部分情况下，索引的修改操作会立即执行，从而产生资源开销。此外，在大部分数据库实现中，在修改索引时无法使用它来进行查询，从而会对系统的运行产生影响。这可能会给系统的性能带来额外的消耗。

16.8 删除索引

删除索引的方法相当简单，具体语法请参考相应的实现，但大多数实现使用的是 DROP 命令。在删除索引时要特别谨慎，因为性能可能会严重降低（或提高）。语法如下：

```
DROP INDEX INDEX_NAME
```

MySQL 中的语法稍有不同，在删除索引时需要指出索引所依附的表的名字：

```
DROP INDEX INDEX_NAME ON TABLE_NAME
```

删除索引的最常见原因是尝试改善性能。记住，在删除索引之后，我们还可以重新创建它。有时重建索引是为了减少碎片。在探索如何使数据库具有最佳性能时，调整索引是一个必要的过程，其中可能包括创建索引、删除索引、最后再重新创建索引（有修改或没有修改）。

16.9 小结

索引可以用于改善在数据库中执行的查询和事务的整体性能。数据库索引（有点像图书索引）可以迅速地从表中引用特定的数据。最常用的创建索引的方法是使用 CREATE INDEX 命令。在不同的实现中有多种不同类型的索引，包括单字段索引、唯一索引和组合索引。在判断使用什么类型的索引时需要考虑多方面的因素，才能使它最好地满足数据库的需要。有效地使用索引通常需要有一定的实践经验、全面了解表的关系和数据，用心设置索引可能会为以后的工作节约几分钟、几小时，甚至几天的时间。

16.10 问与答

问：索引是否像表一样占据实际的空间？

答：是的。索引在数据库中占据物理空间。实际上，索引可能比所依附的表更大。

问：如果为了使批处理工作更快地完成而删除了索引，需要多长时间才能重新创建索引？

答：这取决于多个因素，比如被删除的索引的大小、CPU 利用率和计算机的性能。

问：全部索引都必须是唯一索引吗？

答：不是。唯一索引不允许存在重复值，而表中有时是需要重复值的。

16.11 实践

下面的内容包含一些测试问题和实战练习。这些测试问题的目的在于检验对学习内容的理解程度。实战练习有助于把学习的内容应用于实践，并且巩固对知识的掌握。在继续学习之前请先完成测试与练习，答案见附录 C。

16.11.1 测验

1. 使用索引的主要缺点是什么？
2. 组合索引中的字段顺序为什么很重要？
3. 是否应该为具有大量 NULL 值的字段设置索引？
4. 索引的主要作用是去除表中的重复数据吗？
5. 判断正误：使用组合索引主要是为了在索引中使用聚合函数。
6. 基数是什么含义？什么样的字段可以被看作是高基数的？

16.11.2 练习

1. 判断下列情况是否应该使用索引，如果是，请选择索引的类型。
   a. 字段很多，但表非常小。
   b. 中等规模的表，不允许有重复值。
   c. 表非常大，多个字段在 WHERE 子句中用作过滤条件。
   d. 表非常大，字段很多，大量数据操作。
2. 编写 SQL 语句，为表 EMPLOYEES 的 POSITION 字段创建名为 EP_ POSITION 的索引。
3. 将练习 2 创建的索引修改成唯一索引，为什么不能实现？
4. 在 FLIGHTS 表中选择可以构成唯一索引的某些字段。解释这些字段可以作为唯一索引的原因。
5. 研究本书中使用的表，根据用户搜索表的方式，判断哪些字段适合设置索引。
6. 在 FLIGHTS 表中创建一个组合索引，其中包含如下字段：ROUTEID、AIRCRAFTFLEETID 和 STATUSCODE。
7. 在表中创建一些其他类型的索引。

第 17 章

改善数据库性能

本章的重点包括：

- SQL 语句调整的定义；
- 数据库调整与 SQL 语句调整；
- 正确地连接表；
- 全表扫描引发的问题；
- 使用索引；
- 避免使用 OR 和 HAVING；
- 避免大规模排序操作。

本章介绍如何使用一些简单的方法调整 SQL 语句来获得最好的性能。到目前为止，本书关注的是如何编写 SQL 语句，但是如何编写高效的 SQL 语句同样也很重要，它有助于使数据库以最优方式运行。本章将介绍一些在处理不同的查询时使用到的简单步骤，以确保 SQL 以最优方式运行。

17.1 什么是 SQL 语句调整

SQL 语句调整是优化生成 SQL 语句的过程，从而以最高效的方式获得结果。SQL 调整从在查询语句中排列语句元素开始，因为简单的格式化过程在语句优化中发挥了很大作用。

SQL 语句调整主要涉及调整语句的 FROM 和 WHERE 子句，因为数据库服务器主要根据这两个子句执行查询。前面已经介绍了 FROM 和 WHERE 子句的基础知识，下面将介绍如何细致地调整它们来获得更好的结果，达到用户更加满意的效果。

17.2 数据库调整与 SQL 语句调整

在继续介绍 SQL 语句调整之前，先要理解数据库调整与 SQL 语句调整之间的差别。

数据库调整是调整实际数据库的过程，包括分配内存、磁盘利用率、CPU、I/O 和底层数据库进程，还涉及数据库结构本身的管理与操作，比如表和索引的设计与布局。另外，数据库调整通常会包括调整数据库体系来优化硬件的使用。在调整数据库时还要考虑其他很多因素，但这些任务通常是由数据库管理员（DBA）与系统管理员合作完成的。数据库调整的目标是确保数据库的设计能更好地符合在数据库内进行的预期操作需求。

SQL 调整是调整访问数据库的 SQL 语句，这些语句包括数据库查询和事务操作，比如插入、更新和删除。SQL 语句调整的目标是利用数据库和系统资源、索引，针对数据库的当前状态进行最有效的访问，从而减少对数据库执行查询所需的操作开销。

注意：两种调整缺一不可

By the Way

为了在访问数据库时达到最佳结果，数据库调整和 SQL 语句调整需要同时进行。一个调整欠佳的数据库会极大地抵消 SQL 调整所付出的努力，反之亦然。在理想状态下，最好首先调整数据库，确保必要的字段都具有索引，然后再调整 SQL 代码。

17.3 格式化 SQL 语句

虽然格式化 SQL 语句比较简单，但也值得一提。一个新手在构造 SQL 语句时很可能会忽略很多因素，有些问题比较明显，有些则比较隐蔽。

- 为提高可读性来格式化 SQL 语句。
- FROM 子句中表的顺序。
- 最严格条件在 WHERE 子句中的位置。
- 连接条件在 WHERE 子句中的位置。

提示：优化器

Did you Know?

大多数关系型数据库实现中都有一个名为“SQL 优化器”的东西，它可以执行 SQL 语句，并且基于 SQL 语句的编写方式和数据库中可用的索引来判断执行语句的最佳方式。这些优化器并不是都相同，具体情况请查看相应的文档，或是联系数据库管理员来了解优化器如何读取 SQL 代码。理解优化器的工作方式有助于有效地调整 SQL 语句。

17.3.1 为提高可读性格式化 SQL 语句

有时我们为了提高可读性而格式化 SQL 语句，因为很多 SQL 语句的书写方式并不整洁。虽然语句的整洁程度并不会影响实际的性能（数据库并不关心语句是否看起来整洁），但仔细地套用格式是调整语句的第一步。当我们以调整的眼光看待一个 SQL 语句时，使它具有很好的可读性总是首先要考虑的。

使语句具有良好可读性的基本规则如下所示。

- 语句中的每个子句都以新行开始。举例来说，FROM 子句位于与 SELECT 子句不同的行中，WHERE 子句位于与 FROM 子句不同的行中，以此类推。

- 当子句中的参数超出一行长度需要换行时，利用制表符（TAB）或空格来形成缩进。
- 以一致的方式使用制表符和空格。
- 当语句中使用多个表时，使用表的别名。在这种语句中使用表的全名来限定每个字段会使语句迅速变得冗长，使可读性降低。
- 如果SQL实现中允许使用注释，应该在语句中有节制地使用。注释对文档很有用，但过多的注释会使语句臃肿。
- 如果要在SELECT语句中使用多个字段，需要使每个字段都从新行开始。
- 如果要在FROM子句中使用多个表，需要使每个表名都从新行开始。
- 使WHERE子句中的每个条件都从新行开始，这样就可以清晰地看到语句的所有条件及其次序。

下面是一个可读性很差的SQL语句：

```
SELECT EMPLOYEES.FIRSTNAME, EMPLOYEES.LASTNAME, AIRPORTS.CITY, AIRPORTS.
AIRPORTNAME, COUNTRIES.COUNTRY
FROM EMPLOYEES INNER JOIN AIRPORTS ON EMPLOYEES.AIRPORTID = AIRPORTS.AIRPORTID
INNER JOIN
COUNTRIES ON AIRPORTS.COUNTRYCODE = COUNTRIES.COUNTRYCODE WHERE EMPLOYEES.
SALARY>70000 AND AIRPORTNAME LIKE 'M%' AND AIRPORTS.City LIKE 'G%';

FIRSTNAME     LASTNAME      CITY                 AIRPORTNAME  COUNTRY
------------ ------------- -------------------- ------------ ---------
Violeta      Fawver        Gordonsville         Municipal    United States

(1 row(s) affected)
```

下面是格式化之后的语句，可读性明显提高：

```
SELECT E.FirstName,
       E.LastName,
       A.City,
       A.AirportName,
       C.Country
FROM Employees AS E INNER JOIN
     Airports AS A ON E.AirportID = A.AirportID INNER JOIN
     Countries AS C ON A.CountryCode = C.CountryCode
WHERE
    (E.Salary > 70000)
    AND (A.AirportName LIKE 'M%')
    AND (A.City LIKE 'G%');
FIRSTNAME     LASTNAME      CITY                 AIRPORTNAME  COUNTRY
------------ ------------- -------------------- ------------ ---------
Violeta      Fawver        Gordonsville         Municipal    United States

(1 row(s) affected)
```

这两个语句的内容完全相同，但第二个语句具有更好的可读性。通过使用表的别名（在查询的FROM子句中定义），第二个语句得到了极大的简化。此外，第二个语句对齐了每个子句中的元素，更清晰易读。

再强调一次，虽然提高语句的可读性并不会直接改善它的性能，但是会帮助我们更方便地修改和调整很长和很复杂的语句。现在我们可以轻松地看到被选择的字段、所使用的表、所执行的表连接和查询的条件。

注意：建立编码标准

在多人编程环境中，建立编码标准是特别重要的。如果全部代码具有一致的格式，就可以更好地管理共享代码并修改代码。

By the Way

17.3.2 FROM 子句中的表

FROM 子句中表的安排或次序对性能有很大影响，这取决于优化器如何读取 SQL 语句。举例来说，把较小的表列在前面，把较大的表列在后面，就会获得更好的性能。有些经验丰富的用户发现把较大的表列在 FROM 子句的最后面可以获得更高的效率。

下面是 FROM 子句的一个示例：

```
FROM SMALLEST TABLE,
     LARGEST TABLE
```

注意：在使用多个表时检查性能

当 FROM 子句中列出了多个表时，请查看具体实现的文档来了解有关提高性能的技巧。

By the Way

17.3.3 连接条件的次序

第 13 章曾经介绍过，大多数连接使用一个基表链接到具有一个或多个共有字段的其他表。基表是主表，查询中的大多数或全部表都与它连接。在 WHERE 子句中，来自基表的字段一般放到连接操作的右侧，要被连接的表通常按照从小到大的次序排列，就像 FROM 子句中表的排列顺序一样。

如果没有基表，表应该从小到大排列，使最大的表位于 WHERE 子句中连接操作的右侧。连接条件应该位于 WHERE 子句的最前面，其后才是过滤条件，如下所示：

```
FROM TABLE1,                                Smallest table
     TABLE2,                                to
     TABLE3                                 Largest table, also base table
WHERE TABLE1.COLUMN = TABLE3.COLUMN         Join condition
  AND TABLE2.COLUMN = TABLE3.COLUMN         Join condition
[ AND CONDITION1 ]                          Filter condition
[ AND CONDITION2 ]                          Filter condition
```

提示：限制连接条件

由于连接操作通常会从表中返回大部分数据，所以连接条件应该在更严格的条件之后再生效。

Did you Know?

在这个示例中，TABLE3 是基表，TABLE1 和 TABLE2 连接到 TABLE3，保障了简洁性和效率。

17.3.4 最严格条件

最严格条件通常是 SQL 查询达到最优性能的关键因素。什么是最严格条件？它是

WHERE 子句中返回最少记录的条件。与之相反，最宽松条件就是语句中返回最多记录的条件。本章重点关注最严格条件，因为它对查询返回的数据进行了最大限度的过滤。

首先由 SQL 优化器计算最严格条件，因为它会返回最小的数据子集，从而减小查询的开销。最严格条件的位置取决于优化器的工作方式，有时优化器从 WHERE 子句的底部向上开始读取，因此需要把最严格条件放到 WHERE 子句的末尾，从而使优化器首先读取它。下面的示例展示了如何根据约束条件来构造 WHERE 子句，以及如何根据表的大小来构造 FROM 子句。

```
FROM TABLE1,                                Smallest table
     TABLE2,                                to
     TABLE3                                 Largest table, also base table
WHERE TABLE1.COLUMN = TABLE3.COLUMN         Join condition
  AND TABLE2.COLUMN = TABLE3.COLUMN         Join condition
[ AND CONDITION1 ]                          Least restrictive
[ AND CONDITION2 ]                          Most restrictive
```

Watch Out!

警告：对 WHERE 子句进行测试

如果不知道 SQL 优化器在实现中是如何工作的，而且 DBA 也不知情，也没有足够的文档，此时可以执行一个需要一定时间的大型查询，然后重新排列 WHERE 子句中的条件。在重新排列条件顺序后，要记录每次查询执行所需的时间。采取这种方法，不用进行多次测试就可以判断出优化器读取 WHERE 子句的方向（从上到下或从下到上）。为了在测试中获得更准确的结果，最好在测试时关闭数据库缓存。

下面是一个虚构表的测试示例：

表	TEST
记录数量	5611
条件	WHERE LAST_NAME = 'SMITH' 返回 2000 条记录 WHERE STATE = 'IN' 返回 30000 记录
最严格条件	WHERE LAST_NAME = 'SMITH'

下面是第一个查询：

```
SELECT COUNT(*)
FROM TEST
WHERE LASTNAME = 'SMITH'
  AND STATE = 'IN';

  COUNT(*)
----------
     1,024
```

下面是第二个查询：

```
SELECT COUNT(*)
FROM TEST
WHERE STATE = 'IN'
  AND LASTNAME = 'SMITH';
```

```
   COUNT(*)
----------
      1,024
```

假设第一个查询用了 20 秒，第二个查询用了 10 秒。由于第二个查询返回结果的速度比较快，而且在它的 WHERE 子句中，最严格条件位于最后的位置，所以我们可以认为优化器从 WHERE 子句的底部向上开始读取条件。

注意：使用索引字段

By the Way

最好使用具有索引的字段作为查询中的最严格条件，这是一个很好的做法。索引通常会改善查询的性能。

17.4 全表扫描

在查询引擎没有使用索引时，或是 SQL 语句所使用的表没有索引时，就会发生全表扫描。一般来说，全表扫描返回数据的速度明显要比使用索引返回数据的速度慢。表越大，执行全表扫描时返回数据的速度就越慢。查询优化器会决定在执行 SQL 语句时是否使用索引，而大多数情况会使用索引（如果存在）。

有些实现具有复杂的查询优化器，可以决定是否应该使用索引。这种判断基于从数据库对象上收集的统计信息，比如对象的规模、条件在带有索引字段时返回的记录数量等。关于关系数据库优化器的这种决策功能的详细信息，请查看具体实现的文档。

在读取大规模的表时，应该避免进行全表扫描。举例来说，当读取没有索引的表时，就会发生全表扫描，这通常会需要较长的时间才能返回数据。对于大多数大型表来说，应该考虑设置索引。而对于小型表来说，就像前面已经说过的，即使表中有索引，优化器也可能会选择全表扫描而不是使用索引。对于具有索引的小型表来说，可以考虑删除索引，从而释放索引所占据的空间，使其可以用于数据库的其他对象。

提示：避免全表扫描的简单方法

Did you Know?

除了确保表中存在索引之外，避免全表扫描的最简单、最有效的方法是在查询的 WHERE 子句中设置条件来过滤返回的数据。

下面是应该被索引的数据：

- 作为主键的字段；
- 作为外键的字段；
- 经常用来连接表的字段；
- 经常在查询中作为条件的字段；
- 大部分值是唯一值的字段。

注意：全表扫描也有好处

By the Way

有时全表扫描也是有好处的。对小型表进行的查询，或是会返回表中大部分记录的查询，应该执行全表扫描。强制执行全表扫描的最简单方式是不创建索引。

17.5　其他性能考虑

在调整 SQL 语句时还有其他一些性能考虑，后面的小节将讨论如下概念：

- 使用 LIKE 操作符和通配符；
- 避免 OR 操作符；
- 避免 HAVING 子句；
- 避免大规模排序操作；
- 使用存储过程；
- 在批量加载时禁用索引。

17.5.1　使用 LIKE 操作符和通配符

LIKE 操作符是一个很有用的工具，它能够以灵活的方式为查询设置条件。在查询中使用通配符能够消除很多可能返回的记录。对于搜索类似数据（不等于特定值的数据）的查询来说，通配符是非常灵活的。

假设我们要编写一个查询，从表 EMPOYEE_TBL 中选择字段 EMP_ID、LAST_NAME、FIRST_NAME 和 STATE，获得姓氏为 Stevens 的所有雇员的标识号、姓名和所在的州。下面 3 个 SQL 示例使用了不同的通配符。

查询 1：

```
SELECT EMPLOYEEID, LASTNAME, FIRSTNAME, STATE
FROM EMPLOYEES
WHERE LASTNAME LIKE 'STEVENS';
```

查询 2：

```
SELECT EMPLOYEEID, LASTNAME, FIRSTNAME, STATE
FROM EMPLOYEES
WHERE LASTNAME LIKE '%EVENS%';
```

查询 3：

```
SELECT EMPLOYEEID, LASTNAME, FIRSTNAME, STATE
FROM EMPLOYEES
WHERE LASTNAME LIKE 'ST%';
```

这些 SQL 语句并不是必须返回同样的结果。更有可能出现的情况是，查询 1 利用了索引的优势，返回的记录比其他两个查询少。查询 2 和查询 3 没有明确指定要返回的数据，其检索速度要比查询 1 慢。另外，查询 3 应该比查询 2 更快，因为它指定了搜索字符串的开头字符（而且字段 LAST_NAME 很可能具有索引），因此查询 3 能够利用索引。

查询 1 可能会返回姓氏为 Stevens 的全部雇员，查询 2 会返回姓氏为 Stevens 及其他拼写方式的全部雇员。查询 3 返回姓氏以 St 开头的全部雇员，这是确保获取全部 Stevens（或 Stephens）的记录的唯一方式。

17.5.2 避免使用 OR 操作符

在 SQL 语句里用谓词 IN 代替 OR 操作符能够提高数据检索速度。SQL 实现中有计时工具或其他检查工具，可以反应出 OR 操作符与谓词 IN 之间的性能差别。下面的一个示例将展示如何使用 IN 谓词代替 OR 操作符来重新编写 SQL 语句。有关 OR 操作符和 IN 谓词的使用，请见第 8 章。

下面是使用 OR 操作符的查询：

```
SELECT EMPLOYEEID, LASTNAME, FIRSTNAME
FROM EMPLOYEES
WHERE CITY = 'INDIANAPOLIS IN'
   OR CITY = 'KOKOMO'
   OR CITY = 'TERRE HAUTE';
```

下面是同一个查询，使用了谓词 IN：

```
SELECT EMPLOYEEID, LASTNAME, FIRSTNAME
FROM EMPLOYEES
WHERE CITY IN ('INDIANAPOLIS IN', 'KOKOMO',
                'TERRE HAUTE');
```

这两个 SQL 返回完全相同的数据，但通过测试可以发现，用 IN 代替 OR 后，检索数据的速度明显提高了。

17.5.3 避免使用 HAVING 子句

使用 HAVING 子句可以减少 GROUP BY 子句返回的数据，但同时也要付出代价。HAVING 子句会使 SQL 优化器进行额外的工作，从而需要额外的时间。这样的查询既要对返回的结果集进行分组，又要根据 HAVING 子句的限制条件对结果集进行分析。看下面的示例：

```
SELECT A.AIRPORTNAME,
       A.CITY,
       SUM(E.SALARY) AS SALARY_TOTAL,
       SUM(E.PAYRATE*160) AS HOURLY_TOTAL
FROM  Employees AS E INNER JOIN
      Airports AS A ON E.AirportID = A.AirportID INNER JOIN
      Countries AS C ON A.CountryCode = C.CountryCode
WHERE A.CountryCode='US'
GROUP BY A.AIRPORTNAME,
       A.CITY
HAVING AVG(E.PAYRATE)>18;
```

在这个示例中，我们需要找到平均小时薪水大于 18.00 美元的机场雇员的总成本。尽管这个查询很简单，而且我们的示例数据库也很小，但 HAVING 子句的使用仍然产生了额外的开销，尤其当 HAVING 子句包含复杂的逻辑而且应用于大量数据的时候。在可能的情况下，尽量不要在 SQL 语句中使用 HAVING 子句，如果需要使用，则其中的限制条件越简单越好。

17.5.4　避免大规模排序操作

大规模排序操作意味着使用 ORDER BY、GROUP BY 和 HAVING 子句。无论何时执行排序操作，都意味着数据子集必须要保存到内存或磁盘中（当已分配的内存空间不足时）。数据是经常需要排序的，排序的主要问题是会影响 SQL 语句的响应时间。由于大规模排序操作不可避免，所以最好在数据库使用的非高峰期运行，从而避免影响大多数用户进程的性能。

17.5.5　使用存储过程

我们可以为经常运行的 SQL 语句（特别是大型事务或查询）创建存储过程。所谓存储过程就是经过编译的、以可执行格式永久保存在数据库中的 SQL 语句。

一般情况下，当 SQL 语句被提交给数据库时，数据库必须检查它的语法，并且把语句转化为可以在数据库中执行的格式（称为解析）。语句被解析之后就保存在内存中，但并不是永久保存。也就是说，当其他操作需要使用内存时，语句就会被从内存中释放。而在使用存储过程时，SQL 语句总是处于可执行格式，并且一直会保存在数据库中，直到像别的数据库对象一样被删除。关于存储过程的详细介绍请见第 22 章。

17.5.6　在批量加载时禁用索引

当用户向数据库提交一个事务时（INSERT、UPDATE 或 DELETE），表和与这个表相关联的索引中都会有数据变化。这意味着如果表 EMPLOYEES 中有一个索引，而用户更新了表 EMPLOYEES，那么相关索引也会被更新。在事务环境中，虽然对表的每次写入都会导致索引也被写入，但一般不会产生什么问题。

然而在批量加载时，索引可能会严重地降低性能。批量加载可能包含数百、数千或数百万操作语句或事务。由于规模较大，批量加载需要较长的时间才能完成，而且通常安排在非高峰期使用，一般是周末或夜晚。为了在批量加载期间优化性能（这可能相当于将批量加载所需的时间从 12 小时缩短为 6 小时），最好在加载过程中删除相应表的索引。当相应的索引被删除之后，对表所做的修改会在更短的时间内完成，整个操作也会更快地完成。当批量加载结束之后，我们可以重建索引。在索引的重建过程中，表中适当的数据会被填充到索引。虽然对于大型表来说，创建索引需要一定的时间，但先删除索引再重建它所需要的总时间要更少一些。

在批量加载操作的前后删除并重建索引的方法还有另一个优点，就是可以减少索引中的碎片。当数据库不断增长时，记录被添加、删除和更新，就会产生碎片。对于不断增长的数据库来说，最好定期地删除和重建索引。当索引被重建时，构成索引的物理空间数量减少了，也就减少了读取索引所需的磁盘 I/O，用户就会更快地得到结果，皆大欢喜。

17.6　基于成本的优化

用户可能经常会遇到需要进行 SQL 语句调整的数据库。这类系统在任何时间都在执行数千条 SQL 语句。要对性能调整所花费的时间进行优化，需要首先确定哪些查询最有益。这就是基于成本的优化发挥作用的地方。基于成本的优化会试图确定相对于所花费的系统资源来说，哪些查询的成本最高。例如，如果我们用运行时间来衡量成本，如下两个查询会获得相应的运行时间：

```
SELECT * FROM EMPLOYEES
WHERE FIRSTNAME LIKE '%LE%'                   2 sec

SELECT * FROM EMPLOYEES
WHERE FIRSTNAME LIKE 'G%';                    1 sec
```

简单来看，第 1 条语句似乎就是我们需要进行优化的查询。但是，如果第 2 条语句每小时执行 1000 次，而第 1 条语句每小时仅执行 10 次。这是否会对我们分配时间的方式带来影响？

基于成本的优化根据总体计算成本的顺序来对 SQL 语句排序。

根据查询执行的某些度量（如执行时间、读取次数等）以及给定时间段内的执行次数，可以方便地确定计算成本：

总体计算成本 ＝ 度量方法×执行次数

在调整查询时使用总体计算成本的方法，可以最大程度地获得收益。在上面的示例中，如果我们能够将每条语句的运行时间减半，就可以很方便地计算出所节省的总体计算成本：

语句 1：1 秒×10 = 10 秒（节省的计算成本）

语句 2：0.5 秒×1000 = 500 秒（节省的计算成本）

这样就很容易理解要把宝贵的时间花在第 2 条语句上的原因。这样做不仅优化了数据库，也同时优化了用户的时间。

提示：性能工具

By the Way

很多关系型数据库具有内置的工具用于 SQL 语句和数据库性能调整。举例来说，Oracle 有一个名为 EXPLAIN PLAN 的工具，可以向用户展示 SQL 语句的执行计划。Oracle 中的另一个工具是 TKPROF，它可以测量 SQL 语句的实际执行时间。在 SQL Server 中有一个 Query Analyzer，可以向用户提供预估的执行计划或已执行查询的统计参数。关于可用工具的更多信息，请询问 DBA 或查看相应实现的文档。

17.7 小结

本章介绍了在关系型数据库中调整 SQL 语句的含义，介绍了两种基本的调整类型：数据库调整和 SQL 语句调整，它们对于数据库和 SQL 语句的运行效率同等重要，只进行一种调整无法达到优化目的。

本章介绍了调整 SQL 语句的方法，首先是语句的可读性，虽然它不能直接改善性能，但有助于程序员开发和管理语句。SQL 语句性能中的一个主要因素是索引的使用。有时需要使用索引，有时则需要避免使用索引。对于任何用于改善 SQL 语句性能的方法来说，最重要的是要理解数据本身、数据库设计和关系以及用户访问数据库的需求。

17.8 问与答

问：根据本章介绍的性能知识，就数据检索时间来说，在实际应用中可以实现多大的性能提升呢？

答：就数据检索时间来说，我们可以实现的性能提升可能是几秒钟、几分钟、几个小时，甚至是几天。

问：如何测试 SQL 语句的性能？

答：每个 SQL 实现都应该有一个工具或系统来测试性能。本书中使用了 Oracle 7 来测试 SQL 语句，它有多个工具可以测试性能，包括 EXPLAIN PLAN、TKPROF 和 SET 命令。每个实现中的具体工具及其使用方法请参考相应的文档。

17.9 实践

下面的内容包含一些测试问题和实战练习。这些测试问题的目的在于检验对学习内容的理解程度。实战练习有助于把学习的内容应用于实践，并且巩固对知识的掌握。在继续学习之前请先完成测试与练习，答案见附录 C。

17.9.1 测验

1．在小规模表上使用唯一索引有什么好处？
2．当执行查询时，如果优化器决定不使用表中的索引，会发生什么？
3．WHERE 子句中的最严格条件应该放在连接条件之前还是之后？
4．在什么情况下 LIKE 操作符会对性能造成影响？
5．在有索引的情况下，如何优化批量加载操作？
6．哪 3 个子句在排序操作中会影响性能？

17.9.2 练习

1．改写下面的 SQL 语句来改善性能。使用下面的表 EMPLOYEE_TBL 和表 EMPLOYEE_PAY_TBL。

```
EMPLOYEE_TBL
EMP_ID              VARCHAR(9)         NOT NULL      Primary key,
LAST_NAME           VARCHAR(15)        NOT NULL,
FIRST_NAME          VARCHAR(15)        NOT NULL,
MIDDLE_NAME         VARCHAR(15),
ADDRESS             VARCHAR(30)        NOT NULL,
CITY                VARCHAR(15)        NOT NULL,
STATE               VARCHAR(2)         NOT NULL,
ZIP                 INTEGER(5)         NOT NULL,
PHONE               VARCHAR(10),
```

```
PAGER              VARCHAR(10),
CONSTRAINT EMP_PK PRIMARY KEY (EMP_ID)
EMPLOYEE_PAY_TBL
EMP_ID                  VARCHAR(9)   NOT NULL      primary key,
POSITION                VARCHAR(15)  NOT NULL,
DATE_HIRE               DATETIME,
PAY_RATE                DECIMAL(4,2) NOT NULL,
DATE_LAST_RAISE         DATETIME,
SALARY                  DECIMAL(8,2),
BONUS                   DECIMAL(8,2),
CONSTRAINT EMP_FK FOREIGN KEY (EMP_ID)
REFERENCES EMPLOYEE_TBL (EMP_ID)
```

a.
```
SELECT EMP_ID, LAST_NAME, FIRST_NAME,
       PHONE
   FROM EMPLOYEE_TBL
   WHERE SUBSTRING(PHONE, 1, 3) = '317' OR
         SUBSTRING(PHONE, 1, 3) = '812' OR
         SUBSTRING(PHONE, 1, 3) = '765';
```

b.
```
SELECT LAST_NAME, FIRST_NAME
   FROM EMPLOYEE_TBL
   WHERE LAST_NAME LIKE '%ALL%;
```

c.
```
SELECT E.EMP_ID, E.LAST_NAME, E.FIRST_NAME,
       EP.SALARY
   FROM EMPLOYEE_TBL E,
   EMPLOYEE_PAY_TBL EP
   WHERE LAST_NAME LIKE 'S%'
      AND E.EMP_ID = EP.EMP_ID;
```

2. 添加一个名为 EMPLOYEE_PAYHIST_TBL 的表，用于存放大量的支付历史数据。使用下面的表来编写 SQL 语句，解决后续的问题。确保编写的查询语句能良好运行。

```
EMPLOYEE_PAYHIST_TBL
PAYHIST_ID          VARCHAR(9)      NOT NULL      primary key,
EMP_ID              VARCHAR(9)      NOT NULL,
START_DATE          DATETIME        NOT NULL,
END_DATE            DATETIME,
PAY_RATE            DECIMAL(4,2)    NOT NULL,
SALARY              DECIMAL(8,2)    NOT NULL,
BONUS               DECIMAL(8,2)    NOT NULL,
CONSTRAINT EMP_FK FOREIGN KEY (EMP_ID)
REFERENCES EMPLOYEE_TBL (EMP_ID)
```

a. 查询正式员工（salaried employee）和非正式员工（nonsalaried employee）在付薪第一年各自的总人数。

b. 查询正式员工和非正式员工在付薪第一年各自总人数的差值。其中，非正式员工全年无缺勤（PAY_RATE * 52 * 40）。

c. 查询正式员工当前和刚入职时的薪酬差别。同样，非正式员工全年无缺勤。并且，员工的当前薪水在 EMPLOYEE_PAY_TBL 和 EMPLOYEE_PAYHIST_TBL 两个表中都有记录。在支付历史表中，当前支付记录的 END_DATE 字段为 NULL 值。

第18章

管理数据库用户

本章的重点包括：

- 用户的类型；
- 用户管理；
- 用户与模式的对比；
- 用户会话的重要性；
- 修改用户的属性；
- 从数据库删除用户；
- 用户使用的工具。

本章介绍关系型数据库一个最重要的管理功能：管理数据库用户。该功能可以确保指定用户和应用对数据库的访问，并拒绝非指定的外部访问。考虑到数据库存储了大量敏感的商业和个人数据，本章的内容是用户必须掌握的。

18.1 数据库的用户管理

用户是我们设计、创建、实施和维护数据库的原因。在设计数据库时需要考虑用户的需求，而实现数据库的最终目标是把它交付给用户供用户使用。

有人认为，如果没有用户，数据库就不会有问题。虽然这句话貌似有道理，但创建数据库就是为了保存数据，供用户在每天的工作中使用它们。

虽然用户管理通常是数据库管理员的份内工作，但是其他人有时也会参与到用户管理的过程中。用户管理是关系型数据库生存周期内一件非常重要的工作，它最终是通过使用 SQL 概念和命令来实现的（这些命令可能因厂商而异）。对于数据库管理员来说，用户管理的最终目标是在供用户访问所需的数据与维护系统的数据完整性之间寻求平衡。

By the Way

注意：用户的身份会变化

不同场合的用户的头衔、角色、职责之间有很大差别，这取决于每个组织的规模和特定的数据处理需求。一个组织的 DBA 可能是另一个组织中的“计算机大师”。

18.1.1 用户的类型

数据库用户的类型有许多种，包括：

- 数据录入员；
- 程序员；
- 系统工程师；
- 数据库管理员；
- 系统分析员；
- 开发人员；
- 测试人员；
- 管理者；
- 终端用户。

每种用户都有其特定的工作职责（和要求），这对他们维持日常工作与职位稳定都是很重要的。另外，每种用户在数据库中具有不同的权限级别和特殊的位置。

18.1.2 谁管理用户

公司的管理人员负责日常的人员管理，而数据库管理员或其他被指定的人负责管理数据库中的用户。

数据库管理员（DBA）通常负责创建数据库用户账户、角色、权限和特征，以及相应的删除操作。在活跃的大型环境中，这可能是一件非常繁重的工作，有些公司会安排一个安全员协助 DBA 进行用户管理。

这个安全员主要负责一些文书工作，向 DBA 传递用户的工作需求，及时关闭用户的数据库访问权限。

系统分析员或系统管理员通常负责操作系统的安全，包括创建用户和分配适当的权限。安全员可以像帮助数据库管理员一样帮助系统分析员完成工作。

以有序的方式分配和撤销权限，并且记录所做的修改，可以使管理过程更轻松。另外，当系统需要进行内部或外部审核时，文档也会提供很好的记录信息。本章将重点介绍用户管理系统。

18.1.3 用户在数据库中的位置

用户需要被赋予一定的角色和权限才能完成自己的工作，但用户的权限也不能超出其工作范围。设置用户账户和安全的全部原因就是保护数据。如果用户错误地访问了数据，即使是在无意的情况下，数据也可能被毁坏或丢失。当用户不再需要访问数据库时，相应的账户应该尽快从数据库中删除或禁用。

数据库用户在数据库中承担不同的职责，就像是我们身体的各个部分，齐心协力完成某些目标。

By the Way

注意：遵循系统的用户管理方法

用户账户的管理对于数据库保护和成功应用至关重要，如果没有系统的管理，可能会严重影响数据库的正常运行。从理论上讲，用户账户的管理是最简单的数据库管理任务之一，但通常会由于政策因素与通信问题而变得复杂。

18.1.4　用户与模式的区别

数据库对象与数据库用户账户相关联，它被称为模式（schema）。模式是数据库用户拥有的数据库对象集，这个数据库用户被称为模式所有人（schema owner）。通常，模式按照逻辑进行分组（类似于数据库中的对象），然后由一个特定的模式所有人进行管理。例如，可以将所有的人员表分组到名为 HR 的模式下，以便于进行人力资源管理。普通数据库用户与模式所有人之间的区别在于后者在数据库中拥有对象，而大多数用户没有自己的对象，只是被赋予数据库账户来访问其他模式中包含的数据。由于模式所有人实际上拥有这些对象，因此可以完全控制它们。

Microsoft SQL Server 更进一步，它拥有一个数据库所有人。数据库所有人拥有数据库中的所有对象，并且能够完全控制其中存储的数据。数据库中有一个或多个模式。默认模式总是 dbo，通常也是数据库所有人的默认模式。用户可以使用尽可能多的模式来对数据库对象进行逻辑分组，并指派模式所有人。

18.2　管理过程

在任何数据库系统中，一个稳定的用户管理系统对于数据安全来说是必不可少的。用户管理系统从新用户的直接上级开始，他负责发起访问请求，然后走公司的批准程序。如果管理层接受了请求，就会转到安全员或数据库管理员来完成实际操作。一个好的通知过程是必要的，在用户账户被创建、对数据库的访问被批准之后，直接上级和用户必须得到通知，用户账户的密码应该只交给用户本人，而他应该在第一次登录到数据库后就立即修改密码。

18.2.1　创建用户

我们需要使用数据库中的 SQL 命令创建数据库用户，但 SQL 中并不存在用来创建数据库用户的标准命令，每个实现都有自己的方法。不同实现中的基本概念都是相同的。另外，市场上还有一些图形用户界面（GUI）工具可以用于用户管理。

当 DBA 或指定的安全员收到用户账户请求时，应该分析这些请求以获得必要的信息。这些信息应该包含公司创建用户账户的特殊需求。

一些必要信息包括社会保险号码、完整姓名、地址、电话号码、办公室或部门名称、被分配的数据库，有时还可以包括建议使用的用户名。

By the Way

注意：系统不同，用户的创建和管理也不同

关于创建用户的实际操作请查看具体的实现。在创建和管理用户时，还要遵守公司政策和流程。下文将对 Oracle、MySQL 和 Microsoft SQL Server 中的用户创建流程进行比较。

1. 在 Oracle 中创建用户

下面是在 Oracle 数据库中创建用户账户的步骤。

1. 使用默认设置创建数据库用户账户。
2. 为用户账户授予适当的权限。

下面是创建用户的语法：

```
CREATE USER USER_ID
IDENTIFIED BY [ PASSWORD | EXTERNALLY ]
[ DEFAULT TABLESPACE TABLESPACE_NAME ]
[ TEMPORARY TABLESPACE TABLESPACE_NAME ]
[ QUOTA (INTEGER (K | M) | UNLIMITED) ON TABLESPACE_NAME ]
[ PROFILE PROFILE_TYPE ]
[PASSWORD EXPIRE |ACCOUNT [LOCK | UNLOCK]
```

如果不使用 Oracle，则不必过于关注这个语法的某些选项。TABLESPACE（表空间 ）是容纳数据库对象（比如表和索引）的逻辑区域，由 DBA 管理。DEFAULT TABLESPACE 指定特定用户创建的对象所驻留的表空间，而 TEMPORARY TABLESPACE 是用于查询中排序操作（表连接、ORDER BY、GROUP BY）的表空间。QUOTA 是对用户访问的特定表空间进行空间限制。而 PROFILE 是指派给用户的数据库特征文件。

下面是给用户账户授予权限的语法：

```
GRANT PRIV1 [ , PRIV2 , ... ] TO USERNAME | ROLE [, USERNAME ]
```

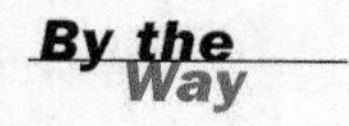

注意：不同实现中的 CREATE USER 命令也不相同

MySQL 不支持 CREATE USER 命令，它使用 mysqladmin 工具管理用户。在 Windows 计算机上创建一个本地用户账户之后，并不需要登录；但在多用户环境中，应该使用 mysqladmin，即每个要访问数据库的用户都要建立一个账户。

GRANT 语句可以在同一个语句中为一个或多个用户授予一个或多个权限。权限也可以授予一个角色，然后再将角色授予用户。

在 MySQL 中，GRANT 命令可以把本地计算机上的用户授权到当前数据库中，比如：

```
GRANT USAGE ON *.* TO USER@LOCALHOST IDENTIFIED BY 'PASSWORD';
```

可以像下面这样为用户授予其他权限：

```
GRANT SELECT ON TABLENAME TO USER@LOCALHOST;
```

在大多数情况下，只有在多用户环境下才需要设置 MySQL 的多用户和多用户访问。

2. 在 Microsoft SQL Server 中创建用户

在 Microsoft SQL Server 中创建用户账户的步骤如下所述。

1．为 SQL Server 创建登录账户，并为用户指定密码和默认的数据库。

2．把用户添加到适当的数据库，从而创建一个数据库用户账户。

3．为数据库用户账户分配适当的权限。关系型数据库中的权限问题将在第 19 章详细讨论。

下面是创建用户账户的语法：

```
SP_ADDLOGIN USER_ID , PASSWORD [, DEFAULT_DATABASE ]
```

下面是把用户添加到数据库的语法：

```
SP_ADDUSER USER_ID [, NAME IN_DB [, GRPNAME ] ]
```

可以看到，SQL Server 将登录账户和数据库用户账户区别对待，登录账户用于访问 SQL Server 实例，而数据库账户则可以访问数据库对象。创建好登录账户后，在数据库级别运行 SP_ADDUSER 命令后，就可以在 SQL Server Management Studio 的安全文件夹中看到二者的区别。这是 SQL Server 的一个重要区别，你可以创建一个登录账户，但不能用这个账户访问实例中的任何数据库。

在 SQL Server 中创建账户时，一个常见错误是忘记为账户授权访问其默认数据库。所以在设置账户的时候，务必确保为账户授权，至少保证其能够访问默认数据库，否则在登录系统时就会报错。

下面是为用户账户分配权限的语法：

```
GRANT PRIV1 [ , PRIV2 , ... ] TO USER_ID
```

3. 在 MySQL 中创建用户

在 MySQL 中创建用户账户的步骤如下所述。

1．在数据库中创建用户账户。

2．为用户账户分配适当的权限。

创建用户账户的语法与 Oracle 中使用的语法很相似：

```
SELECT USER user [IDENTIFIED BY [PASSWORD] 'password ']
```

分配用户权限的语法也与 Oracle 的语法很相似：

```
GRANT priv_type [( column_list )] [, priv_type [( column_list )]] ...
    ON [ object_type ]
        { tbl_name | * | *.* | db_name .* | db_name.routine_name }
       TO user
```

18.2.2 创建模式

模式是使用 CREATE SCHEMA 语句创建的。

语法如下：

```
CREATE SCHEMA [ SCHEMA_NAME ] [ USER_ID ]
              [ DEFAULT CHARACTER SET CHARACTER_SET ]
              [PATH SCHEMA NAME [, SCHEMA NAME ] ]
              [ SCHEMA_ELEMENT_LIST ]
```

下面是一个示例：

```
CREATE SCHEMA USER1
```

```
CREATE TABLE TBL1
  ( COLUMN1     DATATYPE    [NOT NULL],
    COLUMN2     DATATYPE    [NOT NULL]...)
CREATE TABLE TBL2
  ( COLUMN1     DATATYPE    [NOT NULL],
    COLUMN2     DATATYPE    [NOT NULL]...)
GRANT SELECT ON TBL1 TO USER2
GRANT SELECT ON TBL2 TO USER2
[ OTHER DDL COMMANDS ... ]
```

下面是在一个实现中使用 CREATE SCHEMA 命令的实例：

```
CREATE SCHEMA AUTHORIZATION USER1
CREATE TABLE EMP
  (ID       NUMBER              NOT NULL,
   NAME     VARCHAR2(10)        NOT NULL)
CREATE TABLE CUST
  (ID       NUMBER              NOT NULL,
   NAME     VARCHAR2(10)        NOT NULL)
GRANT SELECT ON TBL1 TO USER2
GRANT SELECT ON TBL2 TO USER2;
Schema created.
```

CREATE SCHEMA 命令中添加了关键字 AUTHORIZATION。这个示例是在 Oracle 数据库中执行的。从这个示例以及前面的很多示例中都可以看出，不同实现的命令语法有所不同。

能够创建模式的实现会为用户分配一个默认模式，该模式通常与用户的账户一致。所以，如果一个用户的账户名为 BethA2，那么他的默认模式名通常为 BethA2。这一点很重要，如果在创建对象的时候不指定模式名，那么将在用户的默认模式中创建对象。如果我们在 BethA2 账户中运行下面的 CREATE TABLE 语句，将在 BethA2 默认模式中创建表：

```
CREATE TABLE MYTABLE(
  NAME VARCHAR(50) NOT NULL );
```

但这里有可能并不是用户希望创建表的位置。如果是在 SQL Server 中，我们拥有 dbo 模式的访问权限，并且要在该模式中创建表。这时，需要对使用模式创建的对象进行限定，如下所示：

```
CREATE TABLE DBO.MYTABLE(
  NAME VARCHAR(50) NOT NULL):
```

在创建用户账户并分配权限时，务必牢记上述注意事项，以确保在数据库中维持秩序，避免不良后果。

警告：不是所有实现都支持 CREATE SCHEMA 命令

By the Way

有些实现可能不支持 CREATE SCHEMA 命令，但当用户创建对象时会隐式创建模式，而 CREATE SCHEMA 命令只不过是完成这个任务的一个直接方法。当用户创建对象之后，可以向其他用户分配访问这些对象的权限。

MySQL 不支持 CREATE SCHEMA 命令。在 MySQL 中，模式被看作一个数据库，所以我们要使用 CREATE DATABASE 命令来创建一个模式，然后在其中创建对象。

18.2.3 删除模式

使用 DROP SCHEMA 语句可以从数据库中删除模式，这时必须要考虑两个选项：RESTRICT 选项和 CASCADE 选项。在使用 RESTRICT 选项时，如果当前模式中存在对象，删除操作会发生错误，必须使用 CASCADE 选项。注意，当我们删除模式时，与模式相关联的全部数据库对象都会被删除。

语法如下所示：

```
DROP SCHEMA SCHEMA_NAME { RESTRICT | CASCADE }
```

By the Way

注意：有多种不同的方法可以删除模式

如果发现模式中缺少了某些对象，很可能是对象（比如表）已经使用 DROP TABLE 命令删除了。有些实现提供了既可以删除用户又可以删除模式的过程或命令。如果所使用的 SQL 实现中没有 DROP SCHEMA 命令，可以通过删除拥有模式对象的用户来删除模式。

18.2.4 调整用户

用户管理中的一个重要组成部分是在创建用户之后修改用户的属性。如果拥有用户账户的个人永远不会升职，不会离开公司，或者新雇员非常少，DBA 的工作就会轻松很多。但在现实世界中，频繁的人员调动和职责变化是用户管理中的重要因素，几乎每个人都会变更工作或工作职责。因此，数据库中的用户权限必须进行相应的调整以适应用户的需要。

下面是在 Oracle 中修改用户当前状态的一个示例：

```
ALTER USER USER_ID [ IDENTIFIED BY PASSWORD | EXTERNALLY |GLOBALLY AS 'CN=USER']
[ DEFAULT TABLESPACE TABLESPACE_NAME ]
[ TEMPORARY TABLESPACE TABLESPACE_NAME ]
[ QUOTA INTEGER K|M |UNLIMITED ON TABLESPACE_NAME ]
[ PROFILE PROFILE_NAME ]
[ PASSWORD EXPIRE]
[ ACCOUNT [LOCK |UNLOCK]]
[ DEFAULT ROLE ROLE1 [, ROLE2 ] | ALL
[ EXCEPT ROLE1 [, ROLE2 | NONE ] ]
```

这个语法可以改变用户的很多属性，但并不是所有 SQL 实现都提供了这样一个简单的命令来操作数据库用户。

比如 MySQL，它使用多种手段来调整用户账户。举例来说，在 MySQL 中可以使用如下语法来重置用户的密码：

```
UPDATE mysql.user SET Password=PASSWORD('new password')
WHERE user='username';
```

此外，我们可能也想更改用户的用户名。可以使用下面的语法实现该功能：

```
RENAME USER old_username TO new_username ;
```

有些实现还提供了 GUI 工具来创建、修改和删除用户。

18.2.5 用户会话

用户数据库会话指的是一个数据库用户从登录数据库到退出数据库的这段时间。在用户会话期间，用户可以执行被授权的各种操作，比如查询和事务。

在建立连接并发起会话后，用户可以执行任意数量的事务，直到连接中断，这时数据库用户会话也结束了。

使用下面这样的命令可以显式地连接和断开数据库，从而开始和结束 SQL 会话：

```
CONNECT TO DEFAULT | STRING1 [ AS STRING2 ] [ USER STRING3 ]
DISCONNECT DEFAULT | CURRENT | ALL | STRING
SET CONNECTION DEFAULT | STRING
```

用户会话能够（并且经常）被 DBA 或对用户行为感兴趣的其他人监视。用户会话是与特定的用户账户相关联的。在主机的操作系统上，数据库用户会话实际上是一个进程。

注意：有些数据库和工具中隐藏了底层命令

注意，不同实现中的语法是不一样的。另外，大多数数据库用户不会手动向数据库发出连接和断开的命令，而是使用厂商提供的工具或第三方工具来输入用户名和密码，从而连接到数据库并初始化数据库用户会话。

18.2.6 删除用户访问权限

通过几个简单的命令就可以从数据库中删除用户或撤销用户的访问权限，但在不同实现中具体的命令是不同的，请查看相应的文档来了解相应的语法或工具，从而删除用户或撤销访问权限。

下面是删除用户数据库访问权限的一些方法：

- 修改用户的密码；
- 从数据库删除用户账户；
- 撤销分配给用户的相应权限。

在有些实现中可以使用 DROP 命令删除数据库中的用户：

```
DROP USER USER_ID [ CASCADE ]
```

在很多实现中，与 GRANT 命令执行相反操作的是 REVOKE 命令，用于撤销已经分配给用户的权限。这个命令在 SQL Server、Oracle 和 MySQL 中的语法如下所示：

```
REVOKE PRIV1 [ , PRIV2 , ... ] FROM USERNAME
```

18.3 数据库用户使用的工具

有些情况下，不了解 SQL 也可以执行数据库查询。然而即使是在使用 GUI 工具时，了解 SQL 也会对查询操作有所帮助。GUI 工具很好用，但理解其幕后的工作原理对于最有效地利用这些用户友好的工具也大有益处。

很多 GUI 工具能够帮助数据库用户自动生成 SQL 代码，用户只需要在一些窗口中浏览、对一些提示做出响应、选择一些选项即可。还有专门生成报告的工具，可以为用户创建窗口来查询、更新、插入或删除数据库里的数据。有一些工具可以把数据转化为图形或图表。有些数据库管理工具可以监视数据库性能，有些还可以远程连接到数据库。数据库厂商提供了其中一部分工具，其他的工具则来自于第三方厂商。

18.4 小结

所有的数据库都有用户，无论是只有一个，还是成千上万个。用户是数据库存在的原因。

在数据库中管理用户有 3 个必要条件。首先，必须能够为特定的人和服务创建数据库用户账户。其次，必须能够为用户账户分配权限，使其能够完成要对数据库执行的操作。最后，必须能够从数据库中删除用户账户，或是撤销相应的权限。

本章介绍了用户管理中最常见的任务，但没有涉及过多的细节，因为大多数数据库的用户管理方式是不同的。但由于用户管理与 SQL 的关系，在此对其进行讨论还是必要的。尽管很多用于管理用户的命令在 ANSI 标准中没有定义或详细讨论，但概念还是相同的。

18.5 问与答

问：向数据库添加用户需要符合什么 SQL 标准？

答：ANSI 提供了一些命令和概念，但在创建和添加用户方面每种实现和每家公司都有自己的命令、工具和规则。

问：在不把用户 ID 从数据库里彻底删除的情况下，有没有办法暂时禁止用户的访问？

答：有。要想暂时禁止用户的访问，只需要改变用户的密码，或是撤销允许用户连接到数据库的权限。如果想恢复用户账户的功能，只需要把密码告诉用户，或是把之前撤销的权限再分配给他。

问：用户能改变自己的密码吗？

答：在大多数主流实现中是可以的。在创建完用户或将用户添加到数据库中后，会为用户设置一个通用密码，用户必须尽快修改为自己的密码。修改密码后，即使 DBA 也不知道用户的密码。

18.6 实践

下面的内容包含一些测试问题和实战练习。这些测试问题的目的在于检验读者对学习内容的理解程度。实战练习有助于把学习的内容应用于实践，并且巩固对知识的掌握。在继续学习之前请先完成测试与练习，答案见附录 C。

18.6.1 测验

1．使用什么命令建立会话？

2．在删除仍然包含数据库对象的模式时，必须要使用什么选项？

3．在 MySQL 中使用什么命令创建模式？

4．使用什么命令撤销数据库权限？

5．什么命令能够创建表、视图和权限的组或集合？

6．在 SQL Server 中，登录账户和数据库用户账户有什么区别？

18.6.2 练习

1．描述如何在 CANARYAIRLINES 数据库中创建一个新用户 John。

2．如何将表 EMPLOYEES 的访问权限授予新用户 John？

3．描述如何设置 John 的权限，允许他访问 CANARYAIRLINES 数据库中的全部对象。

4．描述如何撤销之前授予给 John 的权限，然后删除他的账户。

第 19 章

管理数据库安全

本章的重点包括：

- 数据库安全的定义；
- 安全与用户管理；
- 数据库系统权限；
- 数据库对象权限；
- 为用户分配权限；
- 撤销用户的权限；
- 数据库的安全特征。

本章介绍使用 SQL 命令和相关命令在关系型数据库中实现和管理安全的基本知识。不同主流实现的安全命令在语法上是有区别的，但关系型数据库的整体安全概念都遵循 ANSI 标准中讨论的基本准则。关于安全操作的语法和方针请查看具体实现。

19.1 什么是数据库安全

数据库安全就是保护数据免于受到未授权的访问。那些只能对数据库中部分数据进行访问的用户，如果要访问其他的数据，也属于未授权访问。这种保护还包括防止未授权的连接和权限分配。数据库中存在多个用户级别，从数据库创建者，到负责维护数据库的人员（比如数据库管理员）、数据库程序员，到终端用户。终端用户虽然在访问权限上受到最大的限制，却是数据库存在的原因。每个用户对数据库具有不同的访问级别，应该被限制到能够完成相应工作所需的最小权限。每个用户被授予的权限，应该是执行其相应工作所需的最小权限。

那么，用户管理与数据库安全有什么区别呢？毕竟，前一章介绍的用户管理似乎涵盖了安全问题。虽然用户管理和数据库安全有着必然的联系，但各自具有不同的目标，共同完成保护数据库的任务。

一个精心规划和维护的用户管理程序与数据库的整体安全是密切相关的。用户被指派了账户和密码，从而可以对数据库进行常规访问。数据库中的用户账户应该保存一些用户信息，比如用户的实际姓名、所在的办公室和部门、电话号码或分机号、可以访问的数据库名称。个人用户信息应该只能由DBA访问。DBA或安全员为数据库用户指派一个初始密码，用户应该立即修改这个密码。注意，DBA不需要、也不应该知道个人的密码，这确保了职责的分离，而且在用户账户增加时，不会增加DBA的负担。

如果用户不再需要特定权限，那么这些权限就应该被撤销。如果用户不再需要访问数据库，就应该从数据库中删除用户账户。

通常情况下，用户管理是创建用户账户、删除用户账户、跟踪用户在数据库中的行为的过程。而数据库安全更进一步，包括授予用来访问特定数据库的权限、撤销用户的特定权限、采取手段保护数据库的其他部分（比如底层数据库文件）。

19.2 什么是权限

权限是用于访问数据库本身、访问数据库中的对象、操作数据库中的数据、在数据库中执行各种管理功能的许可级别。权限是通过GRANT命令分配的，用REVOKE命令撤销。

用户可以连接到数据库并不意味着可以访问数据库中的数据，访问数据库中的数据还需要权限。权限有两种类型，一种是系统权限，一种是对象权限。

> **注意：相较于权限，数据库安全方面的内容要更多**
> 由于这是一本SQL图书而不是数据库图书，所以重点在于数据库权限。但我们也要考虑到数据库安全的其他方面，比如保护底层数据库文件，这与数据库权限的分配具有同等的重要性。高级数据库安全可能相当复杂，而且在不同关系型数据库实现中也有很大区别。

By the Way

19.2.1 系统权限

系统权限允许数据库用户在数据库中执行管理操作，比如创建数据库、删除数据库、创建用户账户、删除用户、删除和修改数据库对象、修改对象的状态、修改数据库的状态以及执行其他操作（如果不谨慎使用这些操作，可能会对数据库造成严重影响）。

系统权限在不同关系型数据库的实现重点差别很大，所以可用的系统权限及其正确用法请查看实现的文档。

下面是SQL Server中一些常见的系统权限：

- CREATE DATABASE——建立新数据库；
- CREATE PROCEDURE——建立存储过程；
- CREATE VIEW——建立视图；
- BACKUP DATABASE——用户用来备份数据库系统；
- CREATE TABLE——建立新表；
- CREATE TRIGGER——在表上建立触发器；
- EXECUTE——在特定数据库中执行给定的存储过程。

下面是Oracle中一些常见的系统权限：

- CREATE TABLE——在特定模式中建立新表；
- CREATE ANY TABLE——在任意模式中建立新表；
- ALTER ANY TABLE——在任意模式中修改表结构；
- DROP TABLE——在特定模式中删除表对象；
- CREATE USER——创建其他用户账户；
- DROP USER——删除既有用户账户；
- ALTER USER——修改既有用户账户；
- ALTER DATABASE——修改数据库属性；
- BACKUP ANY TABLE——备份任意模式中任意表的数据；
- SELECT ANY TABLE——查询任意模式中任意表的数据。

19.2.2 对象权限

对象权限是针对对象的许可级别，意味着必须具有适当的权限才能对数据库对象进行操作。举例来说，为了从其他用户的表中选择数据，我们必须首先得到这个用户的许可。对象权限由对象的所有人授予数据库中的其他用户。注意，这个所有人也被称为模式所有人。

ANSI 标准中包含下述对象权限。

- USAGE：批准使用指定的域。
- SELECT：允许访问指定的表。
- INSERT(*column_name*)：允许将数据插入到指定表的指定字段。
- INSERT：允许将数据插入到指定表的全部字段。
- UPDATE(*column_name*)：允许对指定表中的指定字段进行更新。
- UPDATE：允许对指定表中的全部字段进行更新。
- REFERENCES(*column_name*)：允许在完整性约束中引用指定表里的指定字段；任何完整性约束都需要这个权限。
- REFERENCES：允许引用指定表中的全部字段。

By the Way

注意：有些权限会自动授予

对象的所有者自动被授予与对象相关的全部权限。这些权限还可以使用 GRANT OPTION 命令来分配，某些 SQL 实现提供了这个命令。这个命令在本章下文进行介绍。

大多数 SQL 实现都遵循这个对象权限列表来控制对数据库对象的访问。

这些对象级别的权限应该用于许可和限制对模式内对象的访问，可以保护一个模式中的对象不会被能够访问同一数据库中其他模式的用户访问。

不同 SQL 实现中还有其他一些对象权限，这里并没有完全列出。比如，删除其他用户的对象中的数据，就是许多 SQL 实现中的一个常见对象权限。关于全部可用的对象级权限，请查看具体实现的文档。

19.2.3 谁负责授予和撤销权限

执行 GRANT 和 REVOKE 命令的人通常是 DBA 或安全管理员。具体要授予和撤销的权限来自于管理层，而且最好进行细致的跟踪，以确保只有被授权的用户才能具有相应的权限。

对象的所有人负责向数据库里的其他用户授予权限。即使 DBA 也不能给数据库用户授予不属于 DBA 的对象权限，虽然有方法可以绕过这种限制。

19.3 控制用户访问

用户访问主要是通过用户账户和密码进行控制的，但在大多数主流实现中，仅使用账户和密码是不能够访问数据库的。创建用户账户只是允许和控制数据库访问的第一步。

在创建数据库账户之后，数据库管理员、安全员或某个指定的人必须能够向需要进行数据库操作的用户授予适当的系统级权限，比如创建表或选择表。接下来，模式所有人需要向数据库用户授予访问模式中对象的权限，以便该用户能完成他的工作。

SQL 中有两个命令用来控制数据库的访问，涉及权限的授予与撤销，分别是 GRANT 和 REVOKE 命令。这两个命令在关系型数据库中同时分配系统权限和对象权限。

19.3.1 GRANT 命令

GRANT 命令用于向现有的数据库用户账户授予系统级和对象级权限。

语法如下所示：

```
GRANT PRIVILEGE1 [, PRIVILEGE2 ][ ON OBJECT ]
TO USERNAME [ WITH GRANT OPTION | ADMIN OPTION]
```

向用户授予一个权限的语法示例如下所示：

```
GRANT SELECT ON EMPLOYEES TO USER1;
Grant succeeded.
```

向一个用户授予多个权限的语法示例如下所示：

```
GRANT SELECT, INSERT ON EMPLOYEES TO USER1;
Grant succeeded.
```

注意，在一个语句中向一个用户授予多个权限时，每个权限是以逗号分隔的。

向多个用户授予权限的语法示例如下所示：

```
GRANT SELECT, INSERT ON EMPLOYEES TO USER1, USER2;
Grant succeeded.
```

注意：一定要理解系统给予的反馈信息

注意提示信息“Grant succeeded”，它表示每一个 GRANT 语句已经成功执行。这是在 Oracle 中执行命令时收到的反馈信息。大多数 SQL 都会提供某种反馈，但使用的短语不一定相同。

1. GRANT OPTION

GRANT OPTION 是一个功能强大的 GRANT 选项。当对象的所有人利用 GRANT OPTION

把对象的权限授予一个新用户时，这个新用户还可以把这个对象的权限授予其他用户，尽管这个新用户实际上并不拥有这个对象。示例如下：

```
GRANT SELECT ON EMPLOYEES TO USER1 WITH GRANT OPTION;
Grant succeeded.
```

2. ADMIN OPTION

使用 ADMIN OPTION 授予权限之后，用户不仅拥有了权限，也具有了把这个权限授予其他用户的能力，这一点与 GRANT OPTION 类似。但 GRANT OPTION 用于对象级权限，而 ADMIN OPTION 用于系统级权限。当一个用户用 ADMIN OPTION 向另一个用户授予系统权限之后，后者还可以把系统权限授予其他用户。示例如下：

```
GRANT CREATE TABLE TO USER1 WITH ADMIN OPTION;
Grant succeeded.
```

By the Way

注意：删除用户的同时也删除了权限

当一个使用 GRANT OPTION 或 ADMIN OPTION 命令授予权限的用户被从数据库中删除之后，权限与用户之间的关联也会被断开。

19.3.2 REVOKE 命令

REVOKE 命令用来撤销已经分配给数据库用户的权限，它有两个选项：RESTRICT 和 CASCADE。当使用 RESTRICT 选项时，只有当 REVOKE 命令中显式指定的权限不会转移给其他用户时，REVOKE 才能顺利完成。而 CASCADE 会撤销用户保留的任何权限。换句话说，如果某个对象的所有人使用 GRANT OPTION 把权限授予 USER1，USER1 又使用了 GRANT OPTION 向 USER2 授予权限，然后对象所有人撤销了 USER1 的权限，这时如果使用 CASCADE 选项，那么 USER2 的权限也会被撤销。

当用户 A 使用 GRANT OPTION 向用户 B 授予权限后，A 被从数据库中删除，或是 A 的权限被撤销，那么 B 用户的权限就被称为被废弃的权限。

REVOKE 命令的语法如下所示：

```
REVOKE PRIVILEGE1 [, PRIVILEGE2 ] [ GRANT OPTION FOR ] ON OBJECT
FROM USER { RESTRICT | CASCADE }
```

下面是一个示例：

```
REVOKE INSERT ON EMPLOYEES FROM USER1;
Revoke succeeded.
```

19.3.3 控制对单独字段的访问

我们不仅能够把表作为一个整体来分配对象权限（INSERT、UPDATE 和 DELETE），还可以分配表中指定字段的权限来限制用户的访问，如下所示：

```
GRANT UPDATE (NAME) ON EMPLOYEES TO PUBLIC;
Grant succeeded.
```

19.3.4 PUBLIC 数据库账户

PUBLIC 数据库用户账户是一个代表数据库中全体用户的数据库账户。所有用户都属于

PUBLIC 账户。如果某个权限被授予 PUBLIC 账户，那么数据库全部用户都具有这个权限。类似地，如果一个权限从 PUBLIC 上撤销，就相当于从全部数据库用户上撤销了这个权限，除非这个权限被明确地授予了某个特定用户。示例如下：

```
GRANT SELECT ON EMPLOYEES TO PUBLIC;
Grant succeeded.
```

警告：对 PUBLIC 授予的权限可能带来意想不到的后果

向 PUBLIC 授予权限时要特别小心，因为数据库的所有用户都会拥有 PUBLIC 的权限，因此在向 PUBLIC 授予权限时，可能会意外地允许用户访问本不该访问的数据。举例来说，如果 PUBLIC 能够从雇员薪水表中选择数据，那么所有用户就可以访问数据库来了解公司发放给每个人的薪水。

Watch Out!

19.3.5 权限组

有些实现可以在数据库中形成权限组。这些权限组是通过不同的名称来引用的。通过使用权限组，我们可以更方便地授予和撤销权限。举例来说，如果某个权限组具有 10 个权限，我们就可以把这个组授予一个用户，而不必单独授予 10 个权限。

注意：不同系统的数据库权限组有所不同

在使用数据库权限组方面，各个实现都有所不同。如果实现支持这个特性，我们可以利用它来减轻数据库安全管理工作。

By the Way

权限组在 Oracle 中称为角色。Oracle 在其实现中包含以下权限组。

- CONNECT——允许用户连接数据库，并且对已经访问过的任何数据库对象进行操作。
- RESOURCE——允许用户创建对象、删除其所拥有的对象、为其所拥有的对象赋予权限等。
- DBA——允许用户在数据库中对任何对象进行任何操作。该用户可以访问任何数据库对象，并使用该权限组执行任何操作。

把权限组授予一个用户的示例如下：

```
GRANT DBA TO USER1;
Grant succeeded.
```

SQL Server 在服务器级别和数据库级别有一些权限组。部分数据库级别的权限组如下所示。

- DB_DDLADMIN——允许用户使用任何合法的 DDL 命令，对数据库中的任何对象进行操作。
- DB_DATAREADER——允许用户在已经获得权限的数据库中对任意表进行查询。
- DB_DATAWRITER——允许用户对数据库中的任意表运行任何数据操作命令，如 INSERT、UPDATE 或者 DELETE。

19.4 通过角色控制权限

角色是数据库中创建的一个对象，具有类似权限组的特性。通过使用角色，我们不必明确地直接为用户授予权限，从而减少安全维护工作。使用角色可以更方便地进行权限组管理。

可以修改角色的权限，而这种修改对于用户来说是透明的。

如果在一个程序中，某个用户需要在指定的时间内，拥有表的 SELECT 和 UPDATE 权限，我们可以暂时指派一个具有这些权限的角色，直到事务结束。

当一个角色被创建时，它就是数据库中的一个角色，没有任何实际值。角色可以被指派给用户或其他角色。假设名为 APP01 的模式把对表 EMPLOYEE_PAY 的 SELECT 权限授予角色 RECORDS_CLERK，那么任何被指派了 RECORDS_CLERK 角色的用户或角色就对表 EMPLOYEE_PAY 具有了 SELECT 权限。

类似地，如果 APP01 从 RECORDS_CLERK 角色撤销了对表 EMPLOYEE_PAY 的 SELECT 权限，任何被指派了 RECORD_CLERK 的用户或角色就不再对这个表具有 SELECT 权限。

在数据库中分配权限的时候，需要考虑好一个用户需要哪些权限，以及其他用户是否需要同样的权限。例如，会计部门的员工需要访问与会计相关的表。在这种情况下，除非员工有完全不同的权限要求，否则就可以创建一个角色并为其赋予适当的权限，然后将这个角色分配给这些员工。

如果现在创建了一个新的对象，并需要为会计部门赋予相应权限，就可以方便地在一个位置进行修改，而不必对每一个账户都重新设置。同样，如果会计部门添加了一个新成员，或者需要对其他员工赋予同样的权限，只要赋予其相应的角色就可以了。角色是一个非常优秀的工具，可以帮助 DBA 智能地完成工作，即使处理复杂的数据库安全协议也并不麻烦。

By the Way

注意：MySQL 不支持角色

MySQL 不支持角色。在某些 SQL 实现中，不支持角色是它们的弱点之一。

19.4.1　CREATE ROLE 语句

角色是由 CREATE ROLE 语句创建的：

```
CREATE ROLE role_name;
```

向角色授予权限与向用户授予权限是一样的，示例如下：

```
CREATE ROLE RECORDS_CLERK;
Role created.
GRANT SELECT, INSERT, UPDATE, DELETE ON EMPLOYEE_PAY TO RECORDS_CLERK;
Grant succeeded.
GRANT RECORDS_CLERK TO USER1;
Grant succeeded.
```

19.4.2　DROP ROLE 语句

DROP ROLE 语句用于删除角色：

```
DROP ROLE role_name;
```

示例如下：

```
DROP ROLE RECORDS_CLERK;
Role dropped.
```

19.4.3　SET ROLE 语句

使用 SET ROLE 语句可以为用户当前的 SQL 会话设置角色：

```
SET ROLE role_name;
```

示例如下：

```
SET ROLE RECORDS_CLERK;
Role set.
```

可以一次可以设置多个角色：

```
SET ROLE RECORDS_CLERK, ROLE2, ROLE3;
Role set.
```

注意：SET ROLE 语句并不经常使用

By the Way

在某些实现中，例如 Microsoft SQL Server 和 Oracle，被指派给用户的全部角色都自动成为默认角色。也就是说，只要用户登录到数据库，这些角色就会被设置给用户并发挥作用。这里所介绍的 SET ROLE 语句，只是为了帮助读者理解相应的 ANSI 标准。

19.5 小结

本章介绍了在 SQL 数据库或关系型数据库中实现安全的基本知识。在创建用户后，必须为他分配某些权限，允许其访问数据库的特定部分。另外，ANSI 允许使用角色。权限可以被授予用户或角色。

权限有两种类型，分别是系统权限和对象权限。系统权限允许用户在数据库中执行各种任务，比如连接到数据库、创建表、创建用户、改变数据库的状态等。对象权限允许用户访问数据库中的指定对象，比如从指定表里选择数据或操作数据。

SQL 中有两个命令用于授予和撤销用户或角色的权限：GRANT 和 REVOKE。它们用于控制数据库中的整体管理权限。虽然在关系型数据库中实现安全时还需要考虑其他很多因素，但与 SQL 语言相关的基本内容都已经介绍过了。

19.6 问与答

问：如果用户忘记了密码，应该如何做才能继续访问数据库呢？

答：用户应该去找直接上级或能够重置用户密码的人员。如果不存在这样的专门人员，DBA 或安全员可以重置密码。当密码重置之后，用户应该尽快将其修改为自己的密码。有时 DBA 可以设置一个特定的属性，强制用户在下次登录后修改密码。详细情况请参见具体实现的文档。

问：如果想授予某个用户 CONNECT 角色，但该用户不需要 CONNECT 角色的全部权限，应该怎么办？

答：这时不应该授予用户 CONNECT 角色，而是只分配必要的权限。如果已经授予了用户 CONNECT 角色，而用户不再需要这个角色的全部权限，我们就要撤销用户的 CONNECT 角色，然后再为其分配特定的权限。

问：为什么当新用户从创建新用户的人那里获得新密码之后，立即修改密码是非常重要的？

答：初始密码是在创建用户 ID 后分配的。包括 DBA 和管理人员在内的任何人都不应该知道用户的密码。密码应该在任何时候都高度保密，从而避免其他用户假冒他人身份登录到数据库。

19.7　实践

下面的内容包含一些测试问题和实战练习。这些测试问题的目的在于检验对学习内容的理解程度。实战练习有助于把学习的内容应用于实践，并且巩固对知识的掌握。在继续学习之前请先完成测试与练习，答案见附录C。

19.7.1　测验

1．如果用户要把其他用户的权限授予不属于他的对象，则必须使用什么选项？
2．当权限被授予PUBLIC后，是数据库的全部用户还是仅特定用户获得这些权限？
3．查看指定表中的数据需要什么权限？
4．SELECT是什么类型的权限？
5．如果想撤销用户对某个对象的权限，以及撤销使用GRANT选项分配给其他用户的权限，应该使用什么选项？

19.7.2　练习

1．登录到你的数据库实例，如果CanaryAirlines数据库不是默认的，则转换到CanaryAirlines数据库。
2．在数据库提示符下输入下述命令，列出默认的表（与你使用的数据库实现有关）：

```
SQL Server:    SELECT NAME FROM SYS.TABLES;
Oracle:        SELECT * FROM USER_TABLES;
```

3．创建一个新的数据库用户，如下所示：

```
Username: Steve
Password: Steve123
Access: CanaryAirlines database, SELECT on all tables
```

4．输入下述命令，列出数据库中的全部用户（与你使用的数据库实现有关）：

```
SQL Server:    SELECT * FROM SYS.DATABASE_PRINCIPALS WHERE TYPE='S';
Oracle:        SELECT * FROM DBA_USERS
```

5．为练习3中创建的新数据库用户Steve创建一个角色。调用employee_reader角色，并只在EMPLOYEES表上分配SELECT角色。为Steve分配这一角色。
6．现在删除Steve对数据库中其他表的SELECT访问权限，然后尝试选择EMPLOYEES、AIRPORTS和ROUTES表，看一下会发生什么？

第20章

创建并使用视图和异名

本章的重点包括：

- 什么是视图以及如何使用视图；
- 视图和安全；
- 存储、创建和连接视图；
- 视图中的数据操作；
- 嵌套视图的性能；
- 管理异名。

本章将介绍关于性能的一些知识，以及如何创建和删除视图，如何将视图用于安全管理，如何简化终端用户和报告的数据获取，最后还会讨论异名。

20.1 什么是视图

视图是一个虚拟表。也就是说，对于用户来说，视图在外观和行为上都类似表，但它不需要实际的物理存储。视图实际上是以预定义查询形式组成的表，该查询存储在数据库中。举例来说，可以从表EMPLOYEES中创建一个视图，使其只包含雇员的姓名和地址，而不是表中的全部字段。视图可以包含表的全部或部分记录，可以由一个表或多个表创建。

当创建一个视图时，实际上是在数据库中执行了一个SELECT语句，它定义了这个视图。这个SELECT语句可能只包含表中的字段名称，也可以包含各种函数和运算来操作或汇总给用户显示的数据。图20.1展示了视图的概念。

虽然视图只存储在内存中，但也被看作是一个数据库对象。除了存储视图定义所需要的空间外，它与其他数据库对象一样不占用存储空间。视图的创建者或者模式的所与人拥有视图。视图的所有人自动拥有视图的所有权限，并可以像表一样将相应的权限分配给其他用户。对于视图来说，GRANT命令的GRANT OPTION权限的工作方式与表一样。具体细节请见第19章。

在数据库中，视图的使用方式与表相同，意味着可以像操作表一样从视图中获取数据。另外，我们还可以对视图中的数据进行操作，但存在一定的限制。下文将介绍视图的一些常见应用，以及视图在数据库中的保存方式。

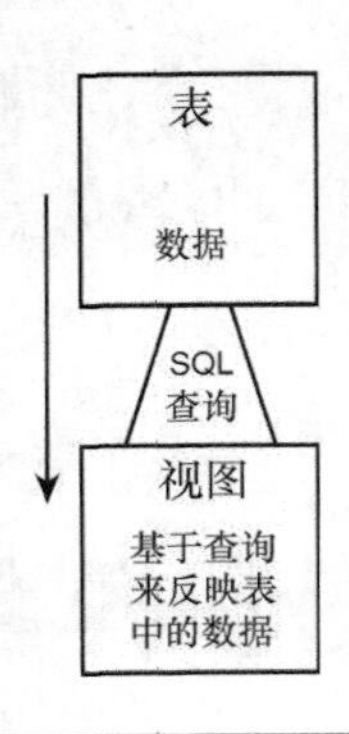

图 20.1

视图

Watch Out!

警告：删除视图使用的表

如果用于创建视图的表被删除了，那么这个视图就不可以被访问。在尝试查询这个视图时，会收到错误信息。

20.1.1 使用视图来简化数据访问

在有些情况下，通过数据库的归一化过程或是数据库设计的过程，数据在表中的格式可能并不适合终端用户进行查询。这时，我们可以创建一系列的视图，使终端用户能够更简单地进行查询。举例来说，用户可能需要从数据库 CanaryAirlines 中查询雇员的薪水信息和机场信息，但并不完全理解如何创建表 EMPLOYEES 和 AIRPORTS 之间的连接。为了解决这个问题，我们可以创建一个视图来包含表的连接，使用户可以从这个视图获取数据。

20.1.2 使用视图作为一种安全形式

视图可以作为数据库中的一种安全形式。假设我们有一个表 EMPLOYEES，它包含雇员姓名、地址、电话号码、紧急联系人、部门、职位、薪水或小时薪水。临时助理需要编写一份包含雇员姓名、地址和电话号码的报告。如果为临时助理分配了 EMPLOYEES 表的访问权限，他就可以看到每个雇员的收入是多少，这是我们所不允许的。

为了防止这种情况发生，我们可以创建一个视图，使它只包含必要的信息：雇员姓名、地址和电话号码，并且允许临时助理访问这个视图来编写报告，这样就可以避免他访问表的其他敏感数据。

Did you Know?

提示：视图可以限制对字段的访问

使用视图可以限制用户只访问表中的特定字段或满足一定条件的记录（在定义视图的 WHERE 子句中指定）。

20.1.3 使用视图来维护汇总数据

假如我们有一个汇总数据报告，其中表中的数据或者表经常会更新，因此需要经常创建报告，此时使用视图来包含汇总数据就是一个很好的选择。

举例来说，有一个表包含个人信息，比如居住的城市、性别、薪水和年龄。我们可以基于这个表来创建一个视图，统计每个城市的人员情况，比如平均年龄、平均薪水、男性总数、女性总数。在创建视图之后，如果想获得这些信息，我们只需要对视图进行查询，而不需要使用复杂的 SELECT 语句。

利用汇总数据创建视图与从一个表或多个表创建视图的唯一区别就是使用了聚合函数。关于聚合函数的介绍请见第 9 章。

20.2 创建视图

视图是通过 CREATE VIEW 语句创建的。我们可以从一个表、多个表或另一个视图来创建视图。为了创建视图，用户必须拥有适当的系统权限（取决于具体的实现）。

基本的 CREATE VIEW 语法如下所示：

```
CREATE [RECURSIVE]VIEW VIEW_NAME
[COLUMN NAME [,COLUMN NAME]]
[OF UDT NAME [UNDER TABLE NAME]
[REF IS COLUMN NAME SYSTEM GENERATED |USER GENERATED | DERIVED]
[COLUMN NAME WITH OPTIONS SCOPE TABLE NAME]]
AS
{SELECT STATEMENT}
[WITH [CASCADED | LOCAL] CHECK OPTION]
```

下文将介绍使用 CREATE VIEW 语句创建视图的不同方法。

Did you Know?

提示：ANSI SQL 不包含 ALTER VIEW 语句

尽管大多数数据库实现提供了 ALTER VIEW 语句，但 ANSI SQL 中不包含该语句。举例来说，在老版本的 MySQL 中，我们可以使用 REPLACE VIEW 语句修改当前视图。但是，最新版本的 MySQL 以及 SQL Server 和 Oracle 都支持 ALTER VIEW 语句。详细情况请参见具体实现的文档。

20.2.1 从一个表创建视图

我们可以从一个表中创建视图。语法如下所示：

```
CREATE VIEW VIEW_NAME AS
SELECT * | COLUMN1 [, COLUMN2 ]
FROM TABLE_NAME
[ WHERE EXPRESSION1 [, EXPRESSION2 ]]
[ WITH CHECK OPTION ]
[ GROUP BY ]
```

创建视图的最简单方式是基于单个表的全部内容，示例如下：

```
CREATE VIEW EMPLOYEES_VIEW AS
SELECT *
FROM EMPLOYEES;
View created.
```

下面的示例只从基表中选择指定的字段，从而减少视图中的内容：

```
CREATE VIEW EMP_VIEW AS
SELECT LASTNAME, FIRSTNAME
FROM EMPLOYEES;
View created.
```

下面的示例展示了如何组合或操作基表中的多个字段来组成视图中的一个字段。利用 SELECT 子句中的别名，我们将视图字段命名为 NAME。

```
CREATE VIEW NAMES AS
SELECT LASTNAME + ', ' + FIRSTNAME AS DISPLAYNAME
FROM EMPLOYEES;
View created.
```

现在可以从创建的视图 NAMES 中选择前 10 行数据：

```
SELECT TOP 10 *
FROM NAMES;

DISPLAYNAME
------------------------------
Iner, Erlinda
Denty, Nicolette
Sabbah, Arlen
Loock, Yulanda
Sacks, Tena
Arcoraci, Inocencia
Astin, Christa
Contreraz, Tamara
Capito, Michale
Ellamar, Kimberly

(10 row(s) affected)
```

下面的示例展示了如何基于一个或多个基表（underlying table）创建包含汇总数据的视图：

```
CREATE VIEW CITY_PAY AS
SELECT E.CITY, AVG(E.PAYRATE) AVG_PAY
FROM EMPLOYEES E
GROUP BY E.CITY;
View created.
```

现在从汇总视图中选择数据：

```
SELECT TOP 10 *
FROM CITY_PAY;

CITY                              AVG_PAY
------------------------------ ------------------------------
AFB MunicipalCharleston SC        NULL
Downtown MemorialSpartanburg      19.320000
Aberdeen                          19.326000
Abilene                           13.065000
Abingdon                          20.763333
Adak Island                       20.545000
Adrian                            21.865000
Afton                             12.680000
Aiken                             16.716666
Ainsworth                         21.960000
Warning: Null value is eliminated by an aggregate or other SET operation.

(10 row(s) affected)
```

通过汇总视图，针对视图基表的 SELECT 语句可以得到简化。

20.2.2 从多个表创建视图

通过在 SELECT 语句中使用 JOIN，可以从多个表创建视图。语法如下：

```
CREATE VIEW VIEW_NAME AS
SELECT * | COLUMN1 [, COLUMN2 ]
FROM TABLE_NAME1, TABLE_NAME2 [, TABLE_NAME3 ]
WHERE TABLE_NAME1 = TABLE_NAME2
[ AND TABLE_NAME1 = TABLE_NAME3 ]
[ EXPRESSION1 ][, EXPRESSION2 ]
[ WITH CHECK OPTION ]
[ GROUP BY ]
```

下面是从多个表创建视图的示例：

```
CREATE VIEW EMPLOYEE_SUMMARY AS
SELECT E.EMPLOYEEID, E.LASTNAME, E.POSITION, E.HIREDATE AS DATE_HIRE, A.AIRPORTNAME
FROM EMPLOYEES E,
    AIRPORTS A
WHERE E.AIRPORTID = P.AIRPORTID;
View created.
```

在从多个表创建视图时，这些表必须在 WHERE 子句中通过共同字段连接在一起。视图本身不过是一个 SELECT 语句，因此表在视图定义中的连接与在普通 SELECT 语句中是相同的。回忆一下，使用表的别名可以简化多表查询的可读性。

视图可以与表或其他视图相连接，其规则与表之间的连接一样。更多相关内容请见第 13 章。

20.2.3 从视图创建视图

使用下面的语法可以从一个视图创建另一个视图：

```
CREATE VIEW2 AS
SELECT * FROM VIEW1
```

用视图创建视图可以具有多个层次（视图的视图的视图，以此类推），允许的层次取决于具体实现。基于其他视图创建视图的唯一问题在于它们的可管理性。举例来说，假设基于 VIEW1 创建了 VIEW2，又基于 VIEW2 创建了 VIEW3。如果 VIEW1 被删除了，VIEW2 和 VIEW3 也就不可用了，因为支持这些视图的底层信息不存在了。因此，我们需要始终很好地理解数据库中的视图，以及它们依赖于哪些数据库对象（参见图 20.2）。

图 20.2 展示了视图基于表和其他视图的情况。VIEW1 和 VIEW2 依赖于 TABLE，VIEW3 依赖于 VIEW1，VIEW4 依赖于 VIEW1 和 VIEW2，VIEW5 依赖于 VIEW2。根据它们的关系，我们可以得出以下结论：

- 如果 VIEW1 被删除，VIEW3 和 VIEW4 会同时失效；
- 如果 VIEW2 被删除，VIEW4 和 VIEW5 会同时失效；
- 如果 TABLE 被删除，这些视图会全部同时失效。

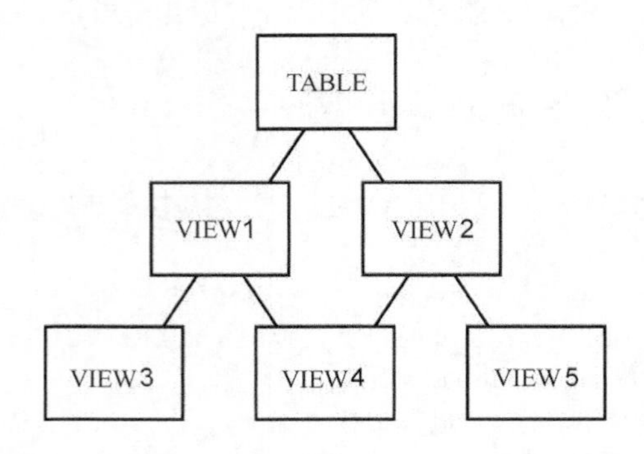

图 20.2

视图依赖

By the Way

注意：谨慎选择创建视图的方式

如果从基表和从另一个视图创建视图具有一样的难度和效率，那么我们应该首选从基表创建视图。

20.3 WITH CHECK OPTION

WITH CHECK OPTION 是 CREATE VIEW 语句中的一个选项，其目的是确保全部的 UPDATE 和 INSERT 语句满足视图定义中的条件。如果它们不满足条件，UPDATE 或 INSERT 语句就会返回错误。WITH CHECK OPTION 实际上是通过查看视图定义是否被破坏来确保引用完整性。

下面是使用 WITH CHECK OPTION 创建视图的示例：

```
CREATE VIEW EMPLOYEE_PHONES AS
SELECT LASTNAME, FIRSTNAME, PHONENUMBER
FROM EMPLOYEES
WHERE PHONENUMBER IS NOT NULL
WITH CHECK OPTION;
View created.
```

在这个示例中，WITH CHECK OPTION 会确保视图的 PAGER 字段中不包含 NULL 值，因为视图定义所依赖的数据中不允许在 PAGER 字段中包含 NULL 值。

尝试在 PAGER 字段中插入一个 NULL 值：

```
INSERT INTO EMPLOYEE_PHONES
VALUES ('SMITH','JOHN',NULL);
insert into employee_pagers
            *
ERROR at line 1:
ORA-01400: mandatory (NOT NULL) column is missing or NULL during insert
```

在从一个视图创建另一个视图期间，如果选择使用 WITH CHECK OPTION，则可以使用两个选项：CASCADED 和 LOCAL，其中 CASCADED 是默认选项。CASCADED 是 ANSI 标准语法。但是，Microsoft SQL Server 和 Oracle 使用稍有不同的 CASCADE 关键字。在对基表进行更新时，CASCADED 选项会检查所有底层视图、所有的完整性约束，以及新视图的定义条件。LOCAL 选项只检查两个视图的完整性约束和第二个视图的定义条件，不检查基表。因此，使用 CASCADE 选项创建视图是更安全的作法，因为基表的引用完整性也得到了保护。

20.4 从视图创建表

在 Oracle 中使用 CREATE TABLE AS SEELCT 语法，可以从视图创建一个表，就像从一个表创建另一个表（或从一个视图创建另一个视图）一样。

语法如下：

```
CREATE TABLE TABLE_NAME AS
SELECT {* | COLUMN1 [, COLUMN2 ]
FROM VIEW_NAME
[ WHERE CONDITION1 [, CONDITION2 ]
[ ORDER BY ]
```

注意：表与视图的细微差别

By the Way

表与视图的主要区别在于表包含实际的数据，占据物理存储空间，而视图不包含数据，而且只需要保存视图定义（查询语句）。

首先，基于两个表创建一个视图：

```
CREATE VIEW INDIANA_EMPLOYEES AS
SELECT E.*
FROM Employees E,
     Airports A
WHERE E.AirportID = A.AirportID
AND E.State='IN';
View created.
```

接下来，基于前面的视图创建一个表：

```
CREATE TABLE INDIANA_EMPLOYEE_TBL AS
SELECT EmployeeID,LastName,FirstName
FROM INDIANA_EMPLOYEES;
Table created.
```

最后，从这个表中选择数据：

```
SELECT *
FROM INDIANA_EMPLOYEE_TBL
WHERE ROWNUM <= 10;

EmployeeID  LastName                       FirstName
----------- ------------------------------ ------------------------------
21          Joynson                        Jacqueline
22          Stream                         Modesto
23          Cleamons                       Delmar
183         Petito                         David
184         Habib                          Tanesha
185         Mcglone                        Tamica
210         Geppert                        Mason
211         Vogle                          Daniele
212         Eyler                          Jeanine
213         Hagelgans                      Cassi

10 rows selected.
```

20.5 视图与 ORDER BY 子句

CREATE VIEW 语句中不能包含 ORDER BY 子句，但是在 Oracle 中，GROUP BY 子句用于 CREATE VIEW 语句时，可以起到类似 ORDER BY 子句的作用。

下面是在 CREATE VIEW 语句中使用 GROUP BY 子句的示例：

```
CREATE VIEW NAMES2 AS
SELECT LASTNAME || ', ' || FIRSTNAME AS NAME
FROM EMPLOYEES
GROUP BY LASTNAME || ', ' || FIRSTNAME;
View created.
```

Did you Know?

提示：在查询视图时延迟使用 ORDER BY 子句

与在 CREATE VIEW 语句中使用 GROUP BY 子句相比，在查询视图的 SELECT 语句中使用 ORDER BY 子句更简单，效果更好。

如果从这个视图中选择全部数据，它们是以字母顺序排列的（因为根据 NAME 进行了分组）。

```
SELECT *
FROM NAMES2
WHERE ROWNUM <= 10;

NAME
------------------------------
Aarant, Sidney
Abbas, Gail
Abbay, Demetrice
Abbington, Gaynelle
Abdelal, Marcelo
Abdelwahed, Scarlet
Abdou, Clinton
Abendroth, Anastacia
Aberle, Jaunita
Abernatha, Elmira

10 rows selected.
```

20.6 通过视图更新数据

在一定条件下，视图的底层数据可以进行更新：

- 视图不涉及连接；
- 视图不能包含 GROUP BY 子句；
- 视图不能包含 UNION 语句；
- 视图不包含对伪字段 ROWNUM 的任何引用；
- 视图不包含任何组函数；
- 不能使用 DISTINCT 子句；

- ➢ WHERE 子句包含的嵌套的表达式不能与 FROM 子句引用同一个表。
- ➢ 视图可以执行 INSERT、UPDATE 和 DELETE 等语句（前提是遵循这里列出的条件）。

关于 UPDATE 命令的语法请见第 14 章。

20.7 删除视图

DROP VIEW 命令用于从数据库中删除视图，它有两个选项：RESTRICT 和 CASCADE。如果使用 RESTRICT 选项来删除一个视图，而其他视图在约束中有所引用，删除操作就会出错。如果使用了 CASCADE 选项，而且引用了其他视图或约束，DROP VIEW 会成功，而且底层的视图或约束也会被删除。示例如下：

```
DROP VIEW NAMES2;
View dropped.
```

20.8 嵌套视图对性能的影响

在查询中使用视图，与使用表有着相同的性能特性。因此，用户必须意识到，在视图中隐藏复杂的逻辑会导致系统需要查询底层表来分析并组合数据。在进行性能调整时，视图的处理方式与其他 SQL 语句一样。如果构成视图的查询没有经过事先设计，那么视图本身就会对性能产生影响。

此外，有些用户使用视图将复杂查询分解为多个视图单元和在其他视图上创建的视图。尽管这种方法可以将复杂的逻辑拆分为简单的步骤，但是会降低性能。因为查询引擎需要分析视图的每一个子层，来确定为了完成搜索需要进行哪些工作。

嵌套的层数越多，查询引擎为了获得一个执行计划而需要进行的分析工作就越多。实际上，大多数查询引擎无法确保获得一个完美的执行计划，而只能保证执行一个耗时最短的计划。因此，最好的方法就是，尽量减少查询语句中的代码嵌套层数，并且测试并调整创建视图所用到的语句。

20.9 什么是异名

异名（synonym）只不过是表或视图的另一个名称。我们创建异名通常是为了在访问其他用户的表或视图时不必使用完整限制名。异名可以创建为 PUBLIC 或 PRIVATE，PUBLIC 的异名可以被数据库中的其他用户使用，而 PRIVATE 异名只允许数据库所有人和拥有权限的用户使用。

异名由数据库管理员（或某个指定的人员）或个人用户管理。由于异名有 PUBLIC 和 PRIVATE 两种类型，因此在创建异名时可能需要不同的系统级权限。一般来说，全部用户都可以创建 PRIVATE 异名，而只有数据库管理员（DBA）或被授权的数据库用户可以创建 PUBLIC 异名。在创建异名时所需要的权限情况，请参见具体实现的文档。

By the Way

注意：异名不属于 ANSI SQL 标准

异名并不属于 ANSI SQL 标准，但由于多个主流实现都在使用它，因此我们对其进行了详细介绍。关于异名的使用请查看具体实现的文档。需要注意的是，MySQL 不支持异名，但我们可以使用视图来实现同样的功能。

20.9.1 创建异名

创建异名的常规语法如下所示：

```
CREATE [PUBLIC|PRIVATE] SYNONYM SYNONYM_NAME FOR TABLE|VIEW
```

下面的 Oracle 示例为表 Employees 创建了一个异名 EMP。之后我们再引用这个表时就不用输入完整的表名了。

```
CREATE SYNONYM EMP FOR Employees;
Synonym created.
SELECT LastName
FROM EMP
WHERE RowNum <= 10;

LastName
-------------------------------
Iner
Denty
Sabbah
Loock
Sacks
Arcoraci
Astin
Contreraz
Capito
Ellamar

10 rows selected.
```

异名的另一个常见应用是，表的所有人为表创建一个异名，这样能够访问这个表的其他用户不必在表的名称前面添加所有人的名称，也可以引用这个表。

```
CREATE SYNONYM FLIGHTS FOR USER1.Flights;
Synonym created.
```

20.9.2 删除异名

删除异名与删除其他数据库对象的操作类似。常规语法如下所示：

```
DROP [PUBLIC|PRIVATE] SYNONYM SYNONYM_NAME
```

示例如下：

```
DROP SYNONYM EMP;

Synonym dropped.
```

20.10 小结

本章讨论了 SQL 的两个重要特性：视图和异名。在很多情况下，这些特性能够对关系型数据库用户的整体功能提供帮助。视图被定义为虚拟表对象——外观与行为都像表，但不像表那样占据物理空间。视图实际上是由对表和其他视图的查询所定义的。管理员通常使用视图来限制用户查看的数据、简化和汇总数据。视图可以基于视图创建，但是要注意不能嵌套太多的层次，以避免失去对它们的管理控制。创建视图时有多个选项，有些实现还具有自己特殊的选项。

异名也是数据库中的对象，它代表其他对象。我们可以创建一个短的异名来代表名称较长的对象，或是代表被其他用户所拥有的对象，从而简化数据库里对象名称的使用。异名有两种类型：PUBLIC 和 PRIVATE。PUBLIC 异名可以被数据库的全部用户访问，而 PRIVATE 异名只被单个用户访问。DBA 通常负责创建 PUBLIC 异名，而个人用户通常创建自己的 PRIVATE 异名。

20.11 问与答

问：怎样使视图包含数据而又不占据存储空间？

答：视图不包含数据，它是一个虚拟表，或是一个存储的查询。视图所需的空间只是定义语句（称之为视图定义）所需要的。

问：如果视图所基于的表被删除，视图会怎么样？

答：这个视图会失效，因为数据的底层数据已经不存在了。

问：在创建异名时，其名称有什么限制？

答：这取决于具体的实现。在大多数主流实现中，异名的命名规则与数据库中表和其他对象的命名规则一样。

20.12 实践

下面的内容包含一些测试问题和实战练习。这些测试问题的目的在于检验对学习内容的理解程度。实战练习有助于把学习的内容应用于实践，并且巩固对知识的掌握。在继续学习之前请先完成测试与练习，答案见附录 C。

20.12.1 测验

1. 在一个基于多个表创建的视图中，我们可以删除记录吗？
2. 在创建一个表时，所有人会自动被授予适当的权限。在创建视图时也是这样吗？
3. 在创建视图时，使用什么子句对数据进行排序？
4. Oracle 和 SQL Server 是否以相同的方式对视图进行排序？

5．在基于视图创建视图时，使用什么选项检查完整性约束？

6．在尝试删除视图时，由于存在多个底层视图，操作出现了错误。这时怎样做才能删除视图？

20.12.2 练习

1．编写一个语句，基于表 EMPLOYEES 的全部内容创建一个视图。

2．编写一个语句创建一个汇总视图，该视图包含表 EMPLOYEES 中每个城市的平均小时薪水和平均月薪。

3．再次创建练习 2 中的另外一个视图，但不要使用表 EMPLOYEES，而是使用练习 1 中所创建的视图。比较两个结果。

4．使用练习 2 中的视图来创建一个名为 EMPLOYEE_PAY_SUMMARIZED 的表，确定视图和表拥有相同的数据。

5．编写一条语句来创建表 EMPLOYEE_PAY_SUMMARIZED 的异名。

6．编写两条查询语句，一条使用基表 EMPLOYEE_PAY_SUMMARIZED，另一条使用创建的异名，将雇员的月薪或者小时薪水与员工所在城市的平均薪水相比较。

7．编写一条语句，删除表、异名以及创建的 3 个视图。

第21章

使用系统目录

本章的重点包括：

- 系统目录的定义；
- 如何创建系统目录；
- 系统目录中包含什么数据；
- 系统目录表的示例；
- 查询系统目录；
- 更新系统目录。

本章介绍系统目录，在某些关系型数据库的实现中，这也被称为数据目录。本章将介绍系统目录的作用与内容，以及如何使用前面章节介绍的命令查询系统目录，以获得数据库的信息。每种主流实现都具有某种形式的系统目录，保存了数据库有关的信息。本章将展示本书所涉及的不同实现中系统目录所包含的元素。

21.1 什么是系统目录

系统目录是一些表和视图的集合，它们包含关于数据库的信息。每个数据库都有系统目录，其中定义了数据库的结构，还有数据库所包含的数据的信息。举例来说，用于数据库中所有表的数据定义语言（DDL）都保存在系统目录中。图21.1展示了数据库的系统目录。

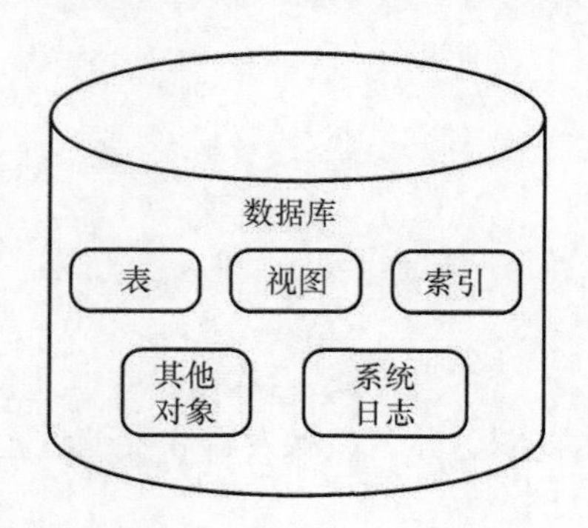

图21.1

系统目录

从图 21.1 可以看出，系统目录实际上是数据库的组成部分。数据库中包含的是对象，例如表、索引和视图。系统目录基本上就是一组对象，包含定义数据库中其他对象的信息、数据库的结构以及其他各种重要信息。

在具体实现中，系统目录会被划分为对象的逻辑组，以表的形式供数据库管理员（DBA）和其他数据库用户访问。举例来说，某个用户可能需要查看自己具有的数据库权限，但是并不关心数据库的内部结构。普通用户通常可以对系统目录进行查询来获得关于所拥有对象和权限的信息，而 DBA 需要能够获取数据库中任何结构或事件的信息。在某些实现中，有些系统目录的对象只能由 DBA 访问。

系统目录对于 DBA 或其他需要了解数据库结构和特征的用户来说都是非常重要的。在数据库用户不使用图形用户界面（GUI）的情况下，它尤为重要。系统目录不仅允许 DBA 和用户进行维护，而且允许数据库服务器对其进行维护。

By the Way

> **注意：不同实现的系统目录有所不同**
> 每个实现对系统目录的表和视图都具有自己的命名规则。名称本身并不重要，重要的是系统目录的功能、包含的内容，以及如何检索这些内容。

21.2 如何创建系统目录

系统目录是在数据库创建时自动创建的，或是由 DBA 在数据库创建之后立即创建的。举例来说，Oracle 数据库会运行一系列由厂商提供的预定义 SQL 脚本，在系统目录中建立数据库用户可以访问的全部表格和视图。

系统目录的表格和视图是由系统所拥有的，不属于任何模式。举例来说，在 Oracle 中，系统目录的所有人是一个名为 SYS 的用户账户，它对数据库具有完全的权限。在 Microsoft SQL Server 中，SQL 服务器的系统目录位于 master 数据库中。系统目录保存的实际位置请查看具体实现的文档。

21.3 系统目录中包含什么内容

系统目录里包含供用户访问的多种信息，但有时不同用户的使用目的不同。

系统目录包含的内容如下所示：

- 用户账户和默认设置；
- 权限和其他安全信息；
- 性能统计信息；
- 对象大小的调整；
- 对象的增长；
- 表结构和存储；
- 索引结构和存储；
- 其他数据库对象的信息，例如视图、异名、触发器和存储过程；

- 表约束和引用完整性信息；
- 用户会话；
- 审计信息；
- 内部数据库设置；
- 数据库文件的位置。

系统目录由数据库服务器来维护。举例来说，当一个表被创建时，数据库服务器把数据插入到系统目录中适当的表或视图中。当表的结构被修改时，系统目录中相应的对象也被更新。下面这些小节分别介绍系统目录中所包含的数据类型。

21.3.1 用户数据

关于个人用户的全部信息都保存在系统目录中：用户具有的系统权限和对象权限、用户拥有的对象、用户不拥有但能够访问的对象。用户可以通过查询访问用户表或视图来获取信息。关于系统目录对象的详细情况请参见具体实现的文档。

21.3.2 安全信息

系统目录也保存安全信息，比如用户标识、加密的密码、数据库用户用来访问数据的各种权限和权限组。有些实现中包含审计表，可以跟踪数据库发生的事件，包括由谁引发、发生时间等信息。在很多实现中，利用系统目录还可以密切监视数据库用户会话。

21.3.3 数据库设计信息

系统目录包含关于数据库的信息，包括数据库的创建日期、名称、对象大小的调整、数据文件的大小和位置、引用完整性信息、数据库中的索引、数据库中每个表的特定字段信息和字段属性。

21.3.4 性能统计信息

性能统计信息通常也包含在系统目录中。性能统计信息包括关于 SQL 语句性能的信息，比如优化器执行 SQL 语句的时间和方法。其他性能信息还有内存的分配和使用、数据库的剩余空间、控制表格和索引碎片的信息。利用这些性能信息可以调整数据库，重新安排 SQL 查询，重新设计访问数据的方法，从而得到更好的整体性能和更快的 SQL 查询响应。

21.4 不同实现中的系统目录表

每个实现都有一些表和视图来构成系统目录，有些还分为用户级、系统级和 DBA 级。关于系统目录表的详细情况，请参见具体实现的文档。表 21.1 列出了两个主流实现（SQL Server 和 Oracle）的示例。

表 21.1 主流实现的系统目录对象

Microsoft SQL Server	
表名	内容
SYSUSERS	数据库用户
SYS.DATABASES	全部数据库片断
SYS.DATABASE_PERMISSIONS	全部数据库权限
SYS.DATABASE_FILES	全部数据库文件
SYSINDEXES	全部索引
SYSCONSTRAINTS	全部约束
SYS.TABLES	全部数据库表
SYS.VIEWS	全部数据库视图
Oracle	
表名	内容
ALL_TABLES	用户可以访问的表
USER_TABLES	用户拥有的表
DBA_TABLES	数据库中的全部表
DBA_SEGMENTS	片断存储
DBA_INDEXES	全部索引
DBA_USERS	数据库中的全部用户
DBA_ROLE_PRIVS	分配的角色
DBA_ROLES	数据库中的角色
DBA_SYS_PRIVS	分配的系统权限
DBA_FREE_SPACE	数据库剩余空间
V$DATABASE	数据库的创建
V$SESSION	当前会话

上面只是列出了书中涉及的一些主流关系型数据库实现中的部分系统目录对象。尽管这里列出的许多系统目录对象在两个实现中很相似，但是本章会尽力提供一些不同之处。总体而言，每个实现在系统目录内容的组织方面都是很独特的。

21.5 查询系统目录

用户可以使用 SQL 语句来查询系统目录的表和视图，就像访问数据库中的其他表和视图一样。用户通常可以查询与用户相关的表，不能访问系统表，后者通常只能由被授权的用户账户访问，比如 DBA。

创建查询从系统目录中获取数据与对数据库的其他表进行操作是相同的。举例来说，下面的查询从 Microsoft SQL Server 的表 SYS.TABLES 中返回全部记录：

```
SELECT * FROM SYS.TABLES;
GO
```

下面的查询返回数据库中的全部用户账户，它运行于 MySQL 系统数据库上：

```
SELECT NAME
FROM SYS.SYSUSERS

NAME
-------------------------------
db_accessadmin
db_backupoperator
db_datareader
db_datawriter
db_ddladmin
db_denydatareader
db_denydatawriter
db_owner
db_securityadmin
dbo
guest
INFORMATION_SCHEMA
public
sys

(14 row(s) affected)
```

注意：有关下面的示例

By the Way

下面的示例使用 MySQL 的系统目录。选择使用 MySQL 没有特别的意图，只是选择了本书所涉及的一种数据库实现而已。

下面的示例列出了 CanaryAirlines 模式中的所有表，它运行于 INFORMATION_SCHEMA：

```
INFORMATION_SCHEMA :

SELECT TABLE_NAME
FROM INFORMATION_SCHEMA.TABLES WHERE TABLE_CATALOG='CanaryAirlines';

TABLE_NAME
-------------------------------
Trips
TripItinerary
Countries
Airports
Passengers
Aircraft
AircraftFleet
FlightStatuses
Flights
Routes
vw_FlightNumbersPerDay
vw_FlightInfo
RandomView
Employees
RICH_EMPLOYEES
sysdiagrams

(16 row(s) affected)
```

Watch Out!

警告：修改系统目录中的表会相当危险

不要以任何方式直接操作系统目录中的表（只有 DBA 能够操作系统目录的表），否则可能会破坏数据库的完整性。与数据库结构有关的信息，以及数据库的全部对象都保存在系统目录中。系统目录通常是与数据库中的其他数据隔离的。有些实现，例如 Microsoft SQL Server，不允许用户直接修改系统目录中的表，以确保系统的完整性。

下面的查询返回数据库用户 BRANDON 的全部系统权限：

```
SELECT TABLE_NAME, PRIVILEGE_TYPE
FROM INFORMATION_SCHEMA.TABLE_PRIVILEGES
WHERE GRANTEE = 'BRANDON';

TABLE_NAME                       PRIVILEGE_TYPE
-------------------------------- --------------
Countries                        SELECT
Airports                         SELECT
Aircraft                         SELECT
AircraftFleet                    SELECT

(4 row(s) affected)
```

By the Way

注意：这只是一些少量的系统目录表

本小节示例中返回的信息与实际系统目录相比简直微不足道。在实际工作中你可能会发现，将查询返回的信息转储到可以打印的文件中并用作参考，会相当有用。关于系统目录中的表以及表内字段的详细情况，请参见具体实现的文档。

21.6 更新系统目录对象

系统目录只能用于两种查询操作——DBA 也是如此。系统目录的更新是由数据库服务器自动完成的。举例来说，当数据库用户执行一条 CREATE TABLE 语句时，数据库中会创建一个表，数据库服务器就会把创建这个表的 DDL 放到系统目录中适当的表中。

系统目录中的表从不需要进行手动更新。数据库服务器会根据数据库中发生的行为对系统目录进行相应的更新，如图 21.2 所示。

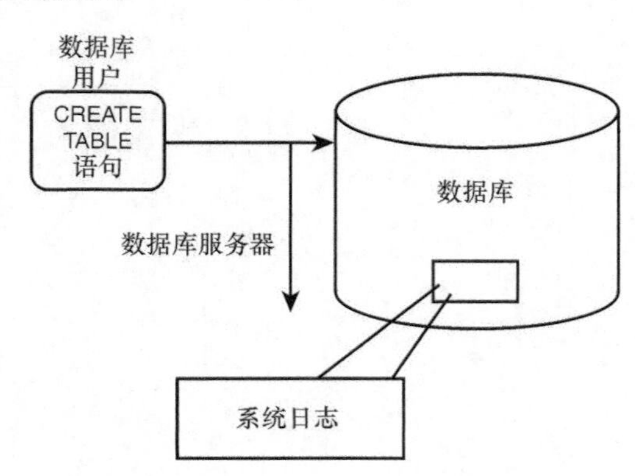

图 21.2

更新系统目录

21.7 小结

本章介绍了关系型数据库的系统目录。从某种意义来说，系统目录是数据库中的数据库，包含与其所在数据库相关的全部信息，用于维护数据库的整体结构、跟踪数据库中发生的事件与更改、为数据库整体管理提供各种信息。系统目录只能用于查询操作，数据库用户不能直接修改系统目录中的表。然而，每次对数据库结构本身进行更改时（比如创建表），都是隐式进行的。数据库服务器会自动对系统目录进行更新。

21.8 问与答

问：作为一名数据库用户，如何获得其他用户的对象信息？

答：用户可以利用一组表或视图对系统目录的大部分信息进行查询，其中包括所访问对象的信息。为了了解其他用户的授权情况，我们需要查看包含相应内容的系统目录。举例来说，在 Oracle 中，我们可以查看系统目录 DBA_TABLES 和 DBA_USERS。

问：如果用户忘记了密码，DBA 是否可以通过查询某个表来获取密码？

答：密码被保存在一个系统表中，但通常是加密存储的，所以即使 DBA 也不能读取这个密码。如果用户忘记了密码，密码就必须被重置，而这是 DBA 能够轻易完成的。

问：如何了解系统目录表中包含了什么字段？

答：可以像查询其他表那样查询系统目录中的表，所以只需查询包含这些信息的表。

21.9 实践

下面的内容包含一些测试问题和实战练习。这些测试问题的目的在于检验对学习内容的理解程度。实战练习有助于把学习的内容应用于实践，并且巩固对知识的掌握。在继续学习之前请先完成测试与练习，答案见附录 C。

21.9.1 测验

1. 在某些实现中，系统目录又叫作什么？
2. 普通用户能够更新系统目录吗？
3. 在 Microsoft SQL Server 中，哪个系统表包含数据库中的视图信息？
4. 谁拥有系统目录？
5. Oracle 系统对象 ALL_TABLES 和 DBA_TABLES 之间的区别是什么？
6. 谁可以修改系统表？

21.9.2　练习

1．在第 19 章中，我们查看了数据库 CanaryAirlines 的表。现在查看本章中讨论过的一些系统表，复习这些表。

2．在提示符下，输入查询来获取以下信息：

- 所有表的信息；
- 所有视图的信息；
- 数据库中所有的用户名。

3．使用多个系统表来编写一个查询，获得数据库 CanaryAirlines 中的所有用户及其权限。

第 22 章

高级 SQL 主题

本章的重点包括：

- 游标的定义；
- 使用存储过程；
- 触发器的定义；
- 动态 SQL 基础；
- 使用 SQL 生成 SQL；
- 直接 SQL 与嵌入 SQL；
- 使用调用级接口嵌入 SQL。

前面的章节介绍了 SQL 的一些基本操作，包括从数据库查询数据、建立数据库结构、操作数据库中的数据，现在我们来介绍一些高级 SQL 主题，内容包括游标、存储过程、触发器、动态 SQL、直接 SQL 与嵌入 SQL、SQL 生成 SQL。很多 SQL 实现都支持这些高级特性，增强了 SQL 的功能。

注意：某些主题与 ANSI SQL 无关

本章中的某些主题与 ANSI SQL 无关，有关语法和规则的细节，请查询具体实现。本章会介绍一些主流厂商的语法以供比较。

By the Way

22.1 游标

通常，数据库操作被认为是以数据集为基础的操作。这就意味着，大部分 ANSI SQL 命令是作用于一组数据的。但是，游标通常用于通过以记录为单位的操作，来获得数据库中数据的子集。因此，程序可以依次对游标中的每一行进行求值。

游标通常在嵌入到过程化程序的 SQL 语句中使用。有些游标是由数据库服务器自动隐式创建的，还有些是由 SQL 程序员定义的。每个 SQL 实现对游标用法的定义是不同的。

下面介绍本书中一直在应用的两个主流 SQL 实现中的示例：Microsoft SQL Server 和 Oracle。

在 Microsoft SQL Server 中，用来声明游标的语法如下所示：

```
DECLARE CURSOR_NAME CURSOR
FOR SELECT_STATEMENT
[ FOR [READ ONLY | UPDATE {[ COLUMN_LIST ]}]
```

Oracle 的语法如下：

```
DECLARE CURSOR CURSOR_NAME
IS {SELECT_STATEMENT}
```

下面的游标包含了表 EMPLOYEE_TBL 全部记录的子集：

```
DECLARE CURSOR EMP_CURSOR IS
SELECT * FROM EMPLOYEE_TBL
{ OTHER PROGRAM STATEMENTS }
```

根据 ANSI 标准，在游标被定义后，可以使用如下操作来访问游标。

- OPEN：打开定义的游标。
- FETCH：从游标获取记录，并赋予程序变量。
- CLOSE：在对游标的操作完成之后关闭游标。

22.1.1 打开游标

要使用游标，必须首先打开游标。当游标被打开时，指定游标的 SELECT 语句被执行，查询的结果被保存在内存中的暂存区域。

在 Microsoft SQL Server 中打开一个游标的语法如下：

```
OPEN CURSOR_NAME
```

Oracle 中的语法如下：

```
OPEN CURSOR_NAME [ PARAMETER1 [, PARAMETER2 ]]
```

下面的示例会打开游标 EMP_CURSOR：

```
OPEN EMP_CURSOR
```

22.1.2 从游标获取数据

在游标打开之后，我们可以使用 FETCH 语句获取游标的内容（查询的结果）。

在 Microsoft SQL Server 中，FETCH 语句的语法如下：

```
FETCH NEXT FROM CURSOR_NAME [ INTO FETCH_LIST ]
```

Oracle 中的语法如下：

```
FETCH CURSOR_NAME {INTO : HOST_VARIABLE
[[ INDICATOR ] : INDICATOR_VARIABLE ]
[, : HOST_VARIABLE
[[ INDICATOR ] : INDICATOR_VARIABLE ]]
| USING DESCRIPTOR DESCRIPTOR ] }
```

下面的 FETCH 语句把游标 EMP_CURSOR 中的内容获取到变量 EMP_RECORD 中：

```
FETCH NEXT FROM EMP_CURSOR INTO EMP_RECORD
```

在从游标中获得数据时，需要注意可能会到达游标末尾。不同的实现使用不同的方法来解决这个问题，从而避免用户在关闭游标的时候产生错误。下面来自 Microsoft SQL Server 和

Oracle 的伪代码实例，展示了如何处理这种情况，从而帮助读者理解游标的处理过程。

Microsoft SQL Server 中的语法如下：

```
BEGIN
     DECLARE @custname VARCHAR(30);
     DECLARE namecursor CURSOR FOR SELECT LastName FROM Passengers;
   OPEN namecursor;
     FETCH NEXT FROM namecursor INTO @custname
     WHILE (@@FETCH_STATUS<>-1)
           BEGIN
                IF (@@FETCH_STATUS<>-2)
                BEGIN
                     -- Do something with the variable
                END
     FETCH NEXT FROM namecursor INTO @custname
     END
     CLOSE namecursor
     DEALLOCATE namecursor
END;
```

在 Oracle 中的语法如下：

```
custname  varchar(30);
CURSOR namecursor
IS
SELECT LastName FROM Passengers;
BEGIN
     OPEN namecursor;
     FETCH namecursor INTO custname;
     IF namecursor%notfound THEN
          -- Do some handling as you are at the end of the cursor
     END IF;
     -- Do something with the variable
     CLOSE namecursor;
END;
```

注意：高级特性在不同实现间存在很多差异

从前面的示例可以看出，不同实现之间的差别很大，特别是高级特性和 SQL 扩展（详情请见第 24 章）。关于游标使用的详细情况，请参见具体实现的文档。

By the Way

22.1.3 关闭游标

游标可以打开，当然也可以关闭。在关闭游标之后，用户程序就不能再使用它了。关闭游标的操作是相当简单的。

在 Microsoft SQL Server 中关闭和释放游标的语法如下：

```
CLOSE CURSOR_NAME
DEALLOCATE CURSOR CURSOR_NAME
```

在 Oracle 中，当游标被关闭之后，不必使用 DEALLOCATE 语句就可以释放资源和姓名。

Oracle 中的语法如下：

```
CLOSE CURSOR_NAME
```

22.2 存储过程和函数

存储过程是一组相关联的 SQL 语句，通常被称为函数和子程序，能够使程序员更轻松和灵活地编程。这是因为存储过程与一系列单个 SQL 语句相比更容易执行。存储过程可以嵌套在另一个存储过程中，也就是说存储过程可以调用其他存储过程，后者又可以调用另外的存储过程，以此类推。

利用存储过程可以实现过程化编程。基本的 SQL DDL（数据定义语言）、DML（数据操作语言）和 DQL（数据查询语言）语句（CREATE TABLE、INSERT、UPDATE、SELECT 等）只是告诉数据库需要做什么，而不是如何去做。通过对存储过程进行编程，我们就可以告诉数据库引擎如何处理数据。

存储过程是存储在数据库中的一组 SQL 语句或函数，它们已经编译完毕，随时可以被数据库用户使用。存储函数与存储过程的作用相同，但函数可以返回一个值。

函数由过程调用。当一个过程调用函数时，参数可以像过程一样传递到函数中，函数会进行所需要的计算，并且把一个值返回给调用它的过程。

当存储过程被创建之后，组成存储过程的各种子程序和函数都保存在数据库里。这些存储过程经过了预编译，可以随时供用户调用。

下面是在 Microsoft SQL Server 中创建存储过程的语法：

```
CREATE PROCEDURE PROCEDURE_NAME
[ [(] @PARAMETER_NAME
DATATYPE [(LENGTH) | (PRECISION] [, SCALE ])
[ = DEFAULT ][ OUTPUT ]]
[, @PARAMETER_NAME
DATATYPE [(LENGTH) | (PRECISION [, SCALE ])
[ = DEFAULT ][ OUTPUT ]] [)]]
[ WITH RECOMPILE ]
AS SQL_STATEMENTS
```

Oracle 中的语法如下：

```
CREATE [ OR REPLACE ] PROCEDURE PROCEDURE_NAME
[ (ARGUMENT [{IN | OUT | IN OUT} ] TYPE ,
ARGUMENT [{IN | OUT | IN OUT} ] TYPE) ] {IS | AS}
PROCEDURE_BODY
```

下面是一个很简单的存储过程，它在表 AIRCRAFTFLEET 中插入一行新记录：

```
CREATE PROCEDURE NEW_AIRCRAFTFLEET
(@AIRCRAFTCODE VARCHAR(3), @AIRCRAFTDESIGNATOR VARCHAR(10), @STATUS VARCHAR(50), @
HOMEAIRPORTID INT)
AS
BEGIN
  INSERT INTO AircraftFleet(AircraftCode,AircraftDesignator,Status,HomeAirportID)
  VALUES (@AIRCRAFTCODE,@AIRCRAFTDESIGNATOR, @STATUS, @HOMEAIRPORTID);
```

```
END;
Procedure created.
```

在 Microsoft SQL Server 中执行存储过程的语法如下：

```
EXECUTE [ @RETURN_STATUS = ]
PROCEDURE_NAME
[[@PARAMETER_NAME = ] VALUE |
[@PARAMETER_NAME = ] @VARIABLE [ OUTPUT ]]
[WITH RECOMPILE]
```

Oracle 中的语法如下：

```
EXECUTE [ @RETURN STATUS =] PROCEDURE NAME
[[ @PARAMETER NAME = ] VALUE | [ @PARAMETER NAME = ] @VARIABLE [ OUTPUT ]]]
[ WITH RECOMPILE ]
```

注意：基本的 SQL 命令往往是相同的

大家应该注意到了，不同 SQL 实现中用来进行过程编程的语法有很大的差别。在不同的实现中，基本的 SQL 命令应该是相同的，但编程结构（变量、条件语句、游标、循环）可能会有很大不同。

下面的示例将执行在 Oracle 中创建的过程：

```
CALL NEW_AIRCRAFTFLEET ('999','ZZZ-1','ACTIVE',3160);
PL/SQL procedure successfully completed.
```

当在数据库中执行时，与单个 SQL 语句相比，存储过程具有一些明显的优点，包括：

- 存储过程的语句已经保存在数据库中；
- 存储过程的语句已经被解析过，以可执行格式存在；
- 存储过程支持模块化编程；
- 存储过程可以调用其他存储过程和函数；
- 存储过程可以被其他类型的程序调用；
- 存储过程通常具有更好的响应时间；
- 存储过程提高了整体易用性。

22.3 触发器

触发器是数据库中编译后的 SQL 过程，基于数据库中发生的其他行为来执行操作。触发器是存储过程的一种，会在特定 DML 行为作用于表格时被执行。它可以在 INSERT、DELECT 或 UPDATE 语句之前或之后执行，在这些语句之前检查数据完整性，回退事务，修改一个表中的数据，以及从另一个数据库的表中读取数据。

在大多数情况下，触发器都是很不错的函数，但它们会导致更多的 I/O 开销。如果使用存储过程或程序能够在较少的开销下完成同样的工作，就应该尽量不使用触发器。

22.3.1 CREATE TRIGGER 语句

可以使用 CREATE TRIGGER 语句创建触发器。

ANSI 标准语法如下：

```
CREATE TRIGGER TRIGGER NAME
[[BEFORE | AFTER] TRIGGER EVENT ON TABLE NAME]
[REFERENCING VALUES ALIAS LIST]
[TRIGGERED ACTION
TRIGGER EVENT::=
INSERT | UPDATE | DELETE [OF TRIGGER COLUMN LIST]
TRIGGER COLUMN LIST ::= COLUMN NAME [, COLUMN NAME]
VALUES ALIAS LIST ::=
VALUES ALIAS LIST ::=
OLD [ROW] ´ OLD VALUES CORRELATION NAME |
NEW [ROW] ´ NEW VALUES CORRELATION NAME |
OLD TABLE ´ OLD VALUES TABLE ALIAS |
NEW TABLE ´ NEW VALUES TABLE ALIAS
OLD VALUES TABLE ALIAS ::= IDENTIFIER
NEW VALUES TABLE ALIAS ::= IDENTIFIER
TRIGGERED ACTION ::=
[FOR EACH [ROW | STATEMENT] [WHEN SEARCH CONDITION]]
TRIGGERED SQL STATEMENT
TRIGGERED SQL STATEMENT ::=
SQL STATEMENT | BEGIN ATOMIC [SQL STATEMENT;]
END
```

Microsoft SQL Server 中用来创建触发器的语法如下：

```
CREATE TRIGGER TRIGGER_NAME
ON TABLE_NAME
FOR { INSERT | UPDATE | DELETE [, ..]}
AS
SQL_STATEMENTS
[ RETURN ]
```

Oracle 中创建触发器的语法如下：

```
CREATE [ OR REPLACE ] TRIGGER TRIGGER_NAME
[ BEFORE | AFTER]
[ DELETE | INSERT | UPDATE]
ON [ USER.TABLE_NAME ]
[ FOR EACH ROW ]
[ WHEN CONDITION ]
[ PL/SQL BLOCK ]
```

下面是使用 Oracle 语法编写的一个触发器示例：

```
CREATE TRIGGER EMP_PAY_TRIG
AFTER UPDATE ON EMPLOYEES
FOR EACH ROW
WHEN ( NEW.PAY_RATE<>OLD.PAY_RATE OR NEW.SALARY<>OLD.SALARY)
BEGIN
   INSERT INTO EMPLOYEE_PAY_HISTORY
   (EMPLOYEEID, PREV_PAY_RATE, PAY_RATE, PREV_SALARY, SALARY, DATE_UPDATED)
   VALUES
   (NEW.EMPLOYEEID, OLD.PAY_RATE, NEW.PAY_RATE,
     OLD.SALARY, NEW.SALARY, SYSDATE);
END;
/
Trigger created.
```

前面的示例创建了一个名为 EMP_PAY_TRIG 的触发器，每当表 EMPLOYEES 中的 PAY_RATE 或 SALARY 记录被更新时，它就会在表 EMPLOYEE_PAY_HISTORY 中插入一条记录，反映相应的变化。

> **注意：触发器的内容不能修改**
> 触发器的内容是不能修改的。想要修改触发器，我们就只能替换它或重新创建它。有些实现允许使用 CREATE TRIGGER 语句替换已经存在的同名触发器。

By the Way

22.3.2 DROP TRIGGER 语句

可以使用 DROP TRIGGER 语句来删除触发器，语法如下：

```
DROP TRIGGER TRIGGER_NAME
```

22.4 动态 SQL

动态 SQL 允许程序员或终端用户在 SQL 运行时创建语句的具体代码，并且把语句传递给数据库。然后数据库把数据返回到绑定在 SQL 运行时的程序变量中。

为了更好地理解动态 SQL，必须理解静态 SQL。本书前面介绍的全部都是静态 SQL。静态 SQL 语句是事先编写好的，意味着不能进行更改。虽然静态 SQL 语句可以保存到文件中备用，也可以作为存储过程保存在数据库中，但其灵活性还是不能与动态 SQL 相比。

使用静态 SQL 语句的一个问题是，虽然我们可以为终端用户提供大量的语句，但依然可能出现这些查询不能满足所有用户需要的情况。动态 SQL 通常用于临时的查询工具，允许用户随时创建 SQL 语句，从而满足特定情况下的特定查询需求。在根据用户需要生成语句之后，它们被传递给数据库，数据库检查语法的正确性以及执行语句所需的权限，然后在数据库中进行编译，再由数据库服务器在数据库中执行语句。

使用调用级接口可以创建动态 SQL，下一小节将介绍调用级接口。

> **注意：动态 SQL 的性能不一定好**
> 虽然动态 SQL 为终端用户的查询需求提供了更好的灵活性，但其性能不能与存储过程相比，因为后者的代码已经由 SQL 优化器进行了分析。

By the Way

22.5 调用级接口

调用级接口（CLI）用于把 SQL 代码嵌入到主机程序，比如 ANSI C。程序员应该很熟悉调用级接口的概念，它是把 SQL 嵌入到不同的过程编程语言的方法之一。在使用调用级接口时，我们只需要根据主机编程语言的规则把 SQL 语句的文本保存到一个变量中，然后利用这个变量就可以在主机程序中执行 SQL 语句。

EXEC SQL 是一个常见的主机编程语言命令，可以在程序中调用 SQL 语句。

下面是支持CLI的常见编程语言：

- ANSI C；
- C#;
- VB.NET；
- Java；
- Pascal；
- Fortran。

By the Way

注意：调用级接口的语法因平台而异

使用调用级接口的具体语法请参考所用主机编程语言的文档。调用级编程语言与平台有关。所以，Oracle与SQL Server的调用级接口互不兼容。

22.6 使用SQL生成SQL

使用SQL生成SQL是节省SQL语句编写时间的一个好方法。假设数据库中已经有100个用户，我们创建一个新角色ENABLE（用户定义的对象，已经被授予了权限），授予这100个用户。这时不必手动创建100个GRANT语句，下面的SQL语句会生成所需的每一条语句：

```
SELECT 'GRANT ENABLE TO '|| USERNAME||';'
FROM SYS.DBA_USERS;
```

这个示例使用了Oracle的系统目录视图（包含了用户的信息）。

注意包围GRANT ENABLE TO的单引号，它表示所包围的内容（包括空格在内）要按照字面意义来使用。我们可以像从表中选择字段一样来选择字面量值（literal value）。USERNAME是系统目录表SYS.DBA_USERS中的字段，双管道符号（||）用于连接字段，它把分号连接到用户名之后，从而形成完整的语句。

这个SQL语句的结果是这样的：

```
GRANT ENABLE TO RRPLEW;
GRANT ENABLE TO RKSTEP;
```

这些结果应该保存到文件中，该文件可以发送给数据库。然后数据库执行文件中的每条SQL语句，这样我们就不必输入很多的命令，从而节省了时间。GRANT ENALBE TO USERNAME语句会对数据库中的每个用户执行一次。

在需要编写会重复多次的SQL语句时，我们应该发挥想象力，使SQL完成更多的工作。

22.7 直接SQL与嵌入SQL

直接SQL是指从某种形式的交互终端上执行的SQL语句，它的执行结果会直接返回到执行命令的终端。本书的大部分内容是关于直接SQL的。直接SQL也被称为交互调用或直接调用。

嵌入SQL是在其他程序中使用的SQL代码，这些程序包括Pascal、Fortran、COBOL和

C。前面已经介绍过，SQL 代码是通过调用级接口嵌入到主机编程语言中的。在主机编程语言中，嵌入 SQL 语句通常以 EXEC SQL 开始，以分号结束。当然也有使用其他结束符的，比如 END-EXEC 和右圆括号。

下面是在主机程序（比如 ANSI C 语言）中嵌入 SQL 的示例：

```
{HOST PROGRAMMING COMMANDS}
EXEC SQL {SQL STATEMENT};
{MORE HOST PROGRAMMING COMMANDS}
```

22.8 窗口表格函数

窗口表格函数可以对表中的一个窗口进行计算，并且基于这个窗口返回一个值。这样就可以计算运行和（running sum）、排名和移动平均值等。窗口表格函数的语法如下：

```
ARGUMENT OVER ([ PARTITION CLAUSE ] [ ORDER CLAUSE ] [ FRAME CLAUSE ])
```

几乎所有聚合函数都可以作为窗口表格函数，另外还有 5 个新的窗口表格函数：

- RANK() OVER；
- DENSE_RANK() OVER；
- PERCENT_RANK() OVER；
- CUME_DIST() OVER；
- ROW_NUMBER() OVER。

一般来说，计算某人在其所在位置的排名是比较困难的，而窗口表格函数可以使这种工作容易一些，比如下面的 Microsoft SQL Server 示例：

```
SELECT EMPLOYEEID, SALARY, RANK() OVER (PARTITION BY AIRPORTID
ORDER BY SALARY DESC) AS RANK_IN_LOCATION
FROM EMPLOYEES;
```

并非所有的 RDBMS 实现都支持窗口表格函数，所以需要查看具体实现的文档。

22.9 使用 XML

2003 版的 ANSI 标准中有一个与 XML 相关的特性部分，此后大多数数据库实现都至少支持其中的部分功能。举例来说，ANSI 标准中有一部分是以 XML 格式输出查询的结果。SQL Server 通过使用 FOR XML 语句提供了这样一个方法，示例如下：

```
SELECT EMP_ID, HIRE_DATE, SALARY FROM
EMPLOYEE_TBL FOR XML AUTO
```

XML 功能集中另一个重要的特性是能够从 XML 文档或片断中获取信息。Oracle 通过 EXTRACTVALUE 函数提供了这个功能。该函数有两个参数，第一个是 XML 片断，第二个是定位器，用于返回由字符串匹配的第一个标记值。语法如下：

```
ExtractValue([ XML Fragment ],[ locator string ])
```

下面的示例使用该函数从节点 a 中提取值：

```
SELECT EXTRACTVALUE('<a>Red<//a><b>Blue</b>','/a') as ColorValue;
ColorValue
Red
```

检查使用的数据库文档，以了解它提供了哪些 XML 支持。某些实现，例如 SQL Server 和 Oracle，具有类似于特定 XML 数据类型这样的高级功能。Oracle 的 XMLTYPE 提供了特定的 API 来处理与 XML 数据有关的大部分功能，例如查找和提取数据。Microsoft SQL Server 的 XML 数据类型允许使用模板来确保输入到字段中的 XML 数据是完整的。

22.10 小结

本章介绍了一些高级 SQL 概念，虽然并没有深入讨论，但可以使我们对如何应用这些概念有一个基本的了解。首先是游标，它可以把查询的数据集传递到内存中的某个位置。当程序中声明了一个游标之后，在访问之前要打开它，然后就可以把游标的内容获取到一个变量中，用于程序处理。游标的内容会保存在内存中，直到游标被关闭且内存被释放为止。

然后介绍了存储过程和触发器。存储过程就是保存在数据库中的 SQL 语句，这些语句（以及其他命令）在数据库中编译好后，供用户随时执行。存储过程通常比单个 SQL 语句具有更好的性能。

本章还介绍了动态 SQL、用 SQL 生成 SQL 语句、直接 SQL 与嵌入 SQL 的不同。动态 SQL 是用户在运行时期间创建的 SQL 代码，这一点不同于静态 SQL。

最后，我们还讨论了窗口表格函数和 XML，这些是相对比较新的特性，可能不是所有数据库都支持，但还是值得了解一下。这里介绍的一些高级主题可以用于解释第 23 章中的企业级 SQL 应用。

22.11 问与答

问：存储过程能够调用另一个存储过程吗？

答：是的，被调用的存储过程被称为嵌套存储过程。

问：如何执行一个游标？

答：只需要使用 OPEN CURSOR 语句，就会把游标的结果发送到特定内存中的暂存区域。

22.12 实践

下面的内容包含一些测试问题和实战练习。这些测试问题的目的在于检验对学习内容的理解程度。实战练习有助于把学习的内容应用于实践，并且巩固对知识的掌握。在继续学习之前请先完成测试与练习，答案见附录 C。

22.12.1 测验

1. 触发器能够被修改吗？
2. 当游标被关闭之后，我们能够重用它的名称吗？
3. 当游标被打开之后，使用什么命令获取它的结果？
4. 触发器能够在 INSERT、DELECT 或 UPDATE 语句之前或之后执行吗？
5. 哪个 MySQL 函数能够从 XML 片断获取信息？
6. 为什么 Oracle 不支持游标的 DEALLOCATE 语法？
7. 为什么游标不是基于集合的操作？

22.12.2 练习

1. 参考下面的 SQL Server 命令，编写类似的 SQL 语句，返回数据库中所有表的 DESCRIBE 信息：
```
SELECT CONCAT('DESCRIBE ',TABLE_NAME,';') FROM INFORMATION_SCHEMA.TABLES;
```
2. 编写一个 SELECT 语句来生成 SQL 代码，统计每个表中的记录数量。（提示：与练习 1 类似。）
3. 编写一组 SQL 命令来创建一个游标，打印每个机场的名字，以及每个月从该机场起飞的航班总数。确保在所使用的实现中正确关闭并释放了游标。

第 23 章

将 SQL 扩展到企业、互联网和内联网

本章的重点包括：

- SQL 与企业；
- 前端程序和后端程序；
- 访问远程数据库；
- SQL 与互联网；
- SQL 与内联网。

第 22 章介绍了一些高级 SQL 概念，它们基于本书前面章节所介绍的内容，并且开始展示 SQL 的一些实际应用。本章着重于把 SQL 扩展到企业背后的概念，其中涉及 SQL 应用程序，以及向企业员工提供日常使用的数据。

23.1 SQL 与企业

很多商业公司都有特定的数据供其他企业、客户和供应商使用。比如，一个企业可能会向顾客提供关于产品的详细信息，从而希望实现更好的销售。企业雇员的需求也在考虑之列，比如提供关于雇员的特定数据，包括考勤登记、休假计划、培训计划、公司政策等。在数据库被创建之后，顾客和雇员应该可以通过 SQL 或某种互联网语言访问企业中的重要数据。

23.1.1 后端程序

任何应用的核心都是后端程序，它们对于数据库终端用户是透明的，却是发生一切事情的幕后场所。后端程序包括实际的数据库服务器、数据源、把程序连接到 Web 或局域网上远程数据库的中间件。

确定要使用的数据库实现通常是部署任何程序的第一步，无论是通过局域网（LAN）部署到企业、通过企业的内联网部署到企业，还是通过互联网部署到企业。部署指的是在一个环境中实现一个应用程序，以供用户使用的过程。数据库服务器应该由数据库管理员（DBA）建立，他理解公司的需求与程序的要求。

应用的中间件包括 Web 服务器、能够把 Web 服务器连接到数据库服务器的工具。中间件的主要目的是使 Web 上的程序能够与公司的数据库进行通信。

23.1.2 前端程序

前端程序是应用的组成部分，终端用户通过它进行交互。前端程序可以是公司购买的现成商业软件，也可以是使用第三方工具开发的程序。商业软件包括一些使用 Web 浏览器来展示内容的应用程序。在 Web 环境下，FireFox 和 IE（在 Windows 的新版本中称之为 Edge）等浏览器经常被用来访问数据库程序，因此用户不必安装特定软件也可以访问数据库。

注意：程序具有很多不同的层

By the Way

前端程序简化了终端用户对数据库的操作。底层的数据库、代码和数据库内发生的事件对于用户来说是透明的。前端程序使得终端用户不必对系统本身非常了解，从而减少了他们的猜测与疑惑。新技术使得程序更加直观，使用户能够专注于真正与实际工作有关的部分，从而提高整体的生产力。

目前可以使用的工具是用户友好的，面向对象的，具有图标、向导，并且支持鼠标的拖放操作。用于把程序移植到 Web 的常见工具有 Borland 公司的 C++ Builder、IntraBuilder 和微软的 Visual Studio。其他一些用于在局域网上开发企业程序的常见工具还有 Powersoft 的 PowerBuilder、Oracle 公司的 Oracle Forms、Borland 的 Delphi。

图 23.1 展示了数据库应用中的前端程序和后端程序。后端程序位于数据库所在的主机服务器上。后端用户包括开发人员、程序员、DBA、系统管理员和系统分析员。前端程序位于客户的计算机中，通常是每个用户的个人电脑。大量的前端用户是前端程序的使用人员，包括数据录入员、会计等。终端用户能够通过网络连接（LAN 或 WAN）访问后端数据库，这是由一些通过网络为前端和后端程序提供连接的中间件（比如 ODBC 驱动程序）实现的。

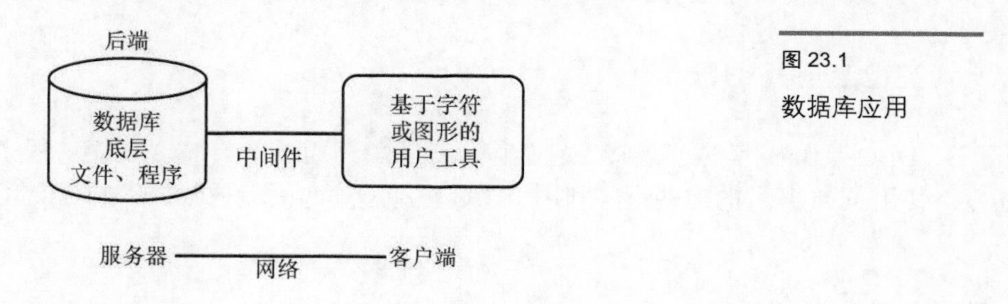

图 23.1
数据库应用

23.2 访问远程数据库

有时，要访问的数据库是可以直接连接的本地数据库。但在很多情况下，我们很可能要访问某种形式的远程数据库。远程数据库不是本地的，而是位于非直接连接的服务器上，这时我们必须使用网络和网络协议与数据库进行交互。

访问远程数据库的方式有许多种。从广义角度来说，我们是利用中间件（ODBC 和 JDBC 就是标准的中间件，下文会进行介绍）通过网络或互联网连接访问远程数据库的。图 23.2 展示了访问远程数据库的 3 种场景。

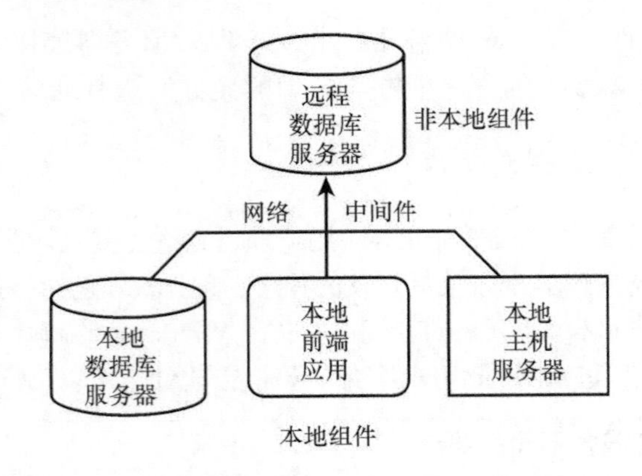

图 23.2

访问远程数据库的场景

图 23.2 展示了从本地数据库服务器、本地前端程序和本地主机服务器访问远程服务器的情形。本地数据库服务器和本地主机服务器经常是同一台机器，因为数据库一般位于本地主机服务器上。但是，我们通常在没有本地数据库连接的情况下从本地服务器连接到远程数据库。对于终端用户来说，前端程序是访问远程数据库的典型方式。所有的方法都必须通过网络来传递它们的数据库请求。

23.2.1 ODBC

开放式数据库连接（ODBC）可以通过一个库驱动程序连接到远程数据库。前端程序利用 ODBC 驱动程序与后端数据库进行交互。在连接到远程数据库时，可能还需要一个网络驱动程序。应用程序调用 ODBC 函数，驱动管理程序加载 ODBC 驱动程序。ODBC 驱动程序处理这个调用，提交 SQL 请求，从数据库返回结果。

作为 ODBC 的一个组成部分，所有关系型数据库管理系统（RDBMS）厂商都提供了数据库的应用编程接口（API）。

23.2.2 JDBC

JDBC 是 Java 数据库连接，它类似于 ODBC，通过一个 Java 库驱动程序连接到远程数据库。使用 Java 开发的前端程序利用 JDBC 驱动程序与后端的数据库进行交互。

23.2.3 OLE DB

OLE DB 是微软公司使用组件对象模型（Component Object Model，COM）编写的一组接口，用于代替 ODBC。OLE DB 实现力图拓展 ODBC 的特性集，不仅可以连接各种数据库实现，也可以连接存储的非数据库数据，例如电子表格等。

23.2.4 厂商连接产品

除驱动程序和 API 外，很多厂商也提供了自己的产品，可以把用户连接到远程数据库。这些厂商产品与特定的厂商实现先关，一般不能移植到其他类型的数据库服务器。

Oracle 公司有一个名为 Oracle Fusion Middleware 的产品，既可以连接 Oracle 数据库，也可以连接其他应用程序。

Microsoft 也生产了几款产品来连接它的数据库，例如 Microsoft SharePoint Server 和 SQL Server Reporting Services。

23.2.5 Web 接口

通过 Web 接口访问远程数据库十分类似于通过局域网访问远程数据库，主要区别在于用户发出的所有请求都经过 Web 服务器发送到数据库（见图 23.3）。

从图 23.3 中可以看出，一个终端用户通过一个 Web 接口访问数据库，首先是调用一个 Web 浏览器，它用于连接到一个特定的 URL（由 Web 服务器的位置决定）。Web 服务器验证用户的访问，把用户请求（可能是一个查询）发送给远程数据库（也可能对用户的身份进行验证），然后数据库服务器把结果返回给 Web 服务器，后者把结果显示在用户的 Web 浏览器上。使用防火墙可以控制对特定服务器的非授权访问。

防火墙是一种安全机制，可以防止未授权的连接发往或来自服务器。用户可以启用一台或多台方防火墙，来控制对数据库或服务器的访问。

另外，一些数据库实现允许我们根据 IP 地址限制对数据库的访问，这就提供了另一层保护，因为我们可以把对数据库的访问限制到充当应用层的 Web 服务器。

> **警告：注意互联网的安全问题**
> 在 Web 上提供信息时要小心。要始终采取预防措施，在所有合适的级别上（比如 Web 服务器、主机服务器、远程数据库）正确实施安全措施。要特别注意隐私数据，比如个人的社会保险号码，应该保护好，避免在 Web 上传播。

Watch Out!

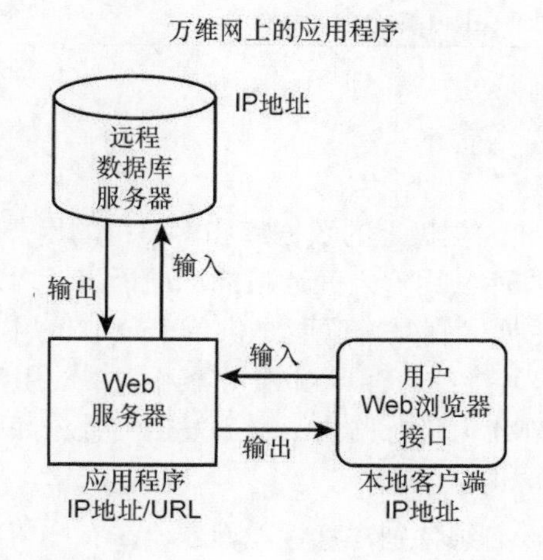

图 23.3
远程数据库的 Web 接口

23.3 SQL 与互联网

SQL 可以嵌入或应用到 C#和 Java 等编程语言，还可以嵌入到互联网编程语言，比如 Java

和ASP.NET。源自于HTML（另外一种互联网语言）的文本可以被转换为SQL，从Web前端向远程数据库发送请求。在数据库完成查询操作之后，输出结果被转换回HTML，显示在用户的Web浏览器上。下文将讨论SQL在互联网上的应用。

23.3.1 让数据供全世界的顾客使用

随着互联网的出现，数据面向全世界的顾客和厂商开放。数据通常可以通过前端工具进行只读访问。

为顾客提供的数据包括一般的顾客信息、产品信息、发票信息、当前订单、延期交货单和其他相关信息。但其中不应该包括隐私信息，比如公司策略和雇员信息。

对于那些想跟上竞争步伐的公司来说，互联网的主页几乎成了他们的必需品。Web页面是一个强大的工具，它可以使用很小的开销，将公司的服务、产品和其他信息呈现给浏览者。

23.3.2 向雇员和授权顾客提供数据

数据库可以通过互联网或公司的内联网向雇员或顾客提供访问。互联网技术是一个非常有价值的通信资源，可以用于向雇员提供公司政策、福利、培训等信息。但是，在将信息提供给Web用户时一定要非常小心，公司机密和个人信息不应该能够通过Web访问。另外，在线提供的数据应该只是数据库的一个子集或子集的副本。主要的产品数据库应该不惜一切代价进行保护。

Watch Out!

警告：互联网的安全性还不够可靠

与互联网的安全相比，数据库安全更可靠，因为后者可以根据系统中包含的数据进行精细的调整。虽然通过互联网访问数据时也可以使用一些安全措施，但通常是有限的，而且不像数据库安全那样容易修改。我们应该尽量通过数据库服务器使用可用的安全特性。

23.4 SQL与内联网

最初IBM创建SQL的目的，是在大型机上的数据库和客户机的用户之间使用。用户通过LAN连接到大型机，SQL被用作数据库与用户之间通信的标准语言。内联网（intranet）相当于一个小型互联网，它与互联网的主要区别是内联网是供单个公司使用，而互联网是向公共大众开放的。内联网上的用户（客户）接口与客户端/服务器环境中的用户接口相同。SQL请求通过Web服务器和语言（比如HTML）进行路由，最后发送到数据库。内联网主要用于公司内部应用、文档、表单、Web页面和电子邮件。

在通过互联网发送SQL请求时，必须特别注意性能问题。在有些情况下，不仅需要从数据库获取数据，还需要把数据显示在用户的浏览器上。这通常涉及把数据转换为某种形式的兼容HTML的代码。另外，Web连接一般都比内联网连接的速度慢，因此数据来回传递的速度也慢。

在通过 Web 连接的数据库实现中，安全应该发挥重要作用。这需要考虑很多问题，来确保数据处于安全保护下。首先，如果数据暴露于公共网络，必须确保这些数据不受外部来源的影响，外部来源可能会接收这些数据。通常，数据会被转换成明文形式，以便任何人都可以阅读。可以考虑使用安全套接字层（SSL）作为部分安全措施，来保护数据。SSL 使用证书来加密客户和应用之间的数据，这种加密后的数据可以被以 HTTPS 开头的网站所识别，其中末尾的 S 表示安全。

另一个主要问题是通过数据验证来防止意外的数据输入。这可以简单地防止用户或应用程序将错误类型的数据输入到错误的字段中，也可以防止恶意行为，比如 SQL 注入攻击。黑客可能通过这种方式向数据库注入并执行自己的 SQL 代码。

预防上述问题的方法是，限制用户账户从应用程序访问数据库。可以在需要访问数据库的时候，使用存储过程和函数，这样就可以对进出系统的数据有所控制。此外，还可以使用户执行任何符合 DBA 要求的数据验证操作，以确保数据的一致性。

23.5 小结

本章介绍了在互联网上部署 SQL 和数据库程序背后的概念。公司需要保持竞争力， 为了跟上世界的步伐，它必须在互联网上占据一席之地。为此，公司必须开发程序，甚至是从客户端/服务器系统迁移到互联网上的 Web 服务器。在 Web 上提供任何类型及任何数量的公司数据时，最重要的问题是安全，并且应该遵守和严格执行安全措施。

本章还介绍了通过局域网和互联网访问远程数据库。用于访问远程数据库的每一种方式都需要使用网络和协议适配器来转换对数据库的请求。我们还简要介绍了基于局域网、公司内联网和互联网的 SQL 应用。

23.6 问与答

问：为什么说了解数据是否通过互联网的公共网络被访问，这一点很重要？

答：在客户端和 Web 应用之间传递的数据往往是明文形式。这就意味着，任何人都可以截获消息并看到其中的内容，例如社会保险号或银行账号等敏感信息。在可能的情况下，最好对数据进行加密。

问：用于 Web 应用的后端数据库与用于客户端/服务器系统的后端数据库有什么不同？

答：用于 Web 应用的后端数据库本身与用于客户端/服务器系统的后端数据库没有大的差别，但基于 Web 的程序需要满足其他一些要求。举例来说，需要使用 Web 服务器访问数据库。在使用 Web 程序时，终端用户通常不是直接连接到数据库的。

23.7 实践

下面的内容包含一些测试问题和实战练习。这些测试问题的目的在于检验对学习内容的理解程度。实战练习有助于把学习的内容应用于实践，并且巩固对知识的掌握。在继续学习之前请先完成测试与练习，答案见附录C。

23.7.1 测验

1．一台服务器上的数据库能够被另一台服务器访问吗？

2．公司可以使用什么方式向自己的雇员发布信息？

3．提供数据库连接的产品被称为什么？

4．SQL能够嵌入到互联网编程语言中吗？

5．如何通过Web应用访问远程数据库？

23.7.2 练习

连接到互联网，查看一些公司的主页。如果自己的公司有主页，可以将其与竞争对手的主页进行比较，然后回答以下问题。

- 页面的内容是否显示为动态内容？
- 什么样的页面或者页面上的什么区域，可能包含来自后端数据库的数据？
- Web页面上有什么安全机制？在访问保存在数据库中的数据时需要登录吗？
- 大多数现代浏览器允许用户查看返回页面的源代码，使用Web浏览器查看源代码。其中是否存在一些代码，可以指明后端使用的数据库是什么？
- 如果在页面的源代码中发现了一些信息，例如服务器名称或者数据库用户名，这属于安全漏洞吗？

第24章

标准SQL的扩展

本章的重点包括：

- 各种实现；
- 不同实现之间的区别；
- 遵循ANSI SQL；
- 交互式SQL语句；
- 使用变量；
- 使用参数。

本章介绍对ANSI标准SQL的扩展。虽然大多数SQL实现遵循ANSI标准，但有很多厂商会通过各种形式的改进对标准SQL进行扩展。

24.1 各种实现

多家厂商发布了多种SQL实现，在此不可能列出全部的关系型数据库厂商，只能讨论一些主流实现，其中包括MySQL、Microsoft SQL Server和Oracle。可以提供数据库产品的其他厂商还有Sybase、IBM、Informix、Progress、PostgreSQL等。

24.1.1 不同实现之间的区别

虽然这里讨论的各种实现都是关系型数据库产品，但彼此之间还是有所区别的。这些区别源自于产品设计和数据库引擎处理数据的方式，但本书着重介绍SQL方面的区别。所有的实现都根据ANSI的要求使用SQL作为与数据库通信的语言，但很多实现都对SQL进行了某种形式的扩展。

注意：厂商有意扩展SQL标准

不同厂商会出于性能及易用性的考虑对ANSI SQL进行增强，努力提供其他厂商不具备的优势，从而使他们的产品更有吸引力。

By the Way

在了解SQL后，大家应该能够适应不同厂商的实现在SQL上的差异。换句话说，如果我们可以在Sybase实现中编写SQL，就可以在Oracle中编写SQL。另外，了解不同厂商的SQL实现还可以增加我们的就业机会。

下面比较几个主流厂商与ANSI标准的SELECT语句的语法。

首先是ANSI标准：

```
SELECT [DISTINCT ] [* | COLUMN1 [, COLUMN2 ]
FROM TABLE1 [, TABLE2 ]
[ WHERE SEARCH_ CONDITION ]
GROUP BY [ TABLE_ALIAS | COLUMN1 [, COLUMN2 ]
[ HAVING SEARCH_CONDITION ]]
[ ALL ]
[ CORRESPONDING [ BY ( COLUMN1 [, COLUMN2 ]) ]
QUERY_SPEC | SELECT * FROM TABLE | TABLE_CONSTRUCTOR ]
[ORDER BY SORT_LIST ]
```

下面是Microsoft SQL Server的语法：

```
[WITH <COMMON_TABLE_EXPRESSION>]
SELECT [DISTINCT][*| COLUMN1 [, COLUMN2, .. ]
[INTO NEW_TABLE]
FROM TABLE1 [, TABLE2 ]
[WHERE SEARCH_CONDITION]
GROUP BY [COLUMN1, COLUMN2,... ]
[HAVING SEARCH_CONDITION]
[ {UNION | INTERSECT | EXCEPT} ][ ALL ]
[ ORDER BY SORT_LIST ]
[ OPTION QUERY_HINT ]
```

下面是Oracle的语法：

```
SELECT [ ALL | DISTINCT ] COLUMN1 [, COLUMN2 ]
FROM TABLE1 [, TABLE2 ]
[ WHERE SEARCH_CONDITION ]
[[ START WITH SEARCH_CONDITION ]
CONNECT BY SEARCH_CONDITION ]
[ GROUP BY COLUMN1 [, COLUMN2 ]
[ HAVING SEARCH_CONDITION ]]
[{UNION [ ALL ] | INTERSECT | MINUS} QUERY_SPEC ]
[ ORDER BY COLUMN1 [, COLUMN2 ]]
[ NOWAIT ]
```

通过比较这些语法示例可以看出，它们基本上是相同的，都具有SELECT、FORM、WHERE、GROUP BY、HAVING、UNION和ORDER BY子句，这些子句在概念上是相同的，但在有些实现上具有额外的选项，这些选项就被称为扩展。

24.1.2 遵循ANSI SQL

尽管厂商们努力遵循ANSI SQL，但都不是百分之百地符合ANSI SQL标准。有些厂商在ANSI SQL中添加了命令或函数，而且ANSI SQL也吸收采纳了很多新的命令和函数。对于厂商来说，遵循标准有很多好处，最明显的一点是它们的实现对用户来说比较容易学习，而且使用的代码也易于移植到其他实现中。当数据库从一个实现迁移到另一个实现时，可移植性是一个非常重要的考虑因素。

对于遵循 ANSI 的数据库来说，它只需要对应于 ANSI 标准的一个功能子集。ANSI 标准是由多家数据库厂商共同制定的。因此，虽然大多数 SQL 实现彼此之间有很大差别，但它们都被认为是遵循 ANSI 标准的。所以，使代码严格遵循 ANSI 标准能够提高可移植性，但也会严重限制数据库的性能。总之，我们要在用户的可移植性需求与性能需求之间进行权衡。权衡的结果通常是放弃大量的可移植性，以确保应用程序能充分利用平台的性能。

24.1.3 SQL 的扩展

实际上，所有主流厂商都对 SQL 有所扩展。对于特定实现来说，SQL 扩展都是不同的，而且一般不便于移植。然而，流行的标准扩展已经得到了 ANSI 的关注，将来可能会成为新标准。

Oracle 公司的 PL/SQL、Sybase 和 Microsoft SQL Server 使用的 Transact-SQL 是标准 SQL 扩展的两个示例。本章后面的示例中将更详细地介绍这两个扩展。

24.2 扩展示例

PL/SQL 和 Transact-SQL 都是第 4 代编程语言，两者都是过程语言，而 SQL 是非过程语言。我们还会简要地讨论 MySQL。

非过程语言 SQL 包括如下语句：

- INSERT；
- UPDATE；
- DELETE；
- SELECT；
- COMMIT；
- ROLLBACK。

SQL 扩展是一种过程语言，包括标准 SQL 中的全部语句、命令和函数，另外还包括下述语句：

- 变量声明；
- 游标声明；
- 条件语句；
- 循环；
- 错误处理；
- 变量累加；
- 日期转换；
- 通配符操作符；
- 触发器；
- 存储过程。

这些语句可以使程序员在过程化语言中更好地控制数据处理方式。

24.2.1 Transact-SQL

Transact-SQL 是 Microsoft SQL Server 使用的一种过程语言，可以告诉数据库如何获取和操作数据。SQL 是非过程语言，由数据库来决定如何选择和操作数据。Transact-SQL 的几个突出优点包括声明本地和全局变量、游标、错误处理、触发器、存储过程、循环、通配符操作符、日期转换和汇总报告。

Transact-SQL 语句的示例如下：

```
IF (SELECT AVG(PAYRATE) FROM EMPLOYEES) > 20
BEGIN
  PRINT 'LOWER ALL PAY BY 10 PERCENT.'
END
ELSE
  PRINT 'PAY IS REASONABLE.'
```

这是很简单的 Transact-SQL 语句，它表示如果表 EMPLOYEES 中的平均小时薪水大于 20，就显示文本“LOWER ALL PAY BY 10 PERCENT”。如果平均小时薪水小于或等于 20，就显示文本“PAY IS REASONABLE”。

其中使用了 IF...ELSE 语句计算条件的值，而且 PRINT 命令也是新命令。这些只是 Transact-SQL 强大功能中的九牛一毛。

By the Way

注意：SQL 不是过程语言

从根本上来说标准 SQL 是非过程语言，表示我们把语句提交给数据库服务器，后者决定如何以最优方式执行语句。过程语言允许程序员请求要获取或操作的数据，然后告诉数据库服务器如何准确地执行请求。

24.2.2 PL/SQL

PL/SQL 是 Oracle 对 SQL 的扩展，与 Transact-SQL 一样，是一种过程语言，由代码的逻辑块构成。PL/SQL 的一个逻辑块包含三个部分，其中两个是可选的。第一部分是 DECLARE 部分，是可选的，包含变量、游标和常数。第二部分是 PROCEDURE，是必需的，包含条件命令和 SQL 语句，是逻辑块的控制部分。第三部分是 EXCEPTION，是可选的，定义了程序如何处理错误和自定义的异常。PL/SQL 的突出优点包括使用了变量、常数、游标、属性、循环、异常处理、向程序员显示输出、事务控制、存储过程、触发器和软件包。

PL/SQL 语句的示例如下：

```
DECLARE
  CURSOR EMP_CURSOR IS SELECT EMPLOYEEID, LASTNAME, FIRSTNAME
                       FROM EMPLOYEES;
  EMP_REC EMP_CURSOR%ROWTYPE;
BEGIN
  OPEN EMP_CURSOR;
  LOOP
     FETCH EMP_CURSOR INTO EMP_REC;
```

```
      EXIT WHEN EMP_CURSOR%NOTFOUND;
      IF (EMP_REC.MIDDLENAME IS NULL) THEN
        UPDATE EMPLOYEES
        SET MIDDLENAME = 'X'
        WHERE EMPLOYEEID = EMP_REC.EMPLOYEEID;
        COMMIT;
      END IF;
    END LOOP;
    CLOSE EMP_CURSOR;
END;
```

这个示例里使用了三个部分中的两个：DECLARE 和 PROCEDURE。首先，用一个查询定义了一个名为 EMP_CURSOR 的游标；然后声明了一个变量 EMP_REC，其值与已定义的游标中每个字段的数据类型（%ROWTYPE）相同。PROCEDURE 部分（在 BEGIN 之后）的第一步是打开游标，然后使用 LOOP 命令遍历游标的每条记录，结束于 END LOOP 语句。游标中的全部记录都会更新到表 EMPLOYEES 中。如果雇员的中间名是 NULL，更新操作会把中间名设置为“X”。更新被提交到数据库，最后游标被关闭。

24.2.3 MySQL

MySQL 是多用户、多线程的 SQL 数据库客户端/服务器实现，它包含一个服务器守护进程、一个终端监控客户端程序、几个客户端程序和库。MySQL 的主要目标是提升速度、强健性和易用性，它最初的设计目的是对大型数据库提供更快速的访问。

MySQL 被认为是一种比较符合 ANSI 标准的数据库实现。最初，MySQL 就是一个半开源的开发环境，以便严格遵守 ANSI 标准。从 5.0 版开始，MySQL 推出了开源的社区版和闭源的企业版。2009 年，MySQL 随同 SUN 公司一起被 Oracle 公司收购。

目前，MySQL 并不像 Oracle 或 Microsoft SQL Server 那样发生了大的改动，但根据其近期的表现来看，可能很快会发生变化。为此，用户可以查看所用版本 MySQL 的文档，以便了解哪些扩展可用的。

24.3 交互式 SQL 语句

交互式 SQL 语句会在完全执行之前询问用户变量、参数或某种形式的数据。假设我们有一条交互式 SQL 语句，用于在数据库中创建用户。它会提示我们输入一些信息，比如用户 ID、用户名、电话号码等。它可以创建一个或多个用户，而且只需执行一次。否则，我们就需要使用 CREATE USER 语句分别创建每个用户。当然，SQL 语句还能提示用户设置权限。并不是全部厂商都具有交互式 SQL 语句，详细情况请参见具体实现的文档。

交互式 SQL 语句的另一个优点是可以使用参数。参数是 SQL 中的变量，位于程序内部。我们可以在运行期间向 SQL 语句传递参数，使用户能够以更灵活的方式执行语句。很多主流实现支持使用这些参数，下面将展示在 Oracle 和 SQL Server 中传递参数的示例。

在 Oracle 中，可以把参数传递给静态 SQL 语句，如下所示：

```
SELECT EMPLOYEEID, LASTNAME, FIRSTNAME
FROM EMPLOYEES
WHERE EMPLOYEEID = '&EMP_ID'
```

前面的 SQL 语句会提示输入 EMP_ID，然后返回 EMPLOYEEID、LASTNAME 和 FIRSTNAMEE。

下面的语句提示我们输入城市和州，返回居住在指定城市和州中的雇员的全部数据。

```
SELECT *
FROM EMPLOYEES
WHERE CITY = '&CITY'
AND STATE = '&STATE'
```

在 Microsoft SQL Server 中，我们可以把参数传递给存储过程：

```
CREATE PROC EMP_SEARCH
(@EMP_ID)
AS
SELECT LASTNAME, FIRSTNAME
FROM EMPLOYEES
WHERE EMPLOYEEID = @EMP_ID
```

输入下述语句， 执行这个存储过程并传递参数：

```
SP_EMP_SEARCH '5593'
```

24.4 小结

本章介绍了一些厂商对标准 SQL 的扩展以及它们遵循 ANSI 标准的情况。在学习 SQL 之后，我们可以轻松地把这些知识（和代码）应用到 SQL 的其他实现中。SQL 在不同厂商之间是可以移植的，大多数 SQL 代码只需要很小的修改就可以在大多数 SQL 实现中使用。

本章还展示了三种实现使用的两个扩展。Microsoft SQL Server 和 Sybase 使用了 Transact-SQL，而 Oracle 使用的是 PL/SQL。我们应该可以看出 Transact-SQL 和 PL/SQL 之间的相似之处。需要注意的一点是，这两种实现都遵循 ANSI 标准，然后在此基础上进行增强，提供更好的功能和效率。另外还介绍了 MySQL，其设计目的是提高大型数据库查询的速度。本章的目标是使用户了解到存在很多 SQL 扩展，而遵循 ANSI SQL 标准也是一件非常重要的事情。

如果可以熟练掌握本书的内容（自己编写代码、进行测试、增长知识），我们就可以充分利用 SQL。公司都要使用数据，没有数据库就很难正常运行。关系型数据库无处不在，而 SQL 是与关系型数据库进行通信和管理的标准语言，所以学习 SQL 是非常明智的选择。

24.5 问与答

问：为什么 SQL 存在差异？

答：因为不同的 SQL 实现使用不同方式存储数据，且各个厂商都努力超越其他竞争对手，外加新概念不断出现，这些原因导致了 SQL 存在差异。

问：在学习了基本 SQL 之后，我们是否可以在不同实现上使用 SQL？

答：是的，但是要记住不同实现之间存在的差异与变化，但大多数实现的 SQL 基本构架是相同的。

24.6 实践

下面的内容包含一些测试问题和实战练习。这些测试问题的目的在于检验对学习内容的理解程度。实战练习有助于把学习的内容应用于实践，并且巩固对知识的掌握。在继续学习之前请先完成测试与练习，答案见附录 C。

测验

1. SQL 是过程语言还是非过程语言？
2. 除了声明游标之外，游标的 3 个基本操作是什么？
3. 过程或非过程：数据库引擎使用什么来决定如何计算和执行 SQL 语句？

附录 A

常用 SQL 命令

下面详细介绍一些常用的 SQL 命令。如前所述，由于很多语句在不同实现中是有区别的，所以它们的详细情况请参见具体实现的文档。

A.1 SQL 语句

ALTER TABLE

```
ALTER TABLE TABLE_NAME
[MODIFY | ADD | DROP]
  [COLUMN COLUMN_NAME ][DATATYPE|NULL NOT NULL] [RESTRICT|CASCADE]
[ADD | DROP] CONSTRAINT CONSTRAINT_NAME]
```

描述：修改表中的字段。

COMMIT

```
COMMIT [ TRANSACTION ]
```

描述：把事务保存到数据库。

CREATE INDEX

```
CREATE INDEX INDEX_NAME
ON TABLE_NAME (COLUMN_NAME)
```

描述：在表上创建一个索引。

CREATE ROLE

```
CREATE ROLE ROLE NAME
[ WITH ADMIN [CURRENT_USER | CURRENT_ROLE]]
```

描述：创建一个数据库角色，它可以被分配一定的系统权限和对象权限。

CREATE TABLE

```
CREATE TABLE TABLE_NAME
( COLUMN1 DATA_TYPE     [NULL|NOT NULL],
  COLUMN2 DATA_TYPE     [NULL|NOT NULL])
```

描述：创建一个数据库表格。

CREATE TABLE AS

```
CREATE TABLE TABLE_NAME AS
SELECT COLUMN1 , COLUMN2 ,...
FROM TABLE_NAME
[ WHERE CONDITIONS ]
[ GROUP BY COLUMN1 , COLUMN2 ,...]
[ HAVING CONDITIONS ]
```

描述：基于数据库的一个表创建另一个表。

CREATE TYPE

```
CREATE TYPE typename AS OBJECT
( COLUMN1    DATA_TYPE      [NULL|NOT NULL],
  COLUMN2    DATA_TYPE      [NULL|NOT NULL])
```

描述：创建一个用户自定义类型，用来在表中定义字段。

CREATE USER

```
CREATE USER username IDENTIFIED BY password
```

描述：在数据库中创建一个用户账户。

CREATE VIEW

```
CREATE VIEW AS
SELECT COLUMN1 , COLUMN2 ,...
FROM TABLE_NAME
[ WHERE CONDITIONS ]
[ GROUP BY COLUMN1 , COLUMN2 ,... ]
[ HAVING CONDITIONS ]
```

描述：创建表格的视图。

DELETE

```
DELETE
FROM TABLE_NAME
[ WHERE CONDITIONS ]
```

描述：从表中删除记录。

DROP INDEX

```
DROP INDEX INDEX_NAME
```

描述：删除表的索引。

DROP TABLE

```
DROP TABLE TABLE_NAME
```

描述：从数据库中删除表。

DROP USER

```
DROP USER user1 [, user2, ...]
```

描述：从数据库中删除用户账户。

DROP VIEW

```
DROP VIEW VIEW_NAME
```

描述：删除表的视图。

GRANT

```
GRANT PRIVILEGE1 , PRIVILEGE2 , ... TO USER_NAME
```

描述：向用户授予权限。

INSERT

```
INSERT INTO TABLE_NAME [ ( COLUMN1 , COLUMN2 ,...]
VALUES ( 'VALUE1' , 'VALUE2' ,...)
```

描述：向表中插入新记录。

INSERT...SELECT

```
INSERT INTO TABLE_NAME
SELECT COLUMN1 , COLUMN2
FROM TABLE_NAME
[ WHERE CONDITIONS ]
```

描述：基于一个表中的数据向另一个表中插入新记录。

REVOKE

```
REVOKE PRIVILEGE1 , PRIVILEGE2 , ... FROM USER_NAME
```

描述：撤销用户的权限。

ROLLBACK

```
ROLLBACK [ TO SAVEPOINT_NAME ]
```

描述：撤销数据库事务。

SAVEPOINT

```
SAVEPOINT SAVEPOINT_NAME
```

描述：创建事务保存点以备回退。

SELECT

```
SELECT [ DISTINCT ] COLUMN1 , COLUMN2 ,...
FROM TABLE1 , TABLE2 ,...
[ WHERE CONDITIONS ]
[ GROUP BY COLUMN1 , COLUMN2 ,...]
[ HAVING CONDITIONS ]
[ ORDER BY COLUMN1 , COLUMN2 ,...]
```

描述：从一个或多个表返回数据，用于创建查询。

UPDATE

```
UPDATE TABLE_NAME
SET COLUMN1 = 'VALUE1' ,
    COLUMN2 = 'VALUE2' ,...
[ WHERE CONDITIONS ]
```

描述：更新表中的已有数据。

A.2 SQL 子句

SELECT

```
SELECT *
SELECT COLUMN1 , COLUMN2 ,...
SELECT DISTINCT ( COLUMN1 )
SELECT COUNT(*)
```

描述：定义要在查询输出中显示的字段。

FROM

```
FROM TABLE1 , TABLE2 , TABLE3 ,...
```

描述：定义要获取数据的表。

WHERE

```
WHERE COLUMN1 = 'VALUE1'
  AND COLUMN2 = 'VALUE2'
...
WHERE COLUMN1 = 'VALUE1'
```

```
    OR COLUMN2 = 'VALUE2'
...
WHERE COLUMN IN ( 'VALUE1' [, 'VALUE2' ] )
```

描述：定义查询中的条件，用来限制返回的数据。

GROUP BY

```
GROUP BY GROUP_COLUMN1 , GROUP_COLUMN2 ,...
```

描述：排序操作的一种形式，用于把输出划分为逻辑组。

HAVING

```
HAVING   GROUP_COLUMN1 = 'VALUE1'
    AND  GROUP_COLUMN2 = 'VALUE2'
...
```

描述：类似于 WHERE 子句，用于在 GROUP BY 子句中设置条件。

ORDER BY

```
ORDER BY COLUMN1 , COLUMN2 ,...
ORDER BY 1,2,...
```

描述：对查询结果进行排序。

附录 B

安装 Oracle 和 Microsoft SQL

本附录包含在 Windows 操作系统中安装 Microsoft SQL Server 和 Oracle 的相关说明。Oracle 还可以运行于其他操作系统，比如 Mac OS 和 Linux。书中提供的安装说明在本书英文版出版时是正确的，但作者和出版社都不负责软件的授权或提供软件支持。如果遇到了安装问题，或是想获得软件支持，请查看相应实现的说明文档或联系客户支持。

B.1 在 Windows 操作系统中安装 Oracle

使用下述步骤在运行 Windows 操作系统的计算机上安装 Oracle。

1．打开 Oracle 官方主页，在 Download 选项卡下下载系统所需的安装包。本书中的示例使用的是 Oracle 10g Express 版本，因为它是免费的。

2．双击下载的文件，开始安装，在第一个界面中单击 Next 按钮。

3．选中同意许可协议选项，然后单击 Next 按钮。

4．在界面中选择默认安装和安装位置，然后单击 Next 按钮，如图 B.1 所示。

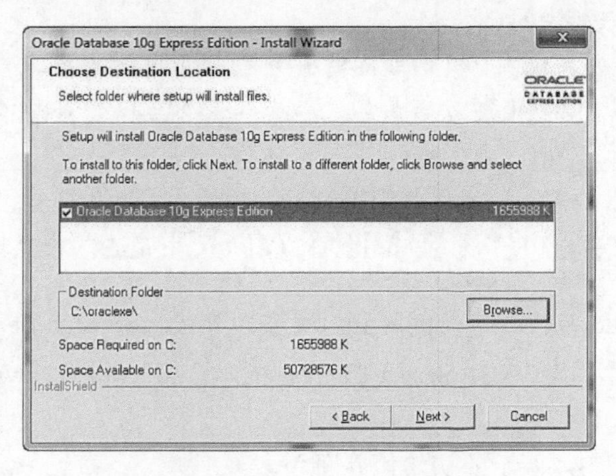

图 B.1 Oracle 的安装位置

5．输入 SYSTEM（管理员）账户的密码并进行确认，然后单击 Next 按钮，如图 B.2 所示。

6．在下一界面中单击 Install 按钮，开始进行安装。

如果安装成功，则会看到如图 B.3 所示的完成界面。

图 B.2
设置系统密码

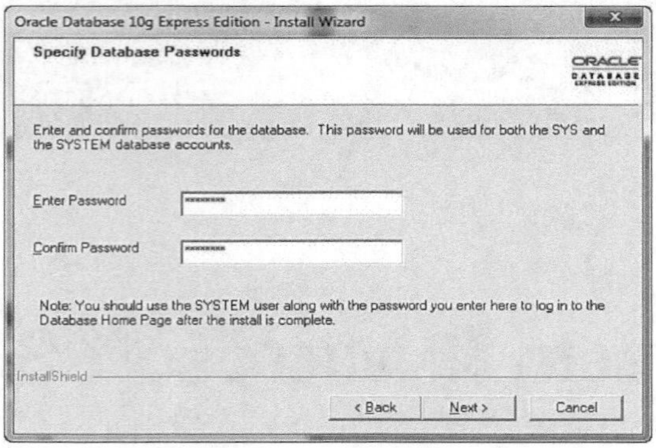

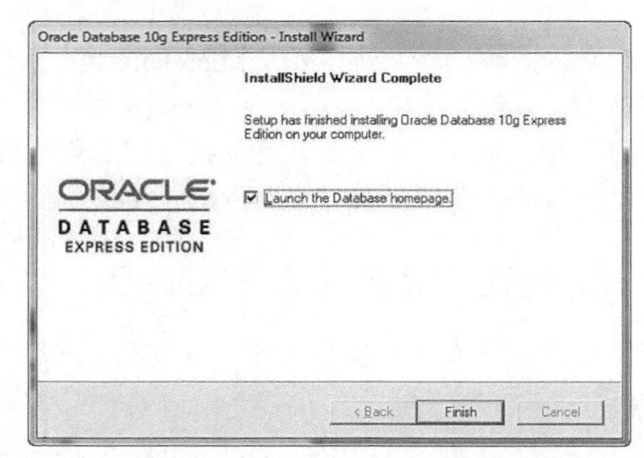

图 B.3
Oracle 安装完成后的界面

在成功执行完上述步骤之后，就可以使用 Oracle 来练习本书中的示例。

如果在安装期间出现问题，需要卸载 Oracle 并重复第 1 步到第 6 步。如果仍然不能获得或安装 Oracle，请联系 Oracle 来获取帮助，或者查看 Oracle 官网上的社区支持论坛。

By the Way

注意：Oracle 安装说明

有关 Oracle 的安装说明，用户可能需要查看 Oracle 的当前文档。要访问在线文档，可访问 Oracle 官方主页面，然后在 Products 和 Services 选项下查找文档链接。

B.2 在 Windows 操作系统中安装 Microsoft SQL Server

使用下述步骤在运行 Windows 操作系统的计算机上安装 Microsoft SQL Server。

1．访问微软的官方主页面，找到 SQL Server Express 版本，然后单击 Download 按钮，选择并下载合适的安装文件。

2．双击安装文件，进入图 B.4 所示的初始化界面。

3．从右侧的区域选择新的安装选项，如图 B.5 所示，开始安装将要在主安装程序中使用的设置文件和支持文件。

4．选择单选按钮，单击 Next 按钮。

5．接受许可条款，单击 Next 按钮。

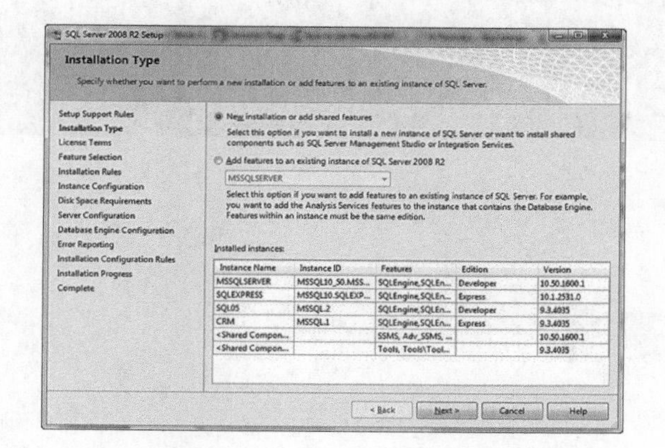

图 B.4

SQL Server 初始安装界面

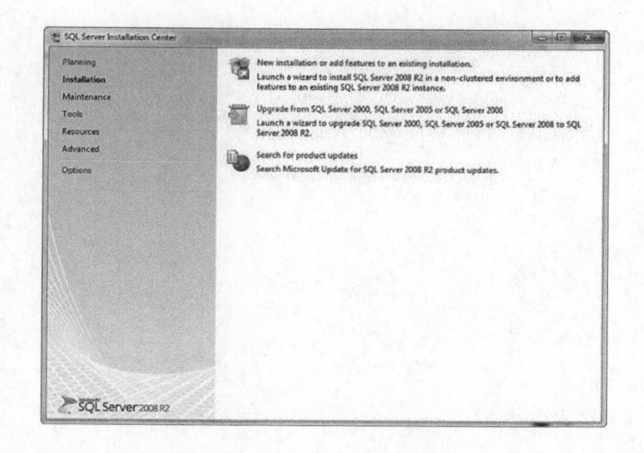

图 B.5

SQL Server 安装选项界面

6．选中所有的选项，单击 Next 按钮。

7．选择默认实例，单击 Next 按钮。

8．在所需磁盘空间界面中单击 Next 按钮。

9．在 Database Engine Configuration（数据库引擎配置）界面单击 Add Current User（添加当前账户）按钮，将用户添加为数据库实例的管理员，然后单击 Next 按钮。

10．在 Error Reporting（错误报告）界面单击 Next 按钮。

11．在 Installation Configuration Rules（安装配置规则界面）单击 Next 按钮，开始安装。

在成功执行完上述步骤之后，将会看到一个完成界面。之后就可以使用 Microsoft SQL Server 来练习本书中的示例了。

如果在安装期间出现问题，则需要卸载 SQL Server 并重复第 1 步到第 11 步。如果仍然不能获得或安装 Microsoft SQL Server，可访问微软官网寻求帮助。

注意：Microsoft SQL Server 安装说明

用户可能需要查看 Microsoft SQL Server 的说明文档。访问 www.microsoft.com/sqlserver/2008/en/us/default.aspx，在产品信息标签下即可找到在线文档链接。有关 Microsoft SQL Server 的安装说明，用户可能需要查看 Microsoft SQL Server 的当前文档，请访问微软官方主页面，在 Product 信息选项卡下查找文档连接。

By the Way

附录C

测验和练习的答案

第1章

测验答案

1. SQL的含义是什么？

   SQL表示结构化查询语言。

2. SQL命令的6个主要类别是什么？

   数据定义语言（DDL）；

   数据操作语言（DML）；

   数据查询语言（DQL）；

   数据控制语言（DCL）；

   数据管理命令（DAC）；

   事务控制命令（TCC）。

3. 4个事务控制命令是什么？

```
COMMIT
ROLLBACK
SAVEPOINT
SET TRANSACTIONS
```

4. 对于数据库访问来说，客户端/服务器模型与Web技术之间的主要区别是什么？

   主要区别在于与数据库的连接。使用客户端连接会登录到服务器，直接连接到数据库；而使用Web时，我们会登录到能够到达数据库的互联网上。

5. 如果一个字段被定义为NULL，这是否表示该字段必须要输入某些内容？

   不是。如果某个字段被定义为NULL，表示该字段可以不必输入任何内容。如果字段被定义为NOT NULL，则表示该字段必须输入数据。

练习答案

1. 说明下面的SQL命令分别属于哪个类别：

```
CREATE TABLE
```

```
DELETE
SELECT
INSERT
ALTER TABLE
UPDATE
```

CREATE TABLE：DDL，数据定义语言；

DELETE：DML，数据操作语言；

SELECT：DQL，数据查询语言；

INSERT：DML，数据操作语言；

ALTER TABLE：DDL，数据定义语言；

UPDATE：DML，数据操作语言。

2. 观察下面这个表，选出适合作为主键的列。

EMPLOYEE_TBL	INVENTORY_TBL	EQUIPMENT_TBL
Name	Item	Model
Phone	Description	Year
Start date	Quantity	Serial number
Address	Item number	Equipment number
Employee number	Location assigned to	

表 EMPLOYEE_TBL 的主键应该是雇员号码。每个雇员都会被分配一个唯一的号码，但雇员可能会有相同的姓名、电话号码、雇佣日期和地址。

表 INVENTORY_TBL 的主键应该是物品号码，其他字段可能包含重复数据。

表 EQUIPMENT_TBL 的主键应该是设备号码，其他字段可能包含重复数据。

3. 答案略。

第2章

测验答案

1. 判断对错：个人社会保险号码，其输入格式为'1111111111'，它可以是下面任何一种数据类型：定长字符、变长字符、数值。

对，只要精度达到必要长度。

2. 判断对错：数值类型的标度是指数值的总体长度。

错。精度才是总体长度，而标度表示小数点右侧保留的位数。

3. 所有的 SQL 实现都使用同样的数据类型吗？

不是。大多数实现在使用数据类型时，采用了不同的方式。虽然它们都遵循 ANSI 描述的标准，但不同厂商采取了不同的存储方式，可能导致数据类型有所差异。

4. 下面定义的精度和标度分别是多少？

```
DECIMAL(4,2)
DECIMAL(10,2)
DECIMAL(14,1)
```

DECIMAL(4,2)的精度是 4，标度是 2；

DECIMAL(10,2)的精度是 10，标度是 2；

DECIMAL(14,1)的精度是 14，标度是 1。

5. 下列哪些数值能够输入到数据类型为 DECIMAL(4,1)的字段中？

   A. 16.2

   B. 116.2

   C. 16.21

   D. 1116.2

   E. 1116.21

   前 3 个数值可以，但 16.21 会被四舍五入为 16.2。数值 1116.2 和 1116.21 超过了最大精度的限制（4）。

6. 什么是数据？

   数据是信息的集合，以某种数据类型保存在数据库中。

练习答案

1. 考虑以下字段名称，为它们设置适当的数据类型，确定恰当的长度，并给出一些可以输入到字段中的示例数据：

   a）ssn

   b）state

   c）city

   d）phone_number

   e）zip

   f）last_name

   g）first_name

   h）middle_name

   i）salary

   j）hourly_pay_rate

   k）date_hired

   ssn，定长字符串，‘11111111’；

   state，变长字符串，‘INDIANA’；

   city，变长字符串，‘INDIANAPOLIS’；

   phone_number，定长字符串，‘(555)555-5555’；

   zip，定长字符串，‘46113’；

   last_name，变长字符串，‘JONES’；

first_name，变长字符串，‘JACQUELINE’；

middle_name，变长字符串，‘OLIVIA’；

salary，数值，30000；

hourly_pay_rate，小数，35.00；

date_hired，日期，‘29/10/2007’

2. 同样是这些字段名称，判断它们应该是 NULL 还是 NOT NULL。体会在不同的应用场合，通常是 NOT NULL 的一些字段可能应该是 NULL，反之亦然。

   a）ssn

   b）state

   c）city

   d）phone_number

   e）zip

   f）last_name

   g）first_name

   h）middle_name

   i）salary

   j）hourly_pay_rate

   k）date_hired

```
ssn — NOT NULL
state — NOT NULL
city — NOT NULL
phone_number — NULL
zip — NOT NULL
last_name — NOT NULL
first_name — NOT NULL
middle_name — NULL
salary — NULL
hourly_pay_rate — NULL
date_hired — NOT NULL
```

不是每个人都有电话号码（虽然可能只有极少数人没有），不是每个人都有中间名，所以这些字段应该允许包含 NULL。另外，不是全部雇员都按小时支付薪水。

3. 答案略。

第3章

测验答案

1. 下面的 CREATE TABLE 命令能够正常执行吗？如果不能，需要怎样修改？在不同的数据库（MySQL、Oracle、SQL Server）中执行，有什么限制？

```
CREATE TABLE EMPLOYEE_TABLE AS:
( SSN               NUMBER(9)         NOT NULL,
LAST_NAME           VARCHAR2(20)      NOT NULL,
FIRST_NAME          VARCHAR(20)       NOT NULL,
MIDDLE_NAME         VARCHAR2(20)      NOT NULL,
ST ADDRESS          VARCHAR2(20)      NOT NULL,
CITY                CHAR(20)          NOT NULL,
STATE               CHAR(2)           NOT NULL,
ZIP                 NUMBER(4)         NOT NULL,
DATE HIRED          DATE);
```

这个 CREATE TABLE 语句不能正常执行，语法中有几处错误。下面是正确的语句，适用于 Oracle 数据库，之后是错误列表。

```
CREATE TABLE EMPLOYEE_TABLE
( SSN               NUMBER()          NOT NULL,
LAST_NAME           VARCHAR2(20)      NOT NULL,
FIRST_NAME          VARCHAR2(20)      NOT NULL,
MIDDLE_NAME         VARCHAR2(20),
ST_ADDRESS          VARCHAR2(30)      NOT NULL,
CITY                VARCHAR2(20)      NOT NULL,
STATE               CHAR(2)           NOT NULL,
ZIP                 NUMBER(5)         NOT NULL,
DATE_HIRED          DATE );
```

下述内容需要修改。

（1）其中的 AS 不应该出现在 CREATE TABLE 语句中。

（2）LAST_NAME 字段的 NOT NULL 后面少了一个逗号。

（3）字段 MIDDLE_NAME 应该是 NULL，因为不是所有人都有中间名。

（4）字段 ST ADDRESS 应该是 ST_ADDRESS。如果分成两个单词，数据库会把 ST 当作字段名称，把 ADDRESS 当作一个数据类型，这当然是无效的。

（5）CITY 字段可以正常工作，但使用数据类型 VARCHAR2 更好一些。如果全部城市的名称都具有同样的长度，数据类型 CHAR 也可以。

（6）STATE 字段少了一个左圆括号。

（7）ZIP 字段的长度应该是 5 而不是 4。

（8）字段 DATE HIRED 应该是 DATE_HIRED，也就是用下划线使字段名称成为一个连续的字符串。

2. 能从表中删除一个字段吗？

当然。尽管这是一个 ANSI 标准，但还是应该查看具体实现的文档来了解是否支持该功能。

3. 为了在表 EMPLOYEE_TABLE 中创建一个主键约束，应该使用什么语句？

```
ALTER TABLE EMPLOYEE_TBL
ADD CONSTRAINT EMPLOYEE_PK PRIMARY KEY(SSN);
```

4. 为了使表 EMPLOYEE_TABLE 中的 MIDDLE_NAME 字段可以接受 NULL 值，应该使用什么语句？

```
ALTER TABLE EMPOYEE_TBL
MODIFY MIDDLE_NAME VARCHAR(20), NOT NULL;
```

5. 为了使表 EMPLOYEE_TABLE 中添加的人员记录只能位于纽约州（'NY'），应该使用什么语句？

```
ALTER TABLE EMPLOYEE_TBL
ADD CONSTRAINT CHK_STATE CHECK(STATE='NY');
```

6. 要在表 EMPLOYEE_TABLE 中添加一个名为 EMPID 的自动增加的字段，应该使用什么语句，才能同时符合 MySQL 和 SQL Server 的语法结构？

```
ALTER TABLE EMPLOYEE_TBL
ADD COLUMN EMPID INT AUTO_INCREMENT;
```

练习答案

答案略。

第4章

测验答案

1. 判断正误：规格化是把数据划分为逻辑相关组的过程。

   对。

2. 判断正误：使数据库中没有重复或冗余数据，将数据库中所有内容都规格化，总是最好的方式。

   错，不一定。规格化会使更多的表进行结合，增加 I/O 和 CPU 时间，从而降低数据库性能。

3. 判断正误：如果数据是第三规格形式，它会自动属于第一和第二规格形式。

   对。

4. 与规格化数据库相比，去规格化数据库的主要优点是什么？

   最大优点是改善性能。

5. 规格化的主要缺点是什么？

   冗余和重复数据会占据宝贵的空间，而且编程难度加大，需要更多的数据维护工作。

6. 在对数据库进行规格化时，如何决定数据是否需要转移到单独的表？

   如果表包含冗余的数据组，这些数据就可以转移到单独的表中。

7. 对数据库设计进行过度规格化的缺点是什么？

   答：过度规格化会大量占用 CPU 和内存资源，为服务器造成很大的压力。

练习答案

1. 为一家小公司开发一个新数据库，使用如下数据，对其进行规格化。注意，即使是一家小公司，其数据库的复杂程度也会超过这里给出的示例。

雇员：

Angela Smith, secretary, 317-545-6789, RR 1 Box 73, Greensburg, Indiana, 47890, $9.50 per hour, date started January 22, 2006, SSN is 323149669.

Jack Lee Nelson, salesman, 3334 N. Main St., Brownsburg, IN, 45687, 317-852-9901, salary of $35,000.00 per year, SSN is 312567342, date started 10/28/2005.

顾客：

Robert's Games and Things, 5612 Lafayette Rd., Indianapolis, IN, 46224, 317-291-7888, customer ID is 432A.

Reed's Dairy Bar, 4556 W 10th St., Indianapolis, IN, 46245, 317-271-9823, customer ID is 117A.

顾客订单：

Customer ID is 117A, date of last order is December 20, 2009, the product ordered was napkins, and the product ID is 661.

答案如下：

```
Employees            Customers            Orders
SSN                  CUSTOMER ID          CUSTOMER ID
SSN                  CUSTOMER ID          CUSTOMER ID
NAME                 NAME                 PRODUCT ID
STREET ADDRESS       STREET ADDRESS       PRODUCT
CITY                 CITY                 DATE ORDERED
STATE                STATE
ZIP  ZIP
PHONE NUMBER         PHONE NUMBER
SALARY
HOURLY PAY
START DATE
POSITION
```

2. 答案略。

第 5 章

测验答案

1. 当要对一个表使用 INSERT 语句时，是否需要提供这个表的字段列表？

   是的。

2. 如果不想在某一列中输入值，应该怎么做？

   在 INSERT 语句中指定字段列表以及 VALUES 列表，将不想输入数据的字段排除在外。

3. 为什么在使用 UPDATE 和 DELETE 语句时一定要带有 WHERE 子句？

   在使用 UPDATE 和 DELETE 语句时，一定要使用 WHERE 子句在 SQL 语句中设置条件，否则就会影响到目标表中的全部数据，这对数据库来说可能是一场灾难。

4．检查 UPDATE 或 DELETE 语句是否会影响所需数据的简单方法是什么？

用原始表的内容生成一个临时表，然后在临时表上进行测试。

练习答案

1．答案略。

2．在该练习中使用表 AIRCRAFT。

删除之前添加到表中的两架飞机，其 AIRCRAFTCODE 分别为‘BBB’和‘CCC’。

```
DELETE FROM AIRCRAFT WHERE AIRCRAFTCODE='BBB';
DELETE FROM AIRCRAFT WHERE AIRCRAFTCODE='CCC';
```

在 AIRCRAFT 表中添加如下飞机：

```
AIRCRAFTCODE AIRCRAFTTYPE              FREIGHTONLY        SEATING
A11          Lockheed Superliner       0                  600
B22          British Aerospace X11     0                  350
C33          Boeing Frieghtmaster      1                  0

INSERT INTO AIRCRAFT(AIRCRAFTCODE, AIRCRAFTTYPE, FREIGHTONLY, SEATING)
VALUES('A11','Lockheed Superliner',0,600);

INSERT INTO AIRCRAFT(AIRCRAFTCODE, AIRCRAFTTYPE, FREIGHTONLY, SEATING)
VALUES('B22','British Aerospace X11',0,350);

INSERT INTO AIRCRAFT(AIRCRAFTCODE, AIRCRAFTTYPE, FREIGHTONLY, SEATING)
VALUES('C33','Boeing Frieghtmaster',1,0);
```

编写 DML 来修改与 Lockheed Superliner 相关联的座位，正确的座位应该是 500。

```
UPDATE AIRCRAFT SET SEATING=500 WHERE AIRCRAFTCODE='A11';
```

C33 记录中存在一个错误，它不应该贴上 FREIGHONLY 的标签，而且其座位容量应该是 25。编写 DML 来修改这条记录。

```
UPDATE AIRCRAFT SET FREIGHTONLY=0, SEATING=25
WHERE AIRCRAFTCODE='C33';
```

现在假设要减少航线，首先删除刚刚添加的 3 种产品。

```
DELETE FROM AIRCRAFT WHERE AIRCRAFTCODE IN ('A11','B22','C33');
DELETE FROM PRODUCTS_TBL WHERE PROD_ID = '301';
DELETE FROM PRODUCTS_TBL WHERE PROD_ID = '302';
DELETE FROM PRODUCTS_TBL WHERE PROD_ID = '303';
```

在执行语句删除刚添加的产品之前，有什么办法可以确保所删除的数据准确无误？

为了确保所删除的内容准确无误，需要先执行一个 SELECT 语句，其中的 WHERE 子句与 DELETE 语句中的 WHERE 子句相同。

第6章

测验答案

1. 判断正误：如果提交了一些事务，还有一些事务没有提交，这时执行 ROLLBACK 命令，同一过程中的全部事务都会被撤销。

   错。当事务被提交之后，是不能被回退的。

2. 判断正误：在执行指定数量的事务之后，SAVEPOINT 或 SAVE TRANSACTION 命令会把这些事务之后的事务保存起来。

   错。保存点只是回退的一个标记点。

3. 简要叙述下列命令的作用：COMMIT、ROLLBACK 和 SAVEPOINT。

   COMMIT 保存由于事务产生的变化；ROLLBACK 撤销由于事务产生的变化；SAVEPOINT 在事务里创建用于回退的逻辑点。

4. 事务在 Microsoft SQL Server 中的实现有什么不同？

   除非将语句置于事务之中，否则 SQL Server 会自动提交执行语句。此外，SQL Server 中的 SAVEPOINT 语法也不同。同时，SQL Server 不支持 RELEASE SAVEPOINT 命令。

5. 使用事务时会有哪些性能影响？

   事务会对临时存储空间造成影响，因为数据库服务器需要记录语句执行前的所有变化，以便在需要 ROLLBACK 的时候进行撤销。

6. 在使用多个 SAVEPOINT 或 SAVE TRANSACTION 命令时，可以回退多次吗？

   不可以，ROLLBACK 只会回退到第一个 SAVEPOINT。

练习答案

1. 执行如下事务，并且在前 3 个事务之后执行 SAVEPOINT 或者 SAVE TRANSACTION 命令，最后执行一条 ROLLBACK 命令。在上述操作完成之后，请指出表 PASSENGERS 中的内容。

```
INSERT INTO PASSENGERS(FIRSTNAME,LASTNAME,BIRTHDATE,COUNTRYCODE)
VALUES('George','Allwell','1981-03-23','US');
INSERT INTO PASSENGERS(FIRSTNAME,LASTNAME,BIRTHDATE,COUNTRYCODE)
VALUES('Steve','Schuler','1974-09-11','US');
INSERT INTO PASSENGERS(FIRSTNAME,LASTNAME,BIRTHDATE,COUNTRYCODE)
VALUES('Mary','Ellis','1990-11-12','US');
SAVEPOINT;
UPDATE PASSENGERS SET FIRSTNAME='Peter' WHERE LASTNAME='Allwell'
AND BIRTHDATE='1981-03-23';
UPDATE PASSENGERS SET COUNTRYCODE='AU' WHERE FIRSTNAME='Mary'
AND LASTNAME='Ellis';
UPDATE PASSENGERS SET BIRTHDATE='1964-09-11' WHERE LASTNAME='Schuler';

ROLLBACK;
```

2．执行如下事务组，并在第一个事务之后创建一个保存点。然后在最后添加一条 COMMIT 语句，后跟一条可以回退到保存点的 ROLLBACK 语句，这时会发生什么？

```
UPDATE PASSENGERS SET BIRTHDATE='Stephen' WHERE LASTNAME='Schuler';
DELETE FROM PASSENGERS WHERE LASTNAME='Allwell' AND BIRTHDATE='1981-03-23';
DELETE FROM PASSENGERS WHERE LASTNAME='Schuler' AND BIRTHDATE='1964-09-11;
SAVEPOINT SAVEPOINT;
DELETE FROM PASSENGERS WHERE  LASTNAME='Ellis' AND BIRTHDATE='1990-11-12';
COMMIT;
ROLLBACK;
```

由于语句已经被提交，所以 ROLLBACK 语句没有任何效果。

第 7 章

测验答案

1．说出 SELECT 语句必需的组成部分。

SELECT 和 FORM 关键字，或称为子句，是所有 SELECT 语句都必须具有的。

2．在 WHERE 子句中，任何数据都需要使用单引号吗？

不是。字符数据类型需要使用单引号，数值数据不需要。

3．WHERE 子句中能使用多个条件吗？

可以。SELECT、INSERT、UPDATE 和 DELETE 语句中的 WHERE 子句可以包含多个条件，这些条件是通过操作符 AND 和 OR 关联在一起的，详情请见第 8 章。

4．DISTINCT 选项是应用在 WHERE 子句的前面还是后面？

DISTINCT 选项应该用在 WHERE 子句的前面。

5．选项 ALL 是必需的吗？

不是。虽然可以使用 ALL 选项，但它不是必需的。

6．在基于字符字段进行排序时，数字字符是如何处理的？

它们按照 ASCII 字符进行排序，这意味着数字字符会这样排序：1、12、2、222、22222、3、33。

7．在大小写敏感性方面，Oracle 与 MySQL 和 Microsoft SQL Server 有什么不同？

Oracle 在执行时默认是大小写敏感的。

8．简述 ORDER BY 子句中的字段顺序的重要性。

ORDER BY 子句中字段的顺序决定了它们的应用顺序。

9．在使用数字而不是字段名时，在 ORDER BY 子句中是如何确定字段顺序的？

与字段相对应的数字定义在查询语句的 SELECT 部分，所以第一个字段是 1，第二个字段是 2，以此类推。

练习答案

1. 在计算机上运行 RDBMS 的查询编辑器。使用数据库 CanaryAirlines，输入以下 SELECT 语句。判断其语法是否正确，如果语法不正确，就进行必要的修改。这里使用的是表 PASSENGERS。

a.
```
SELECT PASSENGERID, LASTNAME, FIRSTNAME,
FROM PASSENGERS;
```

这个 SELECT 语句不会执行，因为 FIRSTNAME 字段后面多了一个逗号，正确的语法如下：

```
SELECT PASSENGERID, LASTNAME, FIRSTNAME
FROM PASSENGERS;
```

b.
```
SELECT PASSENGERID, LASTNAME
ORDER BY PASSENGERS
FROM PASSENGERS;
```

这个 SELECT 语句不会执行，因为 FROM 和 ORDER BY 子句的次序有误。正确的语法如下：

```
SELECT PASSENGERID, LASTNAME
FROM PASSENGERS
ORDER BY PASSENGERS;
```

c.
```
SELECT PASSENGERID, LASTNAME, FIRSTNAME
FROM PASSENGERS
WHERE PASSENGERID = '134996'
ORDER BY PASSENGERID;
```

这个 SELECT 语句是正确的。

d.
```
SELECT PASSENGERID BIRTHDATE, LASTNAME
FROM PASSENGERS
WHERE PASSENGERID = '134996'
ORDER BY 1;
```

这个 SELECT 语句是正确的。

e.
```
SELECT PASSENGERID, LASTNAME, FIRSTNAME
FROM PASSENGERS
WHERE PASSENGERID = '134996'
ORDER BY 3, 1, 2;
```

这个 SELECT 语句的语法是正确的。注意 ORDER BY 子句中字段的次序。这条 SELECT 语句返回数据的排序为：首先是 FIRSTNAME，然后是 PASSENGERID，最后是 LASTNAME。

2. 编写一条 SELECT 语句，按照乘客的 PASSENGERID 号码，获得乘客的 LASTNAME、FIRSTNAME 和 BIRTHDATE。如果使用的是字符串值，而非数字，是否会有影响？在 WHERE 子句中，字符串'99999999'是一个可以使用的有效值吗？

```
SELECT LASTNAME, FIRSTNAME, BIRTHDATE
FROM PASSENGERS
WHERE PASSENGERID = '99999999';
```

虽然这个语句不会返回什么数据，但语法是正确的，语句可以执行。没有返回数据是因为没有记录的PASSENGERID是99999999。

3. 编写一个SELECT语句，从AIRCRAFT表中返回每一架飞机的名字和座位数。哪种类型的飞机具有最多的座位？有多少架飞机是货运飞机？在排序后的结果中，纯货运飞机在哪里？

```
SELECT AIRCRAFTTYPE, SEATING
FROM AIRCRAFT ORDER BY SEATING DESC;
```

Boeing 747具有最多的座位。

有3架飞机是货运飞机。

如果按照SEATING DESC进行排序，纯货运飞机位于记录的末尾。

4. 编写一个查询，生成一个乘客列表，这些乘客的出生日期在2015-01-01之后。

```
SELECT * FROM PASSENGERS
WHERE BIRTHDATE>'2015-01-01';
```

5. 答案不唯一，这里不再列出。

第8章

测验答案

1. 判断正误：在使用操作符OR时，两个条件都必须是TRUE。

错。只需要有一个条件为TRUE。

2. 判断正误：在使用操作符IN时，所有指定的值都必须匹配。

错。只需要有一个值匹配。

3. 判断正误：操作符AND可以用于SELECT和WHERE子句。

错。操作符AND只能用于WHERE子句。

4. 判断正误：操作符ANY可以使用一个表达式列表。

错。操作符ANY不能使用表达式列表。

5. 操作符IN的逻辑求反是什么？

NOT IN。

6. 操作符ANY和ALL的逻辑求反是什么？

<>ANY和<>ALL。

7. 下面的SELECT语句有错吗？错在何处？

a.
```
SELECT AIRCRAFTTYPE
FROM AIRCRAFT
WHERE SEATING BETWEEN 200, 300;
```

200和300之间少了AND。正确的语法如下：

```
SELECT AIRCRAFTTYPE
FROM AIRCRAFT
```

```
WHERE SEATING BETWEEN 200 AND 300;
```

b.
```
SELECT DISTANCE + AIRPLANECODE
FROM ROUTES;
```

字段 AIRPLANECODE 的数据类型是 VARCHAR，不能用于算术函数。

c.
```
SELECT FIRSTNAME, LASTNAME
FROM PASSENGERS
WHERE BIRTHDATE BETWEEN 1980-01-01
AND 1990-01-01
AND COUNTRYCODE = 'US'
OR COUNTRYCODE = 'GB'
AND PASSENGERID LIKE '%55%;
```

语法正确。

练习答案

1. 使用 ROUTE 表编写一个 SELECT 语句，使其返回从印第安阿波利斯出发，且航线代码为'IND'开头的所有路线。按照航线的名字对结果进行排序，排序规则先是按照字母顺序，然后再根据航线距离从远到近的顺序排序。

```
SELECT * FROM ROUTES
WHERE ROUTECODE LIKE 'IND%'
ORDER BY ROUTECODE, DISTANCE DESC;
```

2. 重新编写练习 1 的查询语句，只显示航线距离在 1000 和 2000 英里之间的航班。

```
SELECT * FROM ROUTES
WHERE ROUTECODE LIKE 'IND%'
AND DISTANCE BETWEEN 1000 AND 2000
ORDER BY ROUTECODE, DISTANCE DESC;
```

3. 假设在练习 2 中使用了操作符 BETWEEN，重新编写 SQL 语句，使用另一种操作符来得到相同的结果。如果没有使用 BETWEEN 操作符，可以现在进行尝试。

```
SELECT * FROM ROUTES
WHERE ROUTECODE LIKE 'IND%'
AND DISTANCE >= 1000
AND DISTANCE <= 2000
ORDER BY ROUTECODE, DISTANCE DESC;
```

4. 重新编写查询语句，使其不再显示航线距离为 1000 和 2000 英里之间的航班，而是显示这个范围之外的航班。请使用两种方法来实现这个结果。

```
SELECT * FROM ROUTES
WHERE ROUTECODE LIKE 'IND%'
AND ( DISTANCE < 1000
OR DISTANCE > 2000 )
ORDER BY ROUTECODE, DISTANCE DESC;

SELECT * FROM ROUTES
WHERE ROUTECODE LIKE 'IND%'
AND DISTANCE NOT BETWEEN 1000 AND 2000
ORDER BY ROUTECODE, DISTANCE DESC;
```

5. 编写一个 SELECT 语句，使其返回航线代码、距离、行程时间，然后为从印第安纳波利斯出发的所有航线计算其成本，方法是行程时间乘以每分钟的燃料费用。最后按照航线成本从高到低的顺序对结果进行排序。

```
SELECT ROUTECODE, DISTANCE, TRAVELTIME,
TRAVELTIME * FUELCOSTPERMINUTE AS COST
FROM ROUTES
WHERE ROUTECODE LIKE 'IND%'
ORDER BY 3 DESC;
```

6. 重新编写练习 5 的语句，在成本中添加 10%的燃油附加费。

```
SELECT ROUTECODE, DISTANCE, TRAVELTIME,
(TRAVELTIME * FUELCOSTPERMINUTE)*1.1 AS COST
FROM ROUTES
WHERE ROUTECODE LIKE 'IND%'
ORDER BY 3 DESC;
```

7. 进一步修改练习 6 的语句，使其包含航线代码为 IND-MFK、IND-MYR 和 IND-MDA 的所有航线。至少使用两种方法来编写这个约束。

```
SELECT ROUTECODE, DISTANCE, TRAVELTIME,
(TRAVELTIME * FUELCOSTPERMINUTE)*1.1 AS COST
FROM ROUTES
WHERE ROUTECODE IN ('IND-MFK','IND-MYR','IND-MDA')
ORDER BY 3 DESC;

SELECT ROUTECODE, DISTANCE, TRAVELTIME,
(TRAVELTIME * FUELCOSTPERMINUTE)*1.1 AS COST
FROM ROUTES
WHERE (
ROUTECODE = 'IND-MFK'
OR ROUTECODE = 'IND-MYR'
OR ROUTECODE = 'IND-MDA'
)
```

8. 重新编写练习 7 的语句，使其包含 COST_PER_MILE 列，并使用距离字段（单位是英里）来计算最终的值。要特别注意答案中的圆括号。

```
SELECT ROUTECODE, DISTANCE, TRAVELTIME,
(TRAVELTIME * FUELCOSTPERMINUTE)*1.1 AS COST,
((TRAVELTIME * FUELCOSTPERMINUTE)*1.1)/DISTANCE AS COST_PER_MILE
FROM ROUTES
WHERE ROUTECODE IN ('IND-MFK','IND-MYR','IND-MDA')
ORDER BY 3 DESC;
```

第 9 章

测验答案

1. 判断正误：AVG 函数返回全部行中指定字段的平均值，包括 NULL 值。

   错，计算平均值时不会考虑 NULL 值。

2．判断正误：SUM 函数用于统计字段之和。

错，SUM 函数用于返回一组记录之和。

3．判断正误：COUNT(*)函数统计表中的全部行。

对。

4．判断正误：COUNT([column name])函数统计 NULL 值。

错。

5．下面的 SELECT 语句能运行吗？如果不能，应该如何修改？

a.
```
SELECT COUNT *
 FROM EMPLOYEES;
```

这个语句不能执行，因为星号两侧少了一对圆括号。正确语法是：

```
SELECT COUNT(*)
 FROM EMPLOYEES;
```

b.
```
SELECT COUNT(EMPLOYEEID), SALARY
  FROM EMPLOYEES;
```

语法正确，语句可以执行。

c.
```
SELECT MIN(PAYRATE), MAX(SALARY)
  FROM EMPLOYEES
  WHERE SALARY > 50000;
```

语法正确，语句可以执行。

d.
```
SELECT COUNT(DISTINCT EMPLOYEEID) FROM EMPLOYEES;
```

语法正确，语句可以执行。

e.
```
SELECT AVG(LASTNAME) FROM EMPLOYEES;
```

这个语句不能执行，因为字段 LASTNAME 不是数值数据类型。

f.
```
SELECT AVG(CAST(ZIP AS INT)) FROM EMPLOYEES;
```

这个语句可以执行，因为将 ZIP 字段转换为整数。

练习答案

1．利用表 EMPLOYEES 构造 SQL 语句，完成如下练习。

a．平均薪水是多少？

```
SELECT AVG(SALARY) FROM EMPLOYEES;
```

b．小时工的最高收入是多少？

```
SELECT AVG(SALARY) FROM EMPLOYEES;
```

c．总薪水是多少？

```
SELECT SUM(SALARY) FROM EMPLOYEES;
```

d．最低小时薪水是多少？

```
SELECT MIN(PAYRATE) FROM EMPLOYEES;
```

e．表里有多少行记录？

```
SELECT COUNT(*) FROM EMPLOYEES;
```

2．编写一个查询来确定公司中有多少雇员的姓氏以 G 开头。

```
SELECT COUNT(*) FROM EMPLOYEES
WHERE LASTNAME LIKE 'G';
```

3．编写一个查询来确定雇员中的最低和最高薪水，以及每个城市的支付薪水的最低值和最高值。

```
SELECT CITY, MIN(SALARY) AS MIN_SALARY, MAX(SALARY) AS MAX_SALARY,
 MIN(PAYRATE) AS MIN_PAYRATE, MAX(PAYRATE) AS MAX_PAYRATE
FROM EMPLOYEES
GROUP BY CITY;
```

4．编写两组查询，使得在以字母顺序列出雇员的姓名时，找到第一个雇员和最后一个雇员的名字。

```
SELECT TOP 1 FIRSTNAME, LASTNAME FROM EMPLOYEES
ORDER BY LASTNAME, FIRSTNAME;

SELECT TOP 1 FIRSTNAME, LASTNAME FROM EMPLOYEES
ORDER BY LASTNAME DESC, FIRSTNAME DESC;
```

5．编写一个查询，对雇员姓名列使用 AVG 函数。查询语句能运行吗？思考为什么会产生这样的结果。

```
SELECT AVG(FIRSTNAME) AS AVG_NAME FROM EMPLOYEES;
```

6．编写一个查询，显示雇员工薪水的平均值，而且要考虑到 NULL 值。提示：这里不能使用 AVG 函数。

```
SELECT SUM(SALARY)/COUNT(*) AS AVG_SALARY FROM EMPLOYEES;
```

第10章

测验答案

1．下面的 SQL 语句能正常执行吗？

a.
```
SELECT SUM(SALARY) AS TOTAL_SALARY, EMPLOYEEID
FROM EMPLOYEES
GROUP BY 1 and 2;
```

不能。GROUP BY 子句中的 AND 需要替换为逗号。

b.
```
SELECT EMPLOYEEID, MAX(SALARY)
FROM EMPLOYEES
GROUP BY SALARY, EMPLOYEEID;
```

这个语句可以执行。

c.
```
SELECT EMPLOYEEID, COUNT(SALARY)
FROM EMPLOYEES
ORDER BY EMPLOYEEID
GROUP BY SALARY;
```

不能。ORDER BY 子句和 GROUP BY 子句的次序不正确。

d.
```
SELECT YEAR(DATE_HIRE) AS YEAR_HIRED,SUM(SALARY)
FROM EMPLOYEES
GROUP BY 1
HAVING SUM(SALARY)>20000;
```

不能。GROUP BY 子句中的 1 应该被替换为 YEAR（DATE_HIRE）。

2. HAVING 子句的用途是什么？它与哪个子句的功能最相近？

HAVING 子句用来约束 GROUP BY 子句返回的组，因此它与 WHERE 子句的功能最相近。

3. 判断正误：在使用 HAVING 子句时必须使用 GROUP BY 子句。

错。使用 HAVING 子句不是必须使用 GROUP BY 子句。

4. 判断正误：下面的 SQL 语句按照分组返回薪水的总和：

```
SELECT SUM(SALARY)
FROM EMPLOYEES;
```

错，这个语句中没有包含 GROUP BY 子句，也没有包含用来进行分组的字段，所以不能返回分组的薪水总和。

5. 判断正误：被选中的字段在 GROUP BY 子句中必须以相同次序出现。

错。

6. 判断正误：HAVING 子句指定 GROUP BY 子句要包括哪些分组。

对。

练习答案

1. 答案略。
2. 答案略。
3. 答案略。
4. 修改练习 3 中的查询语句，把结果按降序排序，也就是数值从大到小。

```
SELECT CITY, COUNT(*) AS CITY_COUNT
FROM EMPLOYEES
GROUP BY CITY
HAVING COUNT(*) > 15
ORDER BY 2 DESC;
```

5. 编写一个查询语句，按照职位从表 EMPLOYEESD 中列出平均小时薪水和平均薪水。

```
SELECT POSITION,
AVG(SALARY) AS AVG_SALARY,
AVG(PAYRATE) AS AVG_PAYRATE,
FROM EMPLOYEES
GROUP BY POSITION;
```

6. 编写一个查询语句，按照职位从表 EMPLOYEES 中列出平均薪水，且平均薪水需要大于 40000。

```
SELECT POSITION,
```

```
(SALARY) AS AVG_SALARY
FROM EMPLOYEES
GROUP BY POSITION
HAVING AVG(SALARY)>40000;
```

7. 编写与练习 6 中相同的查询语句，找出收入大于 40000 的平均薪水，并使结果按照城市和职位进行分组。比较结果，并解释不同。

```
SELECT CITY,POSITION,
AVG(SALARY) AS AVG_SALARY
FROM EMPLOYEES
WHERE SALARY>40000
GROUP BY CITY,POSITION;
```

WHERE 子句筛选出每个记录，而 HAVING 子句减少了组的数量。

第 11 章

测验答案

1. 匹配函数与其描述。

描述	函数
a. 从字符串里选择一部分	SUBSTR
b. 从字符串左侧或右侧修剪字符串	LTRIM/RTRIM
c. 把全部字母都改变为小写	LOWER
d. 确定字符串的长度	LENGTH
e. 连接字符串	||

2. 判断正误：在 SELECT 语句中使用函数重构输出的数据外观时，会影响数据在数据库中的存储方式。

错。

3. 判断正误：当查询中出现函数嵌套时，最外层的函数会首先被处理。

答：错。最内层的函数会首先被处理。

练习答案

1. 答案略。
2. 答案略。
3. 编写一个 SQL 语句，列出雇员的电子邮件地址。电子邮件地址并不是数据库中的一个字段，雇员的电子邮件地址应该如下所示：

```
FIRST.LAST @PERPTECH.COM
```

举例来说，John Smith 的电子邮件地址是 JOHN.SMITH@PERPTECH.COM。

```
SELECT CONCAT(FIRSTNAME, '.', LASTNAME, '@PERPTECH.COM')
FROM EMPLOYEES;
```

4. 编写一个 SQL 语句，以如下格式列出雇员的姓名、雇员 ID 和电话号码。

   a. 姓名应该显示为 SMITH, JOHN。

   b. 雇员 ID 应该显示为雇员姓氏的前三个字母（大写），然后紧跟一个连字符，最后是雇员的号码。格式类似于 SMI-4203。

   c. 电话号码应该显示为(999)999-9999。

```
SELECT CONCAT(LASTNAME, ', ', FIRSTNAME),
CONCAT(LEFT(LASTNAME,3), '-',CAST(EMPLOYEEID AS VARCHAR(20))),
CONCAT('(',
SUBSTRING(PHONENUMBER,1,3),')',
UBSTRING(PHONENUMBER,4,3),'-',
SUBSTRING(PHONENUMBER,7,4))
FROM EMPLOYEES;
```

第12章

测验答案

1. 系统日期和时间源自于哪里？

   答：系统日期和时间源自于主机操作系统的当前日期和时间。

2. 列出 DATETIME 值的标准内部元素。

   答：YEAR、MONTH、DAY、HOUR、MINUTE 和 SECOND。

3. 如果是国际公司，在处理日期和时间的比较与表示时，应该考虑的一个重要因素是什么？

   答：时区。

4. 字符串表示的日期值能不能与定义为某种 DATETIME 类型的日期值进行比较？

   答：DATETIME 数据类型不能与定义字符串的日期值进行准确的比较，字符串必须首先转换为 DATETIME 数据类型。

5. 在 SQL Server 和 Oracle 中，使用什么函数获取当前日期和时间？

   答：NOW()。

练习答案

1. 答案略。
2. 答案略。
3. 答案略。
4. 答案略。
5. 在练习 4 的基础上，确定每位雇员是在周几被雇佣的。

   可使用下述语句来找到答案：

```
SELECT EMPLOYEEID, DAYNAME(HIREDATE)
```

```
FROM EMPLOYEES;
```

6. 编写与练习 4 类似的查询语句，显示雇员已经工作了多少天以及工作了多少年。注意，不要使用函数。

   可使用下述语句：

```
SELECT EMPLOYEEID, DATEDIFF(DAY,HIREDATE,GETDATE()) AS DAYS_EMPLOYED
FROM EMPLOYEES;
SELECT EMPLOYEEID, DATEDIFF(YEAR,HIREDATE,GETDATE()) AS DAYS_EMPLOYED
FROM EMPLOYEES;
```

7. 编写一个查询语句，确定今天的儒略日期（一年中的第几天）。

   可使用下述语句：

```
SELECT DAYOFYEAR(CURRENT_DATE);
```

第 13 章

测验答案

1. 如果无论相关表中是否存在匹配的记录，都要从表中返回记录，应该使用什么类型的连接？

   答：使用外部连接。

2. JOIN 条件位于 SQL 语句的什么位置？

   答：JOIN 条件位于 WHERE 子句中。

3. 使用什么类型的 JOIN 来判断关联表的记录之间的相等关系？

   答：相等连接。

4. 如果从两个不同的表中获取数据，但它们之间没有连接，会产生什么结果？

   答：由于两个表没有进行连接，因此会得到表的笛卡尔积（这也被称为交叉结合）。

5. 使用下面的表回答问题。

```
ORDERS_TBL
ORD_NUM       VARCHAR2(10)  NOT NULL       primary key
CUST_ID       VARCHAR2(10)  NOT NULL
PROD_ID       VARCHAR2(10)  NOT NULL
QTY           INTEGER       NOT NULL
ORD_DATE      DATE

PRODUCTS_TBL
PROD_ID       VARCHAR2(10)  NOT NULL       primary key
PROD_DESC     VARCHAR2(40)  NOT NULL
COST          DECIMAL(,2)   NOT NULL
```

   下面使用外部连接的语法正确吗？

```
SELECT C.CUST_ID, C.CUST_NAME, O.ORD_NUM
FROM CUSTOMER_TBL C, ORDERS_TBL O
WHERE C.CUST_ID(+) = O.CUST_ID(+)
```

   不正确。加号（+）操作符应该在 WHERE 子句中的 O.CUST_ID 字段之后。正确的语法是：

```
SELECT C.CUST_ID, C.CUST_NAME, O.ORD_NUM
```

```
FROM CUSTOMER_TBL C, ORDERS_TBL O
WHERE C.CUST_ID = O.CUST_ID(+)
```

如果使用繁琐的 JOIN 语法，上述查询语句会是什么样子？

```
SELECT C.CUST_ID, C.CUST_NAME, O.ORD_NUM
FROM CUSTOMER_TBL C LEFT OUTER JOIN ORDERS_TBL O
ON C.CUST_ID = O.CUST_ID
```

练习答案

1. 答案略。
2. 答案略。
3. 使用 INNER JOIN 语法重新编写练习 2 中的 SQL 查询语句。

```
SELECT E.LASTNAME, E.FIRSTNAME, A.AIRPORTNAME
FROM EMPLOYEES E
INNER JOIN AIRPORTS A
ON E.AIRPORTID=A.AIRPORTID
AND E.STATE='IN';
```

4. 编写一个 SQL 语句，从表 AIRPORTS 中返回 FLIGHTID、AIRPORTNAME 和 CITY 字段，从 FLIGHTS 表中返回 FLIGHTDURATION 和 FLIGHTSTART 字段。使用两种类型的 INNER JOIN 技术。完成上述查询以后，再使用查询来确定 2013 年 5 月份每个城市的平均飞行时间。

```
SELECT F.FLIGHTID, A.AIRPORTNAME, A.CITY,
F.FLIGHTDURATION, F.FLIGHTSTART
FROM AIRPORTS A
INNER JOIN ROUTES R ON A.AIRPORTID = R.SOURCEAIRPORTID
INNER JOIN FLIGHTS F ON R.ROUTEID = F.ROUTEID
WHERE MONTH(F.FLIGHTSTART)=5 AND YEAR(F.FLIGHTSTART)=2013

SELECT F.FLIGHTID, A.AIRPORTNAME, A.CITY,
F.FLIGHTDURATION, F.FLIGHTSTART
FROM AIRPORTS A
,ROUTES R
,FLIGHTS F
WHERE MONTH(F.FLIGHTSTART)=5 AND YEAR(F.FLIGHTSTART)=2013
AND A.AIRPORTID = R.SOURCEAIRPORTID
AND R.ROUTEID = F.ROUTEID
```

5. 答案略。

第 14 章

测验答案

1. 在用于 SELECT 语句时，子查询的功能是什么？

   在用于 SELECT 语句时，子查询的主要功能是返回主查询需要的数据。

2. 在子查询与 UPDATE 语句配合使用时，能够更新多个字段吗？

   答：是，使用一个 UPDATE 和子查询语句可以同时更新多个字段。

3. 下面的语法正确吗？如果不正确，正确的语法应该是怎样的？

a.
```
SELECT PASSENGERID, FIRSTNAME,LASTNAME,COUNTRYCODE
FROM PASSENGERS
WHERE PASSENGERID IN
(SELECT PASSENGERID
FROM TRIPS
WHERE TRIPID BETWEEN 2390 AND 2400);
```
语法正确。

b.
```
SELECT EMPLOYEEID, SALARY
FROM EMPLOYEES
WHERE SALARY BETWEEN '20000'
AND (SELECT SALARY
FROM EMPLOYEES
WHERE SALARY = '40000');
```
错误，因为子查询返回多个记录。

c.
```
UPDATE PASSENGERS
SET COUNTRYCODE = 'NZ'
WHERE PASSENGERID =
(SELECT PASSENGERID
FROM TRIPS
WHERE TRIPID = 2405);
```
正确运行，并更新一行记录。

4. 下面语句执行的结果是什么？
```
DELETE FROM EMPLOYEES
WHERE EMPLOYEEID IN
(SELECT EMPLOYEEID
FROM RICH_EMPLOYEES);
```
答：从表 RICH_EMPLOYEES 中获取的所有记录将会从表 EMPLOYEES 中删除。强烈推荐在子查询中使用 WHERE 子句。

练习答案

1. 答案略。
2. 使用子查询编写一个 SQL 语句来更新表 PASSENGERS，找到 TripID 为 3120 的乘客，然后将乘客的名字修改为 RYAN STEPHENS。
```
UPDATE PASSENGERS
    SET FIRSTNAME='RYAN', LASTNAME='STEPHENS'
    WHERE PASSENGERID =
                    (SELECT PASSENGERID
                     FROM TRIPS
                     WHERE TRIPID = 3120);
```
3. 使用子查询编写一个 SQL 语句，按照国家返回于 2013 年 7 月 4 日离开的所有乘客。
答案略。

4．使用子查询编写一个 SQL 语句，列出旅行时间始终小于 21 天的所有乘客的信息。

答案略。

第 15 章

测验答案

1．下列组合查询的语法正确吗？如果不正确，请修改它们。使用的表是 PASSENGERS 和 TRIPS。

a.
```
SELECT PASSENGERID, BIRTHDATE, FIRSTNAME
FROM PASSENGERS
UNION
SELECT PASSENGERID, LEAVING, RETURNING
FROM TRIPS;
```

不正确。第一个查询中的 FIRSTNAME 字段不匹配第二个查询中 RETURNING 字段中的数据类型。

b.
```
SELECT PASSENGERID FROM PASSENGERS
UNION ALL
SELECT PASSENGERID FROM TRIPS
ORDER BY PASSENGERID;
```

能正常运行。

c.
```
SELECT PASSENGERID FROM TRIPS
INTERSECT
SELECT PASSENGERID FROM PASSENGERS
ORDER BY 1;
```

能正常运行。

2．匹配操作符与相应的描述。

描述	操作符
a．显示重复记录	UNION ALL
b．返回第一个查询里与第二个查询匹配的结果	INTERSECT
c．返回不重复的记录	UNION
d．返回第一个查询里有但第二个查询没有的结果	EXCEPT

练习答案

1．使用 PASSENGERS 和 TRIPS 表编写一个组合查询，查找曾经旅行过的乘客。

```
SELECT * FROM PASSENGERS
WHERE PASSENGERID IN
      (SELECT PASSENGERID FROM TRIPS)
ORDER BY PASSENGERID;
```

2．编写一个组合查询，查找未旅行过的乘客。

```
SELECT * FROM PASSENGERS
WHERE PASSENGERID NOT IN
     (SELECT PASSENGERID FROM TRIPS)
ORDER BY PASSENGERID;
```

3. 编写一个使用 EXCEPT 的查询，列出所有已经旅行过的乘客，但始发自 Albany 的乘客除外。

```
SELECT * FROM PASSENGERS P
INNER JOIN TRIPS T ON P.PASSENGERID = T.PASSENGERID
WHERE T.SourceFlightID IN
    (
    SELECT FLIGHTID FROM FLIGHTS F
      INNER JOIN ROUTES R ON F.ROUTEID=R.ROUTEID
    WHERE R.SOURCEAIRPORTID
    NOT IN (SELECT AIRPORTID FROM AIRPORTS WHERE CITY='Albany')
    )
ORDER BY P.PASSENGERID;
```

第16章

测验答案

1. 使用索引的主要缺点是什么？

   答：索引的主要缺点包括会减缓批处理操作、占据磁盘空间、维护开销。

2. 组合索引中的字段顺序为什么很重要？

   答：因为把具有最严格值的字段放在第一位，可以改善查询性能。

3. 是否应该为具有大量 NULL 值的字段设置索引？

   答：不，具有大量 NULL 值的字段不应该设置索引，因为当很多记录的值相同时，访问它们的速度会因此而下降。

4. 索引的主要作用是去除表中的重复数据吗？

   答：不是。索引的主要作用是提高数据检索速度。当然，唯一索引会禁止表中包含重复数据。

5. 判断正误：使用组合索引主要是为了在索引中使用聚合函数。

   答：错。使用组合索引的主要原因是同一个表有多个字段需要设置索引。

6. 基数是什么含义？什么样的字段可以被看作是高基数的？

   答：基数是指数据在字段中的唯一性。SSN（社会保险号码）就是这种字段的一个示例。

练习答案

1. 判断下列情况是否应该使用索引，如果是，请选择索引的类型。

   a. 字段很多，但表非常小。

   小规模表不需要设置索引。

   b. 中等规模的表，不允许有重复值。

可以使用唯一索引。

c．表非常大，多个字段在 WHERE 子句中用作过滤条件。

可以针对 WHERE 子句中使用的字段设置组合索引。

d．表非常大，字段很多，大量数据操作。

可以根据过滤、排序和分组的要求设置单字段索引或组合索引。对于大规模数据操作来说，可以在执行 INSERT、UPDATE 或 DELETE 语句之前删除索引，之后再重新创建。

2．答案略。

3．将练习 2 创建的索引修改成唯一索引，为什么不能实现？

```
DROP INDEX EP_POSITON ON EMPLOYEES;
                CREATE UNIQUE INDEX EP_POSITION
                ON EMPLOYEES(POSITION);
```

因为字段中有重复的值，所以不能实现。

4．在 FLIGHTS 表中选择可以构成唯一索引的某些字段。解释这些字段可以作为唯一索引的原因。

答案不唯一。

5．研究本书中使用的表，根据用户搜索表的方式，判断哪些字段适合设置索引。

答案不唯一。

6．在 FLIGHTS 表中创建一个组合索引，其中包含如下字段：ROUTEID、AIRCRAFTFLEETID 和 STATUSCODE。

7．答案略。

第 17 章

测验答案

1．在小规模表上使用唯一索引有什么好处？

答：这个索引对于性能来说没有任何好处，但有助于保持引用完整性。关于引用完整性请见第 3 章。

2．当执行查询时，如果优化器决定不使用表中的索引，会发生什么？

答：全表扫描。

3．WHERE 子句中的最严格条件应该放在连接条件之前还是之后？

答：最严格条件应该在连接条件之前求值，因为连接条件通常会返回大量的数据。

4．在什么情况下 LIKE 操作符会对性能造成影响？

在数据量很大的情况下，LIKE 操作符会对性能造成影响。

5．在有索引的情况下，如何优化批量加载操作？

在批量加载操作之前删除索引，等操作结束之后重建索引。

6. 哪 3 个子句在排序操作中会影响性能？

   ORDER BY、GROUP BY 和 HAVING 子句。

练习答案

1. 改写下面的 SQL 语句来改善性能。使用下面的表 EMPLOYEE_TBL 和表 EMPLOYEE_PAY_TBL。

```
EMPLOYEE_TBL
EMP_ID          VARCHAR(9)  NOT NULL          Primary key
LAST_NAME       VARCHAR(15) NOT NULL,
FIRST_NAME      VARCHAR(15) NOT NULL,
MIDDLE_NAME     VARCHAR(15),
ADDRESS         VARCHAR(30) NOT NULL,
CITY            VARCHAR(15) NOT NULL,
STATE           VARCHAR(2)  NOT NULL,
ZIP             INTEGER(5)  NOT NULL,
PHONE           VARCHAR(10),
PAGER           VARCHAR(10),
EMPLOYEE_PAY_TBL
EMP_ID              VARCHAR(9)  NOT NULL      primary key
POSITION            VARCHAR(15) NOT NULL,
DATE_HIRE           DATETIME,
PAY_RATE            DECIMAL(4,2) NOT NULL,
DATE_LAST_RAISE     DATETIME,
SALARY              DECIMAL(8,2),
BONUS               DECIMAL(8,2),
```

a.
```
SELECT EMP_ID, LAST_NAME, FIRST_NAME,
       PHONE
  FROM EMPLOYEE_TBL
    WHERE SUBSTRING(PHONE, 1, 3) = '317' OR
          SUBSTRING(PHONE, 1, 3) = '812' OR
          SUBSTRING(PHONE, 1, 3) = '765';

SELECT EMP_ID, LAST_NAME, FIRST_NAME,
       PHONE
FROM EMPLOYEE_TBL
WHERE SUBSTRING(PHONE, 1, 3) IN ('317', '812', '765');
```

通常来讲，把 OR 条件转换为 IN 列表会更好一些。

b.
```
SELECT LAST_NAME, FIRST_NAME
  FROM EMPLOYEE_TBL
  WHERE LAST_NAME LIKE '%ALL%';

SELECT LAST_NAME, FIRST_NAME
FROM EMPLOYEE_TBL
WHERE LAST_NAME LIKE 'WAL%';
```

如果条件值中不包含首字符，就不能发挥索引的作用。

c.
```
SELECT E.EMP_ID, E.LAST_NAME, E.FIRST_NAME,
     EP.SALARY
```

```
  FROM EMPLOYEE_TBL E,
  EMPLOYEE_PAY_TBL EP
  WHERE LAST_NAME LIKE 'S%'
  AND E.EMP_ID = EP.EMP_ID;

SELECT E.EMP_ID, E.LAST_NAME, E.FIRST_NAME,
       EP.SALARY
FROM EMPLOYEE_TBL E,
EMPLOYEE_PAY_TBL EP
WHERE E.EMP_ID = EP.EMP_ID
AND LAST_NAME LIKE 'S%';
```

2. 添加一个名为 EMPLOYEE_PAYHIST_TBL 的表，用于存放大量的支付历史数据。使用下面的表来编写 SQL 语句，解决后续的问题。确保编写的查询语句能良好运行。

```
EMPLOYEE_PAYHIST_TBL
PAYHIST_ID          VARCHAR(9)      NOT NULL     primary key,
EMP_ID              VARCHAR(9)      NOT NULL,
START_DATE          DATETIME        NOT NULL,
END_DATE            DATETIME,
PAY_RATE            DECIMAL(4,2)    NOT NULL,
SALARY              DECIMAL(8,2)    NOT NULL,
BONUS               DECIMAL(8,2)    NOT NULL,
CONSTRAINT EMP_FK FOREIGN KEY (EMP_ID)
REFERENCES EMPLOYEE_TBL (EMP_ID)
```

a. 查询正式员工（salaried employee）和非正式员工（nonsalaried employee）在付薪第一年各自的总人数。

```
SELECT START_YEAR,SUM(SALARIED) AS SALARIED,SUM(HOURLY) AS
HOURLY
    FROM
    (SELECT YEAR(E.START_DATE) AS START_YEAR,COUNT(E.EMP_ID) AS
SALARIED,0 AS HOURLY
    FROM EMPLOYEE_PAYHIST_TBL E INNER JOIN
    ( SELECT MIN(START_DATE) START_DATE,EMP_ID
    FROM EMPLOYEE_PAYHIST_TBL
    GROUP BY EMP_ID) F ON E.EMP_ID=F.EMP_ID AND
E.START_DATE=F.START_DATE
    WHERE E.SALARY > 0.00
    GROUP BY YEAR(E.START_DATE)
    UNION
SELECT YEAR(E.START_DATE) AS START_YEAR,0 AS SALARIED,
    COUNT(E.EMP_ID) AS HOURLY
    FROM EMPLOYEE_PAYHIST_TBL E INNER JOIN
    ( SELECT MIN(START_DATE) START_DATE,EMP_ID
    FROM EMPLOYEE_PAYHIST_TBL
    GROUP BY EMP_ID) F ON E.EMP_ID=F.EMP_ID AND
E.START_DATE=F.START_DATE
    WHERE E.PAY_RATE > 0.00
    GROUP BY YEAR(E.START_DATE)
    ) A
    GROUP BY START_YEAR
    ORDER BY START_YEAR
```

b. 查询正式员工和非正式员工在付薪第一年各自总人数的差值。其中，非正式员工全年无缺勤（PAY_RATE * 52 * 40）。

```
SELECT START_YEAR,SALARIED AS SALARIED,HOURLY AS HOURLY,
    (SALARIED - HOURLY) AS PAY_DIFFERENCE
    FROM
    (SELECT YEAR(E.START_DATE) AS START_YEAR,AVG(E.SALARY) AS
SALARIED,
    0 AS HOURLY
    FROM EMPLOYEE_PAYHIST_TBL E INNER JOIN
    ( SELECT MIN(START_DATE) START_DATE,EMP_ID
    FROM EMPLOYEE_PAYHIST_TBL
    GROUP BY EMP_ID) F ON E.EMP_ID=F.EMP_ID AND
E.START_DATE=F.START_DATE
    WHERE E.SALARY > 0.00
    GROUP BY YEAR(E.START_DATE)
    UNION
SELECT YEAR(E.START_DATE) AS START_YEAR,0 AS SALARIED,
    AVG(E.PAY_RATE * 52 * 40 ) AS HOURLY
    FROM EMPLOYEE_PAYHIST_TBL E INNER JOIN
    ( SELECT MIN(START_DATE) START_DATE,EMP_ID
    FROM EMPLOYEE_PAYHIST_TBL
    GROUP BY EMP_ID) F ON E.EMP_ID=F.EMP_ID AND
E.START_DATE=F.START_DATE
    WHERE E.PAY_RATE > 0.00
    GROUP BY YEAR(E.START_DATE)
    ) A
    GROUP BY START_YEAR
    ORDER BY START_YEAR
```

c. 查询正式员工当前和刚入职时的薪酬差别。同样，非正式员工全年无缺勤。并且，员工的当前薪水在 EMPLOYEE_PAY_TBL 和 EMPLOYEE_PAYHIST_TBL 两个表中都有记录。在支付历史表中，当前支付记录的 END_DATE 字段为 NULL 值。

```
SELECT CURRENTPAY.EMP_ID,STARTING_ANNUAL_PAY,CURRENT_
ANNUAL_PAY,
CURRENT_ANNUAL_PAY - STARTING_ANNUAL_PAY AS PAY_DIFFERENCE
FROM
(SELECT EMP_ID,(SALARY + (PAY_RATE * 52 * 40)) AS
CURRENT_ANNUAL_PAY
   FROM EMPLOYEE_PAYHIST_TBL
   WHERE END_DATE IS NULL) CURRENTPAY
INNER JOIN
(SELECT E.EMP_ID,(SALARY + (PAY_RATE * 52 * 40)) AS
STARTING_ANNUAL_PAY
   FROM EMPLOYEE_PAYHIST_TBL E
   ( SELECT MIN(START_DATE) START_DATE,EMP_ID
           FROM EMPLOYEE_PAYHIST_TBL
           GROUP BY EMP_ID) F ON E.EMP_ID=F.EMP_ID AND
E.START_DATE=F.START_DATE
   ) STARTINGPAY ON
   CURRENTPAY.EMP_ID = STARTINGPAY.EMP_ID
```

第18章

测验答案

1. 使用什么命令建立会话？

   答：CONNECT TO 语句。

2. 在删除仍然包含数据库对象的模式时，必须要使用什么选项？

   答：使用 CASCADE 选项可以删除包含对象的模式。

3. 在 MySQL 中使用什么命令创建模式？

   答：CREATE SCHEMA 命令。

4. 使用什么命令撤销数据库权限？

   答：REVOKE 命令用于撤销数据库权限。

5. 什么命令能够创建表、视图和权限的组或集合？

   答：CREATE SCHEMA 语句。

6. 在 SQL Server 中，登录账户和数据库用户账户有什么区别？

   答：登录账户可以登录 SQL Server 实例并访问资源。数据库账户可以访问数据库并被赋予了相应的权限。

练习答案

1. 描述如何在 CANARYAIRLINES 数据库中创建一个新用户 John。

```
USE CANARYAIRLINES:
CREATE USER JOHN
```

2. 如何将表 EMPLOYEES 的访问权限授予新用户 John？

```
GRANT SELECT ON TABLE EMPLOYEES TO JOHN;
```

3. 描述如何设置 John 的权限，允许他访问 CANARYAIRLINES 数据库中的全部对象。

```
GRANT SELECT ON TABLE * TO JOHN;
```

4. 描述如何撤销之前授予给 John 的权限，然后删除他的账户。

```
DROP USER JOHN CASCADE;
```

第19章

测验答案

1. 如果用户要把其他用户的权限授予不属于他的对象，则必须使用什么选项？

   答：`GRANT OPTION`

2. 当权限被授予 PUBLIC 后，是数据库的全部用户还是仅特定用户获得这些权限？

   答：数据库的全部用户都会获得这些权限。

3. 查看指定表中的数据需要什么权限？

答：SELECT 权限。

4. SELECT 是什么类型的权限？

答：对象级权限。

5. 如果想撤销用户对某个对象的权限，以及撤销使用 GRANT 选项分配给其他用户的权限，应该使用什么选项？

答：在 REMOVE 命令中使用 CASCADE 选项可以撤销该对象分配出去的权限。

练习答案

1. 答案略。
2. 答案略。
3. 答案略。
4. 答案略。
5. 答案略。
6. 答案略。

第 20 章

测验答案

1. 在一个基于多个表创建的视图中，我们可以删除记录吗？

答：不能。只有基于单个表创建的视图才能使用 DELETE、INSERT 和 UPDATE 命令。

2. 在创建一个表时，所有人会自动被授予适当的权限。在创建视图时也是这样吗？

答：是的。视图所有人自动被授予关于视图的适当权限。

3. 在创建视图时，使用什么子句对数据进行排序？

答：视图中的 GROUP BY 子句起到了普通查询中的 ORDER BY 子句（或 GROUP BY 子句）的作用。

4. Oracle 和 SQL Server 是否以相同的方式对视图进行排序？

答：不是。SQL Server 不允许在视图定义内对视图进行排序。

5. 在基于视图创建视图时，使用什么选项检查完整性约束？

答：使用 WITH CHECK OPTION。

6. 在尝试删除视图时，由于存在多个底层视图，操作出现了错误。这时怎样做才能删除视图？

使用 CASCADE 选项重新执行 DROP 语句，这将删除所有的底层视图。

练习答案

1. 编写一个语句，基于表 EMPLOYEES 的全部内容创建一个视图。

```
CREATE VIEW EMP_VIEW AS
SELECT * FROM EMPLOYEES;
```

2. 编写一个语句创建一个汇总视图，该视图包含表 EMPLOYEES 中每个城市的平均小时薪水和平均月薪。

```
CREATE VIEW AVG_PAY_VIEW AS
SELECT E.CITY, AVG(P.PAYRATE) AS AVG_PAYRATE, AVG(P.SALARY) AS AVG_SALARY
FROM EMPLOYEES P
GROUP BY P.CITY;
```

3. 再次创建练习 2 中的另外一个视图，但不要使用表 EMPLOYEES，而是使用练习 1 中所创建的视图。比较两个结果。

```
CREATE VIEW AVG_PAY_ALT_VIEW AS
SELECT E.CITY, AVG_PAY_RATE, AVG_SALARY)
FROM EMP_VIEW E;
```

4. 使用练习 2 中的视图来创建一个名为 EMPLOYEE_PAY_SUMMARIZED 的表，确定视图和表拥有相同的数据。

```
SELECT * INTO EMPLOYEE_PAY_SUMMARIZED FROM AVG_PAY_VIEW;
```

5. 编写一条语句来创建表 EMPLOYEE_PAY_SUMMARIZED 的异名。

```
CREATE SYNONYMN SYN_EMP FOR EMPLOYEE_PAY_SUMMARIZED
```

6. 编写两条查询语句，一条使用基表 EMPLOYEE_PAY_SUMMARIZED，另一条使用创建的异名，将雇员的月薪或者小时薪水与员工所在城市的平均薪水相比较。

   答案不唯一。

7. 编写一条语句，删除表、异名以及创建的 3 个视图。

```
DROP TABLE EMPLOYEE_PAY_SUMMARIZED;
DROP VIEW SYN_EMP;
DROP VIEW EMP_VIEW;
DROP VIEW AVG_PAY_VIEW;
DROP VIEW AVG_PAY_ALT_VIEW;
```

第 21 章

测验答案

1. 在某些实现中，系统目录又叫作什么？

   系统目录又叫作数据字典。

2. 普通用户能够更新系统目录吗？

   答：不能直接更新。但是当用户创建对象（比如表）时，系统目录会自动更新。

3. 在 Microsoft SQL Server 中，哪个系统表包含数据库中的视图信息？

   答：SYSVIEWS。

4. 谁拥有系统目录？

答：系统目录的所有人通常是名为 SYS 或 SYSTEM 的特权数据库用户账户。数据库的所有人也可以拥有系统目录，但是通常不会属于数据库中的某个特定模式。

5. Oracle 系统对象 ALL_TABLES 和 DBA_TABLES 之间的区别是什么？

答：ALL_TABLES 包含由特定用户访问的全部表，而 DBA_TABLES 包含数据库中的全部表。

6. 谁可以修改系统表？

答：数据库服务器。

练习答案

1. 答案略。
2. 答案略。
3. 答案略。

第22章

测验答案

1. 触发器能够被修改吗？

答：触发器不能被修改，必须被替换或重新创建。

2. 当游标被关闭之后，我们能够重用它的名称吗？

答：这取决于具体的实现。在某些实现中，关闭游标之后就可以重新使用它的名称，甚至释放内存，而其他一些实现必须先使用 DEALLOCATE 语句，然后才能重用它的名称。

3. 当游标被打开之后，使用什么命令获取它的结果？

答：FETCH 命令。

4. 触发器能够在 INSERT、DELECT 或 UPDATE 语句之前或之后执行吗？

答：触发器能够在 INSERT、DELECT 或 UPDATE 语句之前或之后执行，而且触发器有多种类型。

5. 哪个 MySQL 函数能够从 XML 片断获取信息？

答：EXTRACTVALUE 语句。

6. 为什么 Oracle 不支持游标的 DEALLOCATE 语法？

答：因为在游标被关闭之后，Oracle 会自动释放游标的资源。

7. 为什么游标不是基于集合的操作？

答：游标不是基于集合的操作，原因是游标每次只作用于一行数据，它将数据从内存中取出并进行相应的操作。

练习答案

1. 答案略。
2. 编写一个 SELECT 语句来生成 SQL 代码，统计每个表中的记录数量。（提示：与练习 1 类似。）

```
SELECT CONCAT('SELECT COUNT(*) FROM ',TABLE_NAME,';') FROM TABLES;
```

3. 编写一组 SQL 命令来创建一个游标，打印每个机场的名字，以及每个月从该机场起飞的航班总数。确保在所使用的实现中正确关闭并释放了游标。

   在 SQL Server 中，示例如下：

```
BEGIN
     DECLARE @custname VARCHAR(30);
     DECLARE @purchases decimal(6,2);
     DECLARE customercursor CURSOR FOR SELECT
     C.CUST_NAME,SUM(P.COST*O.QTY) as SALES
     FROM CUSTOMER_TBL C
     INNER JOIN ORDERS_TBL O ON C.CUST_ID=O.CUST_ID
     INNER JOIN PRODUCTS_TBL P ON O.PROD_ID=P.PROD_ID
     GROUP BY C.CUST_NAME;
     OPEN customercursor;
     FETCH NEXT FROM customercursor INTO @custname,@purchases
     WHILE (@@FETCH_STATUS<>-1)
           BEGIN
               IF (@@FETCH_STATUS<>-2)
               BEGIN
                    PRINT @custname + ': $' + CAST(@purchases AS
VARCHAR(20))
                END
     FETCH NEXT FROM customercursor INTO @custname,@purchases
     END
     CLOSE customercursor
     DEALLOCATE customercursor
     END;
```

第 23 章

测验答案

1. 一台服务器上的数据库能够被另一台服务器访问吗？

   答：可以通过使用中间件来实现，这被称为访问远程数据库。

2. 公司可以使用什么方式向自己的雇员发布信息？

   答：内联网。

3. 提供数据库连接的产品被称为什么？

   答：中间件。

4. SQL 能够嵌入到互联网编程语言中吗?

   答:可以。SQL 可以嵌入到互联网编程语言,比如 Java。

5. 如何通过 Web 应用访问远程数据库?

   答:通过 Web 服务器。

练习答案

答案不唯一。

第 24 章

测验答案

1. SQL 是过程语言还是非过程语言?

   答:SQL 是非过程语言,表示数据库决定如何执行 SQL 语句。本章介绍的 SQL 扩展是过程语言。

2. 除了声明游标之外,游标的 3 个基本操作是什么?

   答:OPEN、FETCH 和 CLOSE。

3. 过程或非过程:数据库引擎使用什么来决定如何计算和执行 SQL 语句?

   答:非过程语句。

附录 D

额外练习

本附录包含了一些针对 SQL Server 的额外练习，而且是针对 MySQL 的。本附录提供了解释或问题，然后提供了要执行的 SQL 代码（基于 Microsoft SQL Server）。注意，SQL 代码在不同的实现中是不同的，所以需要根据所使用的系统来对代码进行调整。请仔细学习这些问题、代码和结果，从而更好地掌握 SQL。

1. 确定使用最多的飞机。

```
SELECT TOP 1 A.AIRCRAFTTYPE, COUNT(*) AS TIMESUSED
FROM AIRCRAFT A
INNER JOIN AIRCRAFTFLEET AF ON A.AIRCRAFTCODE = AF.AIRCRAFTCODE
INNER JOIN FLIGHTS F ON AF.AIRCRAFTFLEETID = F.AIRCRAFTFLEETID
GROUP BY A.AIRCRAFTTYPE
ORDER BY 2 DESC;
```

2. 确定每种机型的平均飞行时间。

```
SELECT A.AIRCRAFTTYPE, AVG(F.FLIGHTDURATION) AS AVG_DURATION
FROM AIRCRAFT A
INNER JOIN AIRCRAFTFLEET AF ON A.AIRCRAFTCODE = AF.AIRCRAFTCODE
INNER JOIN FLIGHTS F ON AF.AIRCRAFTFLEETID = F.AIRCRAFTFLEETID
GROUP BY A.AIRCRAFTTYPE;
```

3. 按顺序返回出境游的乘客数量最多的前 3 个国家。

```
SELECT TOP 3 COUNTRYCODE,COUNT(*) AS NUM_PASSENGERS
FROM PASSENGERS
GROUP BY COUNTRYCODE
ORDER BY 2 DESC;
```

4. 确定航空公司所飞行的 10 条最长路线，包括每一条路线的始发机场和目的地机场。

```
SELECT TOP 10 R.ROUTECODE, S.AIRPORTNAME AS SOURCE_AIRPORT
, D.AIRPORTNAME AS DEST_AIRPORT, R.DISTANCE
FROM ROUTES R
INNER JOIN AIRPORTS S ON R.SOURCEAIRPORTID = S.AIRPORTID
INNER JOIN AIRPORTS D ON R.DESTINATIONAIRPORTID = D.AIRPORTID
ORDER BY DISTANCE DESC;
```

5. 以每分钟的燃料成本与飞行分钟数的乘积为基础，确定航空公司 10 条成本最高的路线。创建一个表格记录队员的个人信息。

```
SELECT TOP 10 R.ROUTECODE, S.AIRPORTNAME AS SOURCE_AIRPORT
, D.AIRPORTNAME AS DEST_AIRPORT, R.TRAVELTIME*R.FUELCOSTPERMINUTE
```

```
FROM ROUTES R
INNER JOIN AIRPORTS S ON R.SOURCEAIRPORTID = S.AIRPORTID
INNER JOIN AIRPORTS D ON R.DESTINATIONAIRPORTID = D.AIRPORTID
ORDER BY 4 DESC;
```

6. 确定练习 4 中发现的 10 条路线中，哪些也会出现在练习 5 的结果中。

```
SELECT A.*
FROM
(
SELECT TOP 10 R.ROUTECODE, S.AIRPORTNAME AS SOURCE_AIRPORT
, D.AIRPORTNAME AS DEST_AIRPORT, R.TRAVELTIME*R.FUELCOSTPERMINUTE AS TOTALCOST
FROM ROUTES R
INNER JOIN AIRPORTS S ON R.SOURCEAIRPORTID = S.AIRPORTID
INNER JOIN AIRPORTS D ON R.DESTINATIONAIRPORTID = D.AIRPORTID
ORDER BY 4 DESC
) A
INNER JOIN (
SELECT TOP 10 R.ROUTECODE, S.AIRPORTNAME AS SOURCE_AIRPORT
, D.AIRPORTNAME AS DEST_AIRPORT, R.DISTANCE
FROM ROUTES R
INNER JOIN AIRPORTS S ON R.SOURCEAIRPORTID = S.AIRPORTID
INNER JOIN AIRPORTS D ON R.DESTINATIONAIRPORTID = D.AIRPORTID
ORDER BY DISTANCE DESC) B ON A.ROUTECODE=B.ROUTECODE;
```

7. 确定飞行里程最长的前 10 名乘客。

```
SELECT TOP 10 P.PASSENGERID, P.FIRSTNAME, P.LASTNAME,
P.BIRTHDATE,
SUM( R.DISTANCE + ISNULL(R2.DISTANCE, 0) ) AS TOTAL_DISTANCE
FROM PASSENGERS P
INNER JOIN TRIPS T ON P.PASSENGERID = T.PASSENGERID
INNER JOIN FLIGHTS F ON T.SOURCEFLIGHTID = F.FLIGHTID
LEFT OUTER JOIN FLIGHTS F2 ON T.RETURNFLIGHTID = F2.FLIGHTID
INNER JOIN ROUTES R ON F.ROUTEID = R.ROUTEID
LEFT OUTER JOIN ROUTES R2 ON F2.ROUTEID = R2.ROUTEID
GROUP BY P.PASSENGERID, P.FIRSTNAME, P.LASTNAME,
P.BIRTHDATE
ORDER BY 5 DESC;
```

8. 如果每 100 英里可以兑换 1 个航空积分里程，确定练习 7 中排名第一的飞行常客会选择哪条路线。

```
SELECT ROUTEID, ROUTECODE
FROM ROUTES
WHERE DISTANCE<=
(
SELECT
SUM( R.DISTANCE + ISNULL(R2.DISTANCE, 0) )/100 AS FLYER_MILES
FROM PASSENGERS P
INNER JOIN TRIPS T ON P.PASSENGERID = T.PASSENGERID
INNER JOIN FLIGHTS F ON T.SOURCEFLIGHTID = F.FLIGHTID
LEFT OUTER JOIN FLIGHTS F2 ON T.RETURNFLIGHTID = F2.FLIGHTID
INNER JOIN ROUTES R ON F.ROUTEID = R.ROUTEID
LEFT OUTER JOIN ROUTES R2 ON F2.ROUTEID = R2.ROUTEID
WHERE P.PASSENGERID=116265
);
```

9. 对于排名第一的飞行常客，确定他每个月的飞行里程。

```
SELECT A.REPORT_MONTH, SUM(DISTANCE) AS TOTAL_DISTANCE
FROM
(
SELECT
MONTH(LEAVING) AS REPORT_MONTH,
SUM( R.DISTANCE ) AS DISTANCE
FROM PASSENGERS P
INNER JOIN TRIPS T ON P.PASSENGERID = T.PASSENGERID
INNER JOIN FLIGHTS F ON T.SOURCEFLIGHTID = F.FLIGHTID
INNER JOIN ROUTES R ON F.ROUTEID = R.ROUTEID
WHERE P.PASSENGERID=116265
GROUP BY MONTH(LEAVING)
UNION
SELECT
MONTH(RETURNING) AS REPORT_MONTH,
SUM( R.DISTANCE ) AS DISTANCE
FROM PASSENGERS P
INNER JOIN TRIPS T ON P.PASSENGERID = T.PASSENGERID
INNER JOIN FLIGHTS F ON T.RETURNFLIGHTID = F.FLIGHTID
INNER JOIN ROUTES R ON F.ROUTEID = R.ROUTEID
WHERE P.PASSENGERID=116265
GROUP BY MONTH(RETURNING)
) A
GROUP BY REPORT_MONTH;
```

10. 以练习 9 中的查询语句为基础，确定前 100 名的飞行常客中，当前月份与上一个月份飞行距离的差值。

```
SELECT DISTINCT
A.REPORT_MONTH,
SUM(DISTANCE) OVER (PARTITION BY REPORT_MONTH) AS TOTAL_DISTANCE,
SUM(DISTANCE) OVER (PARTITION BY REPORT_MONTH) -
LAG(DISTANCE,1) OVER (ORDER BY REPORT_MONTH) AS DIFF
FROM
(
SELECT
P.PASSENGERID,
MONTH(LEAVING) AS REPORT_MONTH,
SUM( R.DISTANCE ) AS DISTANCE
FROM PASSENGERS P
INNER JOIN TRIPS T ON P.PASSENGERID = T.PASSENGERID
INNER JOIN FLIGHTS F ON T.SOURCEFLIGHTID = F.FLIGHTID
INNER JOIN ROUTES R ON F.ROUTEID = R.ROUTEID
GROUP BY P.PASSENGERID,MONTH(LEAVING)
UNION
SELECT
P.PASSENGERID,
MONTH(RETURNING) AS REPORT_MONTH,
SUM( R.DISTANCE ) AS DISTANCE
FROM PASSENGERS P
INNER JOIN TRIPS T ON P.PASSENGERID = T.PASSENGERID
```

```
INNER JOIN FLIGHTS F ON T.RETURNFLIGHTID = F.FLIGHTID
INNER JOIN ROUTES R ON F.ROUTEID = R.ROUTEID
GROUP BY P.PASSENGERID,MONTH(RETURNING)
) A
INNER JOIN (
SELECT TOP 10 P.PASSENGERID,
SUM( R.DISTANCE + ISNULL(R2.DISTANCE, 0) ) AS TOTAL_DISTANCE
FROM PASSENGERS P
INNER JOIN TRIPS T ON P.PASSENGERID = T.PASSENGERID
INNER JOIN FLIGHTS F ON T.SOURCEFLIGHTID = F.FLIGHTID
LEFT OUTER JOIN FLIGHTS F2 ON T.RETURNFLIGHTID = F2.FLIGHTID
INNER JOIN ROUTES R ON F.ROUTEID = R.ROUTEID
LEFT OUTER JOIN ROUTES R2 ON F2.ROUTEID = R2.ROUTEID
GROUP BY P.PASSENGERID
ORDER BY 2 DESC
) B
ON A.PASSENGERID = B.PASSENGERID;
```

11. 更新查询语句，使其根据飞行常客之前月份的飞行里程，对他们的旅行月份进行排序。

```
SELECT REPORT_MONTH, TOTAL_DISTANCE, DIFF,
 DENSE_RANK() OVER (ORDER BY DIFF DESC) AS DIFF_RANK
 FROM
(
SELECT DISTINCT
A.REPORT_MONTH,
SUM(DISTANCE) OVER (PARTITION BY REPORT_MONTH) AS TOTAL_DISTANCE,
SUM(DISTANCE) OVER (PARTITION BY REPORT_MONTH) -
LAG(DISTANCE,1) OVER (ORDER BY REPORT_MONTH) AS DIFF
FROM
(
SELECT
P.PASSENGERID,
MONTH(LEAVING) AS REPORT_MONTH,
SUM( R.DISTANCE ) AS DISTANCE
FROM PASSENGERS P
INNER JOIN TRIPS T ON P.PASSENGERID = T.PASSENGERID
INNER JOIN FLIGHTS F ON T.SOURCEFLIGHTID = F.FLIGHTID
INNER JOIN ROUTES R ON F.ROUTEID = R.ROUTEID
GROUP BY P.PASSENGERID,MONTH(LEAVING)
UNION
SELECT
P.PASSENGERID,
MONTH(RETURNING) AS REPORT_MONTH,
SUM( R.DISTANCE ) AS DISTANCE
FROM PASSENGERS P
INNER JOIN TRIPS T ON P.PASSENGERID = T.PASSENGERID
INNER JOIN FLIGHTS F ON T.RETURNFLIGHTID = F.FLIGHTID
INNER JOIN ROUTES R ON F.ROUTEID = R.ROUTEID
GROUP BY P.PASSENGERID,MONTH(RETURNING)
) A
```

```
INNER JOIN (
SELECT TOP 10 P.PASSENGERID,
SUM( R.DISTANCE + ISNULL(R2.DISTANCE, 0) ) AS TOTAL_DISTANCE
FROM PASSENGERS P
INNER JOIN TRIPS T ON P.PASSENGERID = T.PASSENGERID
INNER JOIN FLIGHTS F ON T.SOURCEFLIGHTID = F.FLIGHTID
LEFT OUTER JOIN FLIGHTS F2 ON T.RETURNFLIGHTID = F2.FLIGHTID
INNER JOIN ROUTES R ON F.ROUTEID = R.ROUTEID
LEFT OUTER JOIN ROUTES R2 ON F2.ROUTEID = R2.ROUTEID
GROUP BY P.PASSENGERID
ORDER BY 2 DESC
) B
ON A.PASSENGERID = B.PASSENGERID
) C
ORDER BY REPORT_MONTH;
```

12. 对练习 11 中的查询语句进行更新，为飞行的里程数添加一个运行和（running sum）字段。

```
SELECT REPORT_MONTH, TOTAL_DISTANCE, DIFF,
 DENSE_RANK() OVER (ORDER BY DIFF DESC) AS DIFF_RANK,
 SUM(TOTAL_DISTANCE) OVER (ORDER BY REPORT_MONTH
ROWS BETWEEN UNBOUNDED PRECEDING AND CURRENT ROW) AS RUNNING_TOTAL
 FROM
(
SELECT DISTINCT
A.REPORT_MONTH,
SUM(DISTANCE) OVER (PARTITION BY REPORT_MONTH) AS TOTAL_DISTANCE,
SUM(DISTANCE) OVER (PARTITION BY REPORT_MONTH) -
LAG(DISTANCE,1) OVER (ORDER BY REPORT_MONTH) AS DIFF
FROM
(
SELECT
P.PASSENGERID,
MONTH(LEAVING) AS REPORT_MONTH,
SUM( R.DISTANCE ) AS DISTANCE
FROM PASSENGERS P
INNER JOIN TRIPS T ON P.PASSENGERID = T.PASSENGERID
INNER JOIN FLIGHTS F ON T.SOURCEFLIGHTID = F.FLIGHTID
INNER JOIN ROUTES R ON F.ROUTEID = R.ROUTEID
GROUP BY P.PASSENGERID,MONTH(LEAVING)
UNION
SELECT
P.PASSENGERID,
MONTH(RETURNING) AS REPORT_MONTH,
SUM( R.DISTANCE ) AS DISTANCE
FROM PASSENGERS P
INNER JOIN TRIPS T ON P.PASSENGERID = T.PASSENGERID
INNER JOIN FLIGHTS F ON T.RETURNFLIGHTID = F.FLIGHTID
INNER JOIN ROUTES R ON F.ROUTEID = R.ROUTEID
GROUP BY P.PASSENGERID,MONTH(RETURNING)
) A
```

```
INNER JOIN (
SELECT TOP 10 P.PASSENGERID,
SUM( R.DISTANCE + ISNULL(R2.DISTANCE, 0) ) AS TOTAL_DISTANCE
FROM PASSENGERS P
INNER JOIN TRIPS T ON P.PASSENGERID = T.PASSENGERID
INNER JOIN FLIGHTS F ON T.SOURCEFLIGHTID = F.FLIGHTID
LEFT OUTER JOIN FLIGHTS F2 ON T.RETURNFLIGHTID = F2.FLIGHTID
INNER JOIN ROUTES R ON F.ROUTEID = R.ROUTEID
LEFT OUTER JOIN ROUTES R2 ON F2.ROUTEID = R2.ROUTEID
GROUP BY P.PASSENGERID
ORDER BY 2 DESC
) B
ON A.PASSENGERID = B.PASSENGERID
) C
ORDER BY REPORT_MONTH;
```

13. 确定前10名的飞行常客最有可能从哪个机场出发，列出每一位飞行常客最常出发的机场。

```
SELECT DISTINCT A.AIRPORTID, AIR.AIRPORTNAME
FROM
(
SELECT * FROM
      (
          SELECT PASSENGERID,AIRPORTID,
          RANK() OVER (ORDER BY NUM_FLIGHTS DESC) AS AIRPORT_RANK
          FROM
               (
                  SELECT T.PASSENGERID,
                  R.SOURCEAIRPORTID AS AIRPORTID,
                  COUNT(*) AS NUM_FLIGHTS
                  FROM TRIPS T
                  INNER JOIN FLIGHTS F ON T.SOURCEFLIGHTID = F.FLIGHTID
                  INNER JOIN ROUTES R ON F.ROUTEID = R.ROUTEID
                  GROUP BY T.PASSENGERID, R.SOURCEAIRPORTID
               ) D
          ) E WHERE AIRPORT_RANK=1
      ) A
INNER JOIN (
SELECT TOP 10 P.PASSENGERID,
SUM( R.DISTANCE + ISNULL(R2.DISTANCE, 0) ) AS TOTAL_DISTANCE
FROM PASSENGERS P
INNER JOIN TRIPS T ON P.PASSENGERID = T.PASSENGERID
INNER JOIN FLIGHTS F ON T.SOURCEFLIGHTID = F.FLIGHTID
LEFT OUTER JOIN FLIGHTS F2 ON T.RETURNFLIGHTID = F2.FLIGHTID
INNER JOIN ROUTES R ON F.ROUTEID = R.ROUTEID
LEFT OUTER JOIN ROUTES R2 ON F2.ROUTEID = R2.ROUTEID
GROUP BY P.PASSENGERID
ORDER BY 2 DESC
) B
ON A.PASSENGERID = B.PASSENGERID
INNER JOIN AIRPORTS AIR ON A.AIRPORTID = AIR.AIRPORTID;
```

14. 确定哪些机场是前 10 名的飞行常客最常到达的目的机场？

```
SELECT DISTINCT A.AIRPORTID, AIR.AIRPORTNAME
FROM
(
     SELECT * FROM
         (
         SELECT PASSENGERID,AIRPORTID,
         RANK() OVER (ORDER BY NUM_FLIGHTS DESC) AS AIRPORT_RANK
         FROM
         (
         SELECT T.PASSENGERID,
         R.DESTINATIONAIRPORTID AS AIRPORTID,
         COUNT(*) AS NUM_FLIGHTS
         FROM TRIPS T
         INNER JOIN FLIGHTS F ON T.SOURCEFLIGHTID = F.FLIGHTID
         INNER JOIN ROUTES R ON F.ROUTEID = R.ROUTEID
         GROUP BY T.PASSENGERID, R.DESTINATIONAIRPORTID
     ) D
   ) E WHERE AIRPORT_RANK=1
) A
INNER JOIN (
SELECT TOP 10 P.PASSENGERID,
SUM( R.DISTANCE + ISNULL(R2.DISTANCE, 0) ) AS TOTAL_DISTANCE
FROM PASSENGERS P
INNER JOIN TRIPS T ON P.PASSENGERID = T.PASSENGERID
INNER JOIN FLIGHTS F ON T.SOURCEFLIGHTID = F.FLIGHTID
LEFT OUTER JOIN FLIGHTS F2 ON T.RETURNFLIGHTID = F2.FLIGHTID
INNER JOIN ROUTES R ON F.ROUTEID = R.ROUTEID
LEFT OUTER JOIN ROUTES R2 ON F2.ROUTEID = R2.ROUTEID
GROUP BY P.PASSENGERID
ORDER BY 2 DESC
) B
ON A.PASSENGERID = B.PASSENGERID
INNER JOIN AIRPORTS AIR ON A.AIRPORTID = AIR.AIRPORTID;
```

15. 将练习 13 中的结果与练习 14 中的结果组合，并删除重复数据。

```
SELECT DISTINCT A.AIRPORTID, AIR.AIRPORTNAME
FROM
(
     SELECT * FROM
       (
           SELECT PASSENGERID,AIRPORTID,
           RANK() OVER (ORDER BY NUM_FLIGHTS DESC) AS AIRPORT_RANK
           FROM
           (
           SELECT T.PASSENGERID,
           R.SOURCEAIRPORTID AS AIRPORTID,
           COUNT(*) AS NUM_FLIGHTS
           FROM TRIPS T
           INNER JOIN FLIGHTS F ON T.SOURCEFLIGHTID = F.FLIGHTID
           INNER JOIN ROUTES R ON F.ROUTEID = R.ROUTEID
```

```
            GROUP BY T.PASSENGERID, R.SOURCEAIRPORTID
        ) D
    ) E WHERE AIRPORT_RANK=1
) A
INNER JOIN (
SELECT TOP 10 P.PASSENGERID,
SUM( R.DISTANCE + ISNULL(R2.DISTANCE, 0) ) AS TOTAL_DISTANCE
FROM PASSENGERS P
INNER JOIN TRIPS T ON P.PASSENGERID = T.PASSENGERID
INNER JOIN FLIGHTS F ON T.SOURCEFLIGHTID = F.FLIGHTID
LEFT OUTER JOIN FLIGHTS F2 ON T.RETURNFLIGHTID = F2.FLIGHTID
INNER JOIN ROUTES R ON F.ROUTEID = R.ROUTEID
LEFT OUTER JOIN ROUTES R2 ON F2.ROUTEID = R2.ROUTEID
GROUP BY P.PASSENGERID
ORDER BY 2 DESC
) B
ON A.PASSENGERID = B.PASSENGERID
INNER JOIN AIRPORTS AIR ON A.AIRPORTID = AIR.AIRPORTID
UNION
SELECT DISTINCT A.AIRPORTID, AIR.AIRPORTNAME
FROM
(
    SELECT * FROM
      (
        SELECT PASSENGERID,AIRPORTID,
        RANK() OVER (ORDER BY NUM_FLIGHTS DESC) AS AIRPORT_RANK
        FROM
        (
        SELECT T.PASSENGERID,
        R.DESTINATIONAIRPORTID AS AIRPORTID,
        COUNT(*) AS NUM_FLIGHTS
        FROM TRIPS T
        INNER JOIN FLIGHTS F ON T.SOURCEFLIGHTID = F.FLIGHTID
        INNER JOIN ROUTES R ON F.ROUTEID = R.ROUTEID
        GROUP BY T.PASSENGERID, R.DESTINATIONAIRPORTID
      ) D
  ) E WHERE AIRPORT_RANK=1
) A
INNER JOIN (
SELECT TOP 10 P.PASSENGERID,
SUM( R.DISTANCE + ISNULL(R2.DISTANCE, 0) ) AS TOTAL_DISTANCE
FROM PASSENGERS P
INNER JOIN TRIPS T ON P.PASSENGERID = T.PASSENGERID
INNER JOIN FLIGHTS F ON T.SOURCEFLIGHTID = F.FLIGHTID
LEFT OUTER JOIN FLIGHTS F2 ON T.RETURNFLIGHTID = F2.FLIGHTID
INNER JOIN ROUTES R ON F.ROUTEID = R.ROUTEID
LEFT OUTER JOIN ROUTES R2 ON F2.ROUTEID = R2.ROUTEID
GROUP BY P.PASSENGERID
ORDER BY 2 DESC
) B
ON A.PASSENGERID = B.PASSENGERID
INNER JOIN AIRPORTS AIR ON A.AIRPORTID = AIR.AIRPORTID;
```

16. 基于上一个查询创建一个名为 TOP_AIRPORTS 的视图。

```
CREATE VIEW TOP_AIRPORTS AS
SELECT DISTINCT A.AIRPORTID, AIR.AIRPORTNAME
FROM
(
    SELECT * FROM
      (
        SELECT PASSENGERID,AIRPORTID,
        RANK() OVER (ORDER BY NUM_FLIGHTS DESC) AS AIRPORT_RANK
        FROM
        (
        SELECT T.PASSENGERID,
        R.SOURCEAIRPORTID AS AIRPORTID,
        COUNT(*) AS NUM_FLIGHTS
        FROM TRIPS T
        INNER JOIN FLIGHTS F ON T.SOURCEFLIGHTID = F.FLIGHTID
        INNER JOIN ROUTES R ON F.ROUTEID = R.ROUTEID
        GROUP BY T.PASSENGERID, R.SOURCEAIRPORTID
      ) D
  ) E WHERE AIRPORT_RANK=1
) A
INNER JOIN (
SELECT TOP 10 P.PASSENGERID,
SUM( R.DISTANCE + ISNULL(R2.DISTANCE, 0) ) AS TOTAL_DISTANCE
FROM PASSENGERS P
INNER JOIN TRIPS T ON P.PASSENGERID = T.PASSENGERID
INNER JOIN FLIGHTS F ON T.SOURCEFLIGHTID = F.FLIGHTID
LEFT OUTER JOIN FLIGHTS F2 ON T.RETURNFLIGHTID = F2.FLIGHTID
INNER JOIN ROUTES R ON F.ROUTEID = R.ROUTEID
LEFT OUTER JOIN ROUTES R2 ON F2.ROUTEID = R2.ROUTEID
GROUP BY P.PASSENGERID
ORDER BY 2 DESC
) B
ON A.PASSENGERID = B.PASSENGERID
INNER JOIN AIRPORTS AIR ON A.AIRPORTID = AIR.AIRPORTID
UNION
SELECT DISTINCT A.AIRPORTID, AIR.AIRPORTNAME
FROM
(
  SELECT * FROM
      (
          SELECT PASSENGERID,AIRPORTID,
          RANK() OVER (ORDER BY NUM_FLIGHTS DESC) AS AIRPORT_RANK
          FROM
          (
          SELECT T.PASSENGERID,
          R.DESTINATIONAIRPORTID AS AIRPORTID,
          COUNT(*) AS NUM_FLIGHTS
          FROM TRIPS T
          INNER JOIN FLIGHTS F ON T.SOURCEFLIGHTID = F.FLIGHTID
          INNER JOIN ROUTES R ON F.ROUTEID = R.ROUTEID
```

```
        GROUP BY T.PASSENGERID, R.DESTINATIONAIRPORTID
      ) D
    ) E WHERE AIRPORT_RANK=1
  ) A
  INNER JOIN (
  SELECT TOP 10 P.PASSENGERID,
  SUM( R.DISTANCE + ISNULL(R2.DISTANCE, 0) ) AS TOTAL_DISTANCE
  FROM PASSENGERS P
  INNER JOIN TRIPS T ON P.PASSENGERID = T.PASSENGERID
  INNER JOIN FLIGHTS F ON T.SOURCEFLIGHTID = F.FLIGHTID
  LEFT OUTER JOIN FLIGHTS F2 ON T.RETURNFLIGHTID = F2.FLIGHTID
  INNER JOIN ROUTES R ON F.ROUTEID = R.ROUTEID
  LEFT OUTER JOIN ROUTES R2 ON F2.ROUTEID = R2.ROUTEID
  GROUP BY P.PASSENGERID
  ORDER BY 2 DESC
  ) B
  ON A.PASSENGERID = B.PASSENGERID
  INNER JOIN AIRPORTS AIR ON A.AIRPORTID = AIR.AIRPORTID;
```

17. 为工作于机场的雇员创建一个加薪报告。票务代理和保安人员得到10%的加薪，行李搬运工和地勤人员得到15%的加薪。编写一个查询，返回雇员之前的薪水、小时薪水，以及加薪后的薪水和小时薪水。

```
SELECT
E.EMPLOYEEID, E.LASTNAME, E.FIRSTNAME,
E.PAYRATE,
CASE WHEN E.POSITION IN ('Ticket Agent','Security Officer') THEN E.PAYRATE*1.1
     WHEN E.POSITION IN ('Ground Operations','Baggage Handler') THEN
E.PAYRATE*1.15
    ELSE PAYRATE END AS NEW_PAYRATE,
    E.SALARY,
CASE WHEN E.POSITION IN ('Ticket Agent','Security Officer') THEN E.SALARY*1.1
     WHEN E.POSITION IN ('Ground Operations','Baggage Handler') THEN
E.SALARY*1.15
    ELSE SALARY END AS NEW_SALARY
 FROM EMPLOYEES E
INNER JOIN TOP_AIRPORTS TA ON E.AIRPORTID = TA.AIRPORTID;
```

18. 确定练习17中的加薪比例是否会使这些雇员在各自位置上成为收入排名前10%的雇员（从薪水或小时薪水上来比较）。

```
SELECT A.EMPLOYEEID, A.LASTNAME, A.FIRSTNAME,
A.PAYRATE, A.NEW_PAYRATE, A.SALARY, A.NEW_SALARY,
CASE WHEN A.NEW_PAYRATE IS NOT NULL AND A.NEW_PAYRATE>=TP.TOP10_PAYRATE THEN
'YES'
     WHEN A.NEW_SALARY IS NOT NULL AND A.NEW_SALARY>=TP.TOP10_SALARY THEN
     'YES'
     ELSE 'NO'
END AS IS_TOP10PERCENT
FROM
(
SELECT
E.EMPLOYEEID, E.LASTNAME, E.FIRSTNAME,
```

```
E.PAYRATE,E.POSITION,
CASE WHEN E.POSITION IN ('Ticket Agent','Security Officer') THEN E.PAYRATE*1.1
     WHEN E.POSITION IN ('Ground Operations','Baggage Handler') THEN
E.PAYRATE*1.15
     ELSE PAYRATE END AS NEW_PAYRATE,
     E.SALARY,
CASE WHEN E.POSITION IN ('Ticket Agent','Security Officer') THEN E.SALARY*1.1
     WHEN E.POSITION IN ('Ground Operations','Baggage Handler') THEN
E.SALARY*1.15
     ELSE SALARY END AS NEW_SALARY
  FROM EMPLOYEES E
INNER JOIN TOP_AIRPORTS TA ON E.AIRPORTID = TA.AIRPORTID
) A
INNER JOIN
(
SELECT MAX(PAYRATE)*.9 AS TOP10_PAYRATE,MAX(SALARY)*.9 AS TOP10_SALARY,
POSITION
FROM EMPLOYEES
GROUP BY POSITION
) TP ON A.POSITION = TP.POSITION;
```

19. 确定数据库中所有航班的运营总成本。找出这些成本的时间跨度。

```
SELECT MIN(F.FLIGHTSTART) AS MIN_START, MAX(F.FLIGHTEND) AS MAX_END,
SUM(R.TRAVELTIME * R.FUELCOSTPERMINUTE) AS TOTAL_COST
FROM FLIGHTS F
INNER JOIN ROUTES R ON F.ROUTEID = R.ROUTEID;
```

20. 确定整个公司的年度雇员成本。假设小时工每周工作 40 小时，一年工作 52 周。

```
SELECT
SUM(PAYRATE*52*40) + SUM(SALARY) AS TOTAL_HRCOST
FROM EMPLOYEES E;
```

21. 确定整个公司的总体运营成本，包括飞行成本和雇员成本。要特别注意练习 19 中统计出来的时间跨度。

```
SELECT A.TOTAL_AIRCRAFTCOST + B.TOTAL_HRCOST AS TOTAL_OPERATINGCOST
FROM
(
SELECT
-- Operating for 4 months. So a year would be *3
SUM(R.TRAVELTIME * R.FUELCOSTPERMINUTE)*3 AS TOTAL_AIRCRAFTCOST
FROM FLIGHTS F
INNER JOIN ROUTES R ON F.ROUTEID = R.ROUTEID
) A,
(
SELECT
SUM(PAYRATE*52*40) + SUM(SALARY) AS TOTAL_HRCOST
FROM EMPLOYEES E
) B
```

术语表

别名　表或字段的另一个名称。

ANSI　美国国家标准化组织。该组织负责为各种主题发布标准。SQL 标准即为该组织发布的。

应用程序　可以执行业务功能的一组菜单、表单、报告和代码，通常会用到数据库。

缓存　内存中用于编辑或执行 SQL 的一个区域。

笛卡儿积　在 SQL 语句的 WHERE 子句中不连接表而产生的结果。当查询中的表没有被连接时，一个表中的全部记录都与另一个表中的每条记录相乘。

客户端　客户端通常是个人计算机，但也可以是依赖于另一个计算机来处理数据或服务的服务器。客户端程序可以使客户端计算机与服务器通信。

列　表的组成部分，具有名称和特定的数据类型。

COMMIT　一个子句，使数据的修改永久有效。

组合索引　由两个或多个字段组成的索引。

条件　查询的 WHERE 子句中的搜索准则，其值为 TRUE 或 FALSE。

常数　不会变化的值。

约束　在数据级对数据实施的限制。

游标　内存中的一个工作区域，使用 SQL 语句对数据集进行以行为单位的操作。

数据字典　系统目录的别称。

数据类型　以不同的类型定义数据，比如数值、日期或字符。

数据库　数据的集合，通常用一系列表来组织数据。

DBA　数据库管理员，是负责管理数据库的人。

DDL　数据定义语言。这部分 SQL 语句专门用于定义数据库对象，比如表、视图和函数。

默认　不指定任何值时使用的值。

DISTINCT　一个选项，在 SELECT 语句中用于返回不重复的值。

DML 数据操作语言。这部分 SQL 语句专门用于操作数据，比如更新数据。

域 一个与数据类型相关联的对象，还可以包含约束；类似于用户定义的类型。

DQL 数据查询语言。这部分 SQL 语句专门用于使用 SELECT 语句查询数据。

终端用户 根据工作需要对数据库进行查询或操作数据的用户，是数据库存在的根本原因。

字段 表格中列的别称。

外键 一个或多个字段，其值基于另一个表的主键。

全表扫描 在不使用索引的情况下，查询对表进行的搜索。

函数 预定义的操作，可以在 SQL 语句中操作数据。

GUI 图形用户界面。当应用接口需要向用户提供图形元素以便进行交互的时候，往往需要使用 GUI。

主机 数据库所在的计算机。

索引 指向表中数据的指针，能够提高表的访问效率。

JDBC Java 数据库连接软件，允许 Java 程序与数据库进行通信来处理数据。

连接 通过链接字段来组合不同表格中的数据。用在 SQL 语句的 WHERE 子句中。

键 一个或多个字段，用于识别表中的记录。

规格化 在设计数据库时，把大型表格划分为较小的、更容易管理的表格，从而减少冗余。

NULL 值 一个未知值。

对象 数据库中的元素，比如触发器、表、视图和过程。

ODBC 开放式数据库连接，是与数据库进行标准通信的软件。ODBC 通常用于不同实现之间的数据库通信，以及客户端程序与数据库之间的通信。

操作符 用于执行操作的保留字或符号（比如加号和减号）。

优化器 数据库的内部机制（包含规则和代码），决定如何执行 SQL 语句并返回结果。

参数 用于解析 SQL 语句或程序的一个值或一个范围内的值。

主键 一个专用的表字段，用来唯一地识别表中的记录。

权限 授予用户的特定许可，允许在数据库中执行特定操作。

过程 一组被保存起来的指令，可以重复调用和执行。

PUBLIC 一个数据库用户账户，代表数据库的全部用户。

查询 用于从数据库检索数据的 SQL 语句。

记录 表中一行数据的别称，参见“行”。

引用完整性 在表 B 通过表 A 中的某个字段来引用表 A 时，用来确保表 A 中的每个字段值都存在。这样可以确保数据库中数据的一致性。

关系型数据库 由表组成的数据库，表由记录组成，这些记录具有相同的数据元素，而这些表之间通过共同的字段产生关联。

角色 与一组系统权限或对象权限相关联的数据库对象，用于简化安全管理工作。

ROLLBACK 一个命令，可以撤销自上一个 COMMIT 或 SAVEPOINT 命令之后的全部事务。

行 表中的一组数据。

保存点 事务中的指定点，用于回退或撤销修改。

模式 一个数据库用户所拥有的一组相关联的数据库对象。

安全 确保数据库中的数据受到全时全方位保护的过程。

空间参考系统 用来表示点在地图表面上的投影的系统。

空间类型 空间数据的两种类型之一，这两种类型是地理类型和几何类型。

SQL 结构化查询语言。专为数据库设计，用于在数据库系统中管理数据。

存储过程 存储在数据库里中以备执行的 SQL 代码。

子查询 嵌套在另一个 SQL 语句中的 SELECT 语句。

异名 赋予表或视图的另一个名称。

SQL 语法 规定 SQL 语句结构中必要部分和可选部分的一组规则。

系统目录 包含数据库相关信息的表或视图的集合。

表 关系型数据库中数据的基本逻辑存储单元。

事务 以一个整体执行的一个或多个 SQL 语句。

触发器 根据数据库中特定事件运行的存储过程，比如在表格更新之前或之后。

用户定义的类型 由用户定义的数据类型，可以用于定义表字段。

变量 能够变化的值。

视图 基于一个或多个表创建的数据库对象，能够像表一样使用。视图是一个虚拟表，不需要存储数据的空间。